全国建设行业中等职业教育推荐教材

房屋结构知识与维修管理

(物业管理与房地产类专业适用)

主 编 杨小青
主 审 李惠强

中国建筑工业出版社

图书在版编目（CIP）数据

房屋结构知识与维修管理/杨小青主编．—北京：中国建筑工业出版社，2005

全国建设行业中等职业教育推荐教材．物业管理与房地产类专业适用

ISBN 978-7-112-07599-7

Ⅰ．房… Ⅱ．杨… Ⅲ．①房屋结构－专业学校－教材②建筑物－修缮加固－专业学校－教材　Ⅳ．TU22②TU746.3

中国版本图书馆 CIP 数据核字（2005）第 152510 号

全国建设行业中等职业教育推荐教材
房屋结构知识与维修管理
（物业管理与房地产类专业适用）

主　编　杨小青
主　审　李惠强

*

中国建筑工业出版社出版、发行（北京西郊百万庄）
各地新华书店、建筑书店经销
北京华艺制版公司制版
北京云浩印刷有限责任公司印刷

*

开本：787×1092 毫米　1/16　印张：17　字数：412 千字
2006 年 1 月第一版　2011 年 11 月第二次印刷
定价：29.00 元
ISBN 978-7-112-07599-7
(21640)

版权所有　翻印必究
如有印装质量问题，可寄本社退换
（邮政编码 100037）

本书根据建设部中等职业学校建筑与房地产经济管理专业指导委员会物业管理专业《房屋结构知识与维修管理》课程教学大纲的基本要求编写。

　　本书主要内容包括：绪论、房屋的查勘与鉴定、钢筋混凝土结构知识及维修加固、砖砌体结构及维修、钢木结构及维修、房屋地基基础及维修、房屋防水的措施和维修、房屋装饰及维修、房屋维修管理。

　　本书可作为中等职业学校物业管理与房地产类专业的教材，也可作为物业管理公司的培训教材和自学参考书。

* * *

责任编辑：张　晶　吉万旺
责任设计：董建平
责任校对：王雪竹　张　虹

教材编审委员会名单

（按姓氏笔画排序）

王立霞	甘太仕	叶庶骏	刘　胜	刘　力
刘景辉	汤　斌	苏铁岳	吴　泽	吴　刚
何汉强	邵怀宇	张怡朋	张　鸣	张翠菊
邹　蓉	范文昭	周建华	袁建新	游建宁
黄晨光	温小明	彭后生		

出 版 说 明

物业管理业在我国被誉为"朝阳行业",方兴未艾,发展迅猛。行业中的管理理念、管理方法、管理规范、管理条例、管理技术随着社会经济的发展不断更新。另一方面,近年来我国中等职业教育的教育环境正在发生深刻的变化。客观上要求有符合目前行业发展变化情况、应用性强、有鲜明职业教育特色的专业教材与之相适应。

受建设部委托,第三、第四届建筑与房地产经济专业指导委员会在深入调研的基础上,对中职学校物业管理专业教育标准和培养方案进行了整体改革,系统提出了中职教育物业管理专业的课程体系,进行了课程大纲的审定,组织编写了本系列教材。

本系列教材以目前我国经济较发达地区的物业管理模式为基础,以目前物业管理的最新条例、最新规范、最新技术为依据,以努力贴近行业实际,突出教学内容的应用性、实践性和针对性为原则进行编写。本系列教材既可作为中职学校物业管理专业的教材,也可供物业管理基层管理人员自学使用。

建设部中等职业学校
建筑与房地产经济管理专业指导委员会
2004 年 7 月

前　言

本书为中等专业学校房地产、物业管理专业的房屋结构知识与维修管理教材。随着我国建筑业的高速、稳定、持速发展，社会各类房屋的拥有量越来越大，对房屋结构知识的掌握与维修管理的要求也越来越高。本书是根据建设部中等职业学校建筑与房地产经济管理专业指导委员会物业管理专业《房屋结构知识与维修管理》课程教学大纲的基本要求编写的。编写过程中注意参照了我国现行和最新的相关标准、规范和采用新技术、新材料。

本书由湖北省宜昌城市建设学校杨小青主编。参编人员为湖北省宜昌城市建设学校的石希峰、董恩江、朱军、付冬青、肖湘和河南省建筑工程学校的丁宪良。各编者承担的编写任务为：绪论、第一章、第六章由杨小青编写；第二章由董恩江编写；第三章由丁宪良编写；第四章由付冬青编写；第五章由朱军编写；第七章由杨小青与肖湘合编；第八章由石希峰编写。

本书由华中科技大学李惠强主审，谨此表示衷心的感谢。

限于成书时间仓促、编者的理论水平和实践经验，书中不妥之处在所难免，恳请读者和专家批评指正。

编者

目 录

绪 论 ……………………………………………………………………（1）
第一章 房屋的查勘与鉴定 ………………………………………………（4）
 第一节 概述 ………………………………………………………（4）
 第二节 房屋的查勘 ………………………………………………（5）
 第三节 房屋完损等级评定 ………………………………………（9）
 第四节 危险房屋的鉴定 …………………………………………（19）
 第五节 案例 ………………………………………………………（26）
 复习思考题 …………………………………………………………（27）
第二章 钢筋混凝土结构知识及维修加固 …………………………（28）
 第一节 钢筋混凝土结构概述 ……………………………………（28）
 第二节 钢筋混凝土基本构件的受力破坏形态 …………………（40）
 第三节 钢筋混凝土结构的缺陷 …………………………………（49）
 第四节 钢筋混凝土结构缺陷的检查 ……………………………（54）
 第五节 钢筋混凝土结构的维修和加固 …………………………（66）
 第六节 案例 ………………………………………………………（81）
 复习思考题 …………………………………………………………（86）
第三章 砖砌体结构及维修 ………………………………………………（88）
 第一节 概述 ………………………………………………………（88）
 第二节 砖砌体结构的耐久性破坏 ………………………………（93）
 第三节 砖砌体结构的裂缝 ………………………………………（97）
 第四节 砖砌体结构的维修与加固 ………………………………（100）
 第五节 砖砌体结构维修案例 ……………………………………（110）
 阅读材料 ……………………………………………………………（112）
 复习与思考题 ………………………………………………………（118）
第四章 钢木结构及维修 …………………………………………………（119）
 第一节 钢木结构 …………………………………………………（119）
 第二节 钢木结构的缺陷与检查 …………………………………（122）
 第三节 钢木结构的维修与加固 …………………………………（125）
 第四节 案例 ………………………………………………………（131）
 复习思考题 …………………………………………………………（132）
第五章 房屋地基基础及维修 …………………………………………（133）
 第一节 房屋地基基础概述 ………………………………………（133）
 第二节 房屋地基基础的缺陷及处理 ……………………………（138）

  第三节 房屋地基的加固与基础补强……………………………………(139)
  第四节 住宅楼房的纠偏………………………………………………(150)
  第五节 案例……………………………………………………………(153)
  复习思考题……………………………………………………………………(154)
第六章 房屋防水的措施和维修……………………………………………(155)
  第一节 房屋防水的一般知识…………………………………………(155)
  第二节 房屋渗漏的表现及其原因……………………………………(170)
  第三节 房屋防水的维修………………………………………………(176)
  第四节 新型防水材料的应用…………………………………………(201)
  第五节 案例……………………………………………………………(209)
  复习思考题……………………………………………………………………(210)
第七章 房屋装饰及维修………………………………………………………(212)
  第一节 房屋装饰装修概述……………………………………………(212)
  第二节 墙面装饰及维修………………………………………………(214)
  第三节 楼地面装饰及维修……………………………………………(224)
  第四节 顶棚装饰及维修………………………………………………(229)
  第五节 门窗装饰及维修………………………………………………(233)
  复习思考题……………………………………………………………………(238)
第八章 房屋维修管理…………………………………………………………(239)
  第一节 房屋维修管理概述……………………………………………(239)
  第二节 房屋维修的技术管理…………………………………………(242)
  第三节 房屋维修的施工管理…………………………………………(248)
  第四节 房屋维修的安全管理…………………………………………(258)
  复习思考题……………………………………………………………………(262)
参考文献……………………………………………………………………………(263)

绪　　论

房屋维修在建筑业中占有重要地位，随着社会经济的高速发展和科技进步，我国各类房屋的数量越来越大，人们对现代房屋建筑功能的要求也越来越高。为了有效利用现有房屋，保证房屋正常地发挥其使用功能，改善环境，就必须经常地采用各种房屋维修措施，保证各类房屋的完好率，实现用户、物业管理和社会的综合效益。

一、房屋维修技术的研究对象

（一）房屋维修的对象

房屋维修是指房屋自建成到报废为止的整个使用过程中，为了修复由于自然因素、人为因素而造成的房屋损坏，维护和改善房屋使用功能、延长房屋使用年限所进行的各种保养、维护活动。

房屋建筑是长期使用的固定资产，在使用中会经常受到自然的侵蚀、人为的磨损和损坏，降低其使用功能，甚至出现危险或隐患。查勘房屋的损坏情况，调查、分析房屋的侵蚀、损坏原因，精心设计维修方案，采取各种经济有效的维修措施，使房屋处于完好状态，保护和改善房屋内外环境，保持房屋正常使用功能、延长使用年限的目的。

对拟维修的房屋必须采用有效的技术、方法、设备，正确检测、鉴定房屋结构的危险程度，及时维修、治理危险房屋，确保使用安全。房屋建筑是由许多分部工程（地基与基础工程、主体工程、建筑装饰装修工程、建筑屋面工程、建筑给水排水及采暖工程、建筑电气工程、智能建筑、通风与空调、电梯）组成的。每个分部工程的维修施工，由于工程特点和施工条件不同，都可以采用不同的维修方案、材料和维修机械来完成。房屋维修技术是房屋维修的查勘、检测、鉴定和房屋维修施工中各主要工种工程的维修施工工艺、技术和方法。

（二）房屋维修的特点

1. 房屋维修的单件性和固定性

房屋维修工程是一个独特的施工组织过程，具有单件性和固定性的特点。房屋维修的对象是各种各样的，但就具体房屋而言，其既有的结构形式、完损程度制约了维修的范围和可采用的维修技术和方法，房屋维修工作必须采用与其相适应的施工组织和措施。拟维修的房屋是固定的，维修施工作业是流动的，要求维修工程中的施工组织和管理要根据特有环境，因地制宜，采取适当的施工组织措施。

2. 房屋维修技术的复杂性

房屋类型的多样性及房屋使用过程中不同的环境条件、遭受的不同类型及不同程度的损伤，要求维修工作应用各种与维修对象相适应的技术和方法。各种不同的维修技术和方法，使房屋维修工作成为特有的复杂技术体系。

二、房屋维修的方针、原则和标准

（一）房屋维修的方针

房屋维修是一个复杂的系统工程，应在"安全、经济、适用，在可能的条件下注意美观"的方针下进行。

（二）房屋维修应遵循的原则

1. 安全性原则

房屋维修加固的对象常常是各种损坏的构件，还可能遇到各类危险房屋，这就要求在维修施工过程中注意安全、采取有效的安全措施，进行安全施工。维修后的房屋，其各项使用功能的实现，要建立在房屋维修质量的可靠性、安全性上。

2. 计划、经济、适用原则

计划原则，就是根据实际情况，制定合理的房屋维修计划；经济原则，就是在房屋维修过程中，节约与合理地使用财、物，尽量做到少花钱、多修房；适用原则，就是指从实际出发，因地制宜、因房制宜地进行养护维修，以适应住户在使用功能和质量上的需要。

3. 技术先进原则

房屋维修的对象是多种多样的，损坏程度也是不同的，为应对各种不同的维修对象，达到经济有效的维修效果，就必须使用包括先进的技术在内的各种有效的技术措施。房屋维修也是再创造工作。通过各种新材料、新工艺、新的施工方法等先进技术的应用，对保证房屋安全，扩大使用功能，改善环境能起到关键的作用。

4. 环境保护原则

房屋环境是指房屋的室内环境和室外环境，通过房屋维修所形成的新的环境，要满足新设计的室内环境要求，同时，在维修过程中要力求保护周围环境，改善环境。

（三）房屋维修标准

为了规范房屋维修管理工作，经济合理地利用现有房屋资源，保证房屋维修质量，保护人民的生命和财产安全，建设部制订了一系列有关房屋维修的标准、规范。这些标准和规范为房屋维修的范围、查勘、设计、修缮技术和危险房屋的鉴定、民用建筑的可靠性鉴定等方面给房屋维修工程提供了依据。并且，建设部 2002 年工程建设标准强制性条文（房屋建筑部分）的相关内容给"房屋结构鉴定和加固"、"施工质量"等方面做出了强制性规定。房屋维修工作必须全面遵守执行这些标准和规定。

三、房屋维修的内容、分类和工作程序

（一）房屋维修的内容

房屋建筑是由各分部、分项工程组成的。房屋维修工程可涉及各分部、分项工程的维修，直至整栋房屋的翻修所涵盖的施工内容。因此房屋维修工程的内容是指房屋的地基基础、房屋结构主体、装饰装修以及设备等单个或数个分部分项工程或者整个房屋整体的工程内容。

（二）房屋维修分类

房屋维修工程分类是根据房屋的规模、结构、损坏程度、维修工程量、投入维修资金等方面因素划分的。按《房屋修缮范围和标准》规定，房屋维修按工程量的大小、维修费用的多少分为翻修、大修、中修、小修和综合维修五类。

(1) 翻修：是指需全部拆除、另行设计、重新建造的工程。

(2) 大修：是指需牵动或拆除部分主体结构，但不需全部拆除的工程。

(3) 中修：是指牵动或拆换少量主体构件，但保持原房屋的规模和结构的工程。

（4）小修：是指修复小损小坏，保持原来房屋完损等级为目的的日常养护工程。

（5）综合维修：是指成片多栋房屋大、中、小修一次性应修尽修的工程。

（三）房屋维修的程序

房屋维修工程涉及住户、物业管理部门、勘察设计单位、承包商等多方权益，并可能对环境、社会造成一定影响。因此，房屋维修工程应按一定程序进行。房屋维修工程的规模有大有小，除小型的维修保养外，房屋维修工程应按以下程序进行：

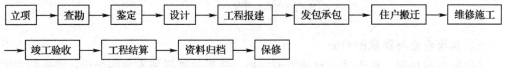

对于以上程序中的每项工作，必须执行国家现行法律、法规、规范和标准。

第一章 房屋的查勘与鉴定

第一节 概 述

一、房屋查勘与鉴定的目的

建成以后的房屋，由于受到自然力的作用、使用的磨损和人为的作用，房屋结构的力学性能、装饰装修状况和其构配件、设施的使用质量会逐年下降，影响房屋正常使用，甚至存在危险。因此，下列情况的房屋需要进行查勘与鉴定。

（1）对正常使用的房屋，要按计划进行定期查勘与鉴定。以检查所得的状况鉴定房屋的损坏程度和安全性，分析其产生的原因，以便合理安排维修工作和排除隐患。

（2）对非正常装饰装修的房屋进行查勘与鉴定。对涉及破坏、拆改房屋主体结构，明显加大荷载的，要协同房屋安全鉴定单位进行查勘与鉴定，消除非正常装修对房屋结构的危害。

（3）当房屋改变用途和使用条件，要查勘、鉴定结构的安全性、可靠性能否满足新的需要。

（4）在安排破旧房屋的改造改建前，必须进行查勘和鉴定，为房屋改造改建的设计和施工提供技术资料。

（5）对地震区、特殊地基土地区或特殊环境中的民用房屋的可靠性进行查勘和鉴定，作为房屋结构加固补强的依据。

（6）当房屋已经发生危险和受到灾害后，必须及时进行查勘，记录房屋的损害和危险情况，鉴定房屋的危险等级，立案并及时处理，确保安全。

对已有房屋的查勘和鉴定，是一项十分复杂而细致的工作。房屋由于受到地基沉陷、材料老化、自然灾害、超载负荷和过度装修等自然和人为的作用，其结构、装修和设备都会受到不同程度的损坏。

对房屋进行查勘与鉴定的目的，在于及时了解房屋的技术状况，鉴定房屋的构件、房屋的组成部分和房屋的完损等级，为制定房屋维修计划、维修改造设计和物业管理提供技术依据；对房屋查勘和鉴定的严重缺陷和隐患，为及时采取安全和治理措施提供依据；同时，房屋的查勘与鉴定也为城市建设、改造提供基础资料。因此，搞好房屋的查勘与鉴定工作是物业管理与房屋维修工作高度重视的问题。另外，对已有房屋，通过可靠性鉴定，对合理使用房屋，延长房屋寿命，确保使用安全，将产生明显的效果。

二、查勘与鉴定的标准规范

房屋的组成结构是复杂的，房屋结构的类型又是多种多样的，查勘不同房屋结构在不同使用条件下的技术状态，鉴定各类房屋的完损等级和可靠性、危险性是十分复杂的专业技术工作。为了规范房屋维修工程，建设部制定颁布了一系列的标准和规范，对加强物业管理，规范房屋维修工作具有重要意义。

为了统一评定各类房屋的完损等级标准,原城乡建设环境保护部于1984年发布了《房屋完损等级评定标准》,自1985年1月1日起施行。

1999年3月1日建设部颁布了《民用建筑修缮工程查勘与设计规程》(JGJ 117—98),适用于低层和多层民用建筑修缮工程的查勘与设计。

为了正确鉴定民用建筑的可靠性、安全性、正常使用性及适修性,加强对已有建筑物的安全与合理使用的技术管理,国家质量技术监督局和建设部于1999年5月28日联合发布《民用建筑可靠性鉴定标准》。经有关部门会审,批准为强制性国家标准,编号为GB 50292—1999,自1999年10月1日起施行。

为了有效利用现有房屋,正确判断房屋结构的危险程度,及时治理危险房屋。确保使用安全,建设部1999年11月24日发布了《危险房屋鉴定标准》(JGJ 125—99),自2000年3月1日起施行。

第二节 房屋的查勘

房屋建成以后,随着时间的推移,必然逐步出现损坏现象。进行物业管理,要做好房屋维修和保养工作,就必须掌握所管辖的房屋的完损状况。因此,对房屋进行查勘,是物业管理工作的重要基础性工作内容。房屋查勘应按照《民用建筑修缮工程查勘与设计规程》(JGJ 117—98)的要求和规定组织进行。民用建筑修缮查勘前应具备下列资料:

(1) 房屋地形图;
(2) 房屋原始图纸;
(3) 房屋使用情况资料;
(4) 房屋完损等级以及定期的和季节性的查勘资料;
(5) 历年修缮资料;
(6) 城市规划和市容要求;
(7) 市政管线和设施情况。

房屋查勘分为定期查勘、季节性查勘和房屋的修缮查勘。

一、定期查勘

房屋定期查勘也称房屋普查,是指由物业管理部门对所管辖的房屋在合理的期限内(一般1~3年一次)组织的具有专业知识和工作经验的人员逐栋逐间地检查、勘测。根据所掌握的房屋状况和损坏程度,制订合理的维修和养护计划。《房屋完损等级评定标准》规定房屋定期查勘分为结构、装修和设备三大部分。各部分所查勘的内容如下。

1. 房屋结构
(1) 地基与基础。
(2) 承重构件:板、梁、柱、墙、屋架、楼梯、阳台等。
(3) 非承重墙。
(4) 楼地面。
(5) 屋面。

2. 装修
(1) 门窗。

(2) 内外抹灰。
(3) 细木装修。
3. 设备
(1) 给水排水与卫生设施。
(2) 电气照明。
(3) 暖气设备。
(4) 特种设备。

二、房屋的季节性查勘及应急性查勘

房屋的季节性查勘是指根据房屋所在地区一年四季的气候特点，例如，在雨季、风季、冰雪季节，在房屋定期普查以外的机动性查勘。应急性查勘是指在台风、山洪、滑坡、泥石流、地震等灾害预报发生时或发生后对所涉及房屋的查勘。进行房屋季节性和应急性查勘的目的在于制定安全措施、及时抢险排危。

季节性查勘及应急性查勘的重点：
(1) 屋面结构能否胜任雨雪的荷载、大风掀刮和冰雹打击；
(2) 砖墙能否胜任风压及积水浸泡；
(3) 玻璃幕墙能否胜任风压；
(4) 窗扇、雨篷、广告牌等高空构配件和设施是否牢固可靠；
(5) 外露管线的防冻、抗风的可靠程度；
(6) 房屋四周下水道是否畅通，是否造成积水。

三、房屋的修缮查勘

房屋的修缮查勘是指以房屋的定期查勘或季节性查勘所掌握的房屋完损资料为基础，对需要维修的房屋部位或项目运用观测、鉴别和测试等手段作进一步查勘检查。用以明确损坏程度，分析损坏原因和研究不同的修缮标准和修缮方法，确定修缮方案。

《民用建筑修缮工程查勘与设计规程》（JGJ 117—1998）规定，在进行修缮查勘时应重点查明下列情况：
(1) 荷载和使用条件的变化；
(2) 房屋的渗漏程度；
(3) 屋架、梁、柱、搁栅、檩条、砌体、基础等主体结构部分以及房屋外墙抹灰、阳台、栏杆、雨篷、饰物等易坠落构件的完损情况；
(4) 室内外上水、下水管线及电气设备的完损情况。

在进行修缮查勘时，对承重的结构构件必须进行检测和鉴定。

四、房屋查勘的方法

(一) 房屋查勘的准备工作
(1) 房屋查勘工作应根据查勘的目的编制查勘计划和制定查勘方案。
(2) 确定查勘人员并做好各种技术和物资准备。
(3) 根据查勘计划通知住户，约定查勘时间，配合查勘工作。

(二) 房屋查勘的顺序

房屋查勘的顺序应根据房屋查勘方案对各种不同规模和结构的房屋制定。一般采用从外部到内部、从下层到上层（或从上层到下层）、从承重构件到排水构件、从结构到装修、从局部到整体的顺序。

（三）房屋查勘的方法

房屋查勘的方法应根据房屋的结构、规模、破坏程度和环境条件等因素综合确定。常用的方法有直观检查法、仪器检查法、计算分析法、荷载试验法、振动实验法和跟综观测检查法等查勘方法。

1. 直观检查法

此法是以目测和简单工具查勘房屋的完损状况。查勘时常用拉线、线坠和量尺等方法检查房屋构件的损坏程度和数量，以经验判断构件和房屋的损坏原因、范围和等级。直观检查法可概括为：看、听、问、查和测五个方面。"听"，即查勘人员要耐心听取房屋使用人的反映，从中了解房屋的漏水、裂缝、倾斜、白蚁危害等情况。"看"，是指对房屋的整体和局部的观察，要着重对房屋的外墙防水、结构构件、墙壁、顶棚进行观察。"问"，是详细询问用户有关房屋损坏原因等情况，获得对查勘有帮助的资料。"查"，主要是对房屋承重结构和防水工程进行仔细查勘。"测"是对基础下陷、墙面裂缝、房屋倾斜、墙面凹凸、屋架垂直度和变形、梁的变形和挠度等直观现象，借助仪器进行测量。

2. 仪器检查法

此法是用常用的工程测量仪器，如经纬仪，水准仪，激光准直仪，混凝土回弹仪等，检查房屋结构构件的裂缝、承载力、变形、风化等损坏程度和房屋的沉陷、倾斜、位移等情况。随着科学技术的进步，越来越多的现代检测仪器，如超声波探测仪、裂缝测定计、应力应变仪等已应用到房屋查勘与维修工程。

3. 计算分析法

此法是对房屋结构构件，房屋组成和房屋整体的查勘资料和结果，应用房屋建筑工程结构理论进行计算分析，从而对房屋结构构件、房屋组成结构和房屋整体作出完损鉴定的一种方法。计算应根据房屋结构的实际荷载，以现场实测、取样实验的材料强度为准，准确地判断房屋结构的受力状态。

4. 荷载试验法

此法是建筑结构检验的一种非破坏性试验方法，试验时对结构施加试验性荷载，并在预先确定的挠度测点测量构件的挠度，从而进行结构鉴定的一种方法。当房屋发生质量事故，结构构件出现过大变形和裂缝等缺陷，可用本方法直接对其安全度做出鉴定。

5. 振动试验法

此法实用于同一建筑物的梁、板的完损比较。试验时将一定振动荷载作用于尺寸相近的梁或楼板，检测其固有频率、振幅，通过对比，对因裂缝或挠曲变形而降低了刚度的构件做鉴定，并确定结构的弹性性能。

6. 跟踪观测检查法

此法是指对危险房屋和损坏仍在发生的房屋，在查勘后，还需要通过跟踪观测检查，及时准确地掌握房屋的危损状况的检查方法。

五、房屋查勘的安全措施

进行房屋查勘，特别是危险房屋查勘时，必须采取切实可靠的安全措施，确保安全。

（1）查勘人员必须经过培训，持证上岗。要求掌握各种房屋的基本组成和结构知识，并具有一定的实际房屋查勘经验。

(2) 制定房屋查勘工作的安全责任制和安全规程。对危险房屋的查勘工作、要拟订查勘方案，做好安全准备工作，进行安全措施交底。

(3) 房屋查勘过程中严格遵守房屋查勘安全规则，戴安全帽、系安全带等安全用具。不得穿皮鞋或塑料底鞋，防止踢脚、滑倒。检查吊顶、阁楼时，要用安全灯或手电筒照明，不能使用油灯、明火、打火机，禁止抽烟，以防引起火灾。在屋面、顶棚、阳台等处查勘时，要注意行走安全。不能站在檐口、顶棚板条、屋顶女儿墙、压顶出线、玻璃天棚等部位。注意在查勘中不能随意抓落水管、烟囱、女儿墙、各种晒衣架、阳台栏杆、装饰构件的凸出物、封檐板等部位。

(4) 高层建筑的查勘工作对安全有特殊的要求，查勘前要制定详尽的安全措施，配备新型有效的安全机具，确保查勘安全。

六、房屋查勘的记录

房屋查勘必须及时做好记录工作，各项查勘结果应记录在房产和物业管理部门的专用表格上，并在规定的部门归档登记。现提供一份"房屋查勘记录表"的格式，以供参考（见表1-1）。

房屋查勘记录表　　编号　　　　　　　　表 1-1

查勘类型		查勘单位		查勘日期	
房屋地址		结构	层数	建造年代	
建筑面积	总建筑面积	户数		人数	
住宅面积	非住宅面积	留房部位面积			
房屋用途	产别	产权人		承租人	
查勘部位记录					

年份	历年修缮情况记录

房屋查勘人签字：　1.　　　　　　2.　　　　　　3.

第三节 房屋完损等级评定

一、房屋完损等级的概念

（一）房屋完损等级的含义

房屋完损等级是指按照一定标准对现有的房屋的完好或损坏程度划分的等级，也就是现有房屋的质量等级。

房屋完损等级要按建设部《房屋完损等级评定标准》进行评定。对于危险房屋的等级，要按建设部《危险房屋鉴定标准》评定。房屋完损等级评定与划分点必须同时满足国家现行相关的各项强制性标准和条文。

（二）评定房屋完损等级的目的和意义

房屋完损等级的评定对加强物业管理、房地产业和城市建设的发展有着重要意义。

（1）科学地反映房屋的完损状况。

（2）为物业管理和编制房屋维修计划提供基础资料。对编制房屋管理规划和维修施工方案，确定维修的范围、标准以及房屋估价折旧等提供依据。

（3）可以为城市规划和旧城改造提供比较确切的依据，以便有计划地进行城市建设改造。

（4）房屋完损等级的评定，为物业管理部门科学管理和今后近一步开展科学鉴定和科学研究打下了一定的基础。

（三）房屋结构分类

房屋结构按常用材料分类：

（1）钢筋混凝土结构——承重的主要结构是用钢筋混凝土建造的；

（2）砖混结构——承重的主要结构是用钢筋混凝土和砖石砌体建造的；

（3）砖木结构——承重的主要结构是用砖木建造的；

（4）其他结构——承重的主要结构是用竹木、砖石、泥土建造的简易房屋。

（四）房屋组成

（1）房屋结构组成：基础、承重构件、非承重墙、屋面、楼地面。

（2）装修组成：门窗、外抹灰、内抹灰、顶棚、细木装修。

（3）设备组成：水卫、电照、暖气及特种设备（如消防栓、避雷装置等）。

（五）房屋完损等级标准的划分

房屋完损等级标准按照《房屋完损等级评定标准》划分为完好房标准、基本完好房标准、一般损坏房标准和严重损坏房标准，危险房屋等级按照《危险房屋查勘与鉴定》划分。

（六）房屋完损等级

房屋完损等级一般按房屋的结构、装修、设备三个组成部分的完好、损坏程度分为五个等级。

（1）完好房。指房屋的结构构件完好，装修和设备完好、齐全完整，管道畅通，现状良好，使用正常或虽个别分项有轻微损坏，但一般经过小修就能修复。

（2）基本完好房。指房屋结构基本完好，少量构部件有轻微损坏，装修基本完好，油漆缺乏保养，设备、管道现状基本良好，能正常使用，经过一般性维修即可修复。

（3）一般损坏房。指房屋结构一般性损坏，部分构件有损坏或变形，屋面局部漏雨，装修局部破损，油漆老化，设备管道不够畅通，水卫、电照管线、器具和零件有部分老化、损坏或残缺，需要中修或局部大修更换零件。

（4）严重损坏房。指房屋年久失修，结构有明显变形或损坏，屋面严重漏雨，装修严重变形、破损，油漆老化见底，设备陈旧不齐全，管道严重堵塞，水卫、电照的管线、器具和零件残缺及严重损坏，需要进行大修、翻修或改建。

（5）危险房。危险房屋（简称危房）为结构已严重损坏，或承重构件已属危险构件，随时可能丧失稳定和承载能力，不能保证居住和使用安全的房屋。

（七）房屋完好率的计算

房屋的完损等级一律以建筑面积为计量单位，评定时则以幢作为评定单位。房屋的完好率是房产经营与管理单位（包括物业管理企业）的一个重要技术经济指标，它是完好房屋的建筑面积加基本完好房屋建筑面积之和与所管理房屋总建筑面积之比的百分数。

$$房屋完好率 = \frac{完好房屋建筑面积 + 基本完好房屋建筑面积}{管房总建筑面积} \times 100\%$$

二、房屋完损等级标准

（一）完好标准

1. 结构部分

（1）地基基础有足够承载能力，无超过允许范围的不均匀沉降。

（2）承重构件梁、柱、墙、板、屋架平直牢固，无倾斜变形、裂缝、松动、腐朽、蛀蚀。

（3）非承重墙

1）预制墙板节点安装牢固，拼缝处不渗漏。

2）砖墙平直完好，无风化破损。

3）石墙无风化弓凸。

4）木、竹、芦帘、苇箔等墙体完整无破损。

（4）屋面不渗漏（其他结构房屋以不漏雨为标准），基层平整完好，积尘甚少，排水畅通。

1）平屋面防水层、隔热层、保温层完好。

2）平瓦屋面瓦片搭接紧密，无缺角、裂缝瓦（合理安排利用除外），瓦出线完好。

3）青瓦屋面瓦垄顺直，搭接均匀，瓦头整齐，无碎瓦，节筒俯瓦灰埂牢固。

4）薄钢板屋面安装牢固，薄钢板完好，无锈蚀。

5）石灰炉渣、青灰屋面光滑平整，油毡屋面牢固无破洞。

（5）楼地面

1）整体面层平整完好，无空鼓、裂缝、起砂。

2）木楼地面平整坚固，无腐朽、下沉，无较多磨损和隙缝。

3）砖、混凝土块料面层平整，无碎裂。

4）灰土地面平整完好。

2. 装修部分

（1）门窗完整无损，开关灵活，玻璃、五金齐全，纱窗完整，油漆完好（允许有个别钢门、窗轻度锈蚀，其他结构房屋无油漆要求）。

（2）外抹灰完整牢固，无空鼓、剥落、破损和裂缝（风裂除外），勾缝砂浆密实。其他结构房屋以完整无破损为标准。

（3）内抹灰完整、牢固、无破损、空鼓和裂缝（风裂除外）；其他结构房屋以完整无破损为标准。

（4）顶棚完整牢固、无破损、变形、腐朽和下垂脱落，油漆完好。

（5）细木装修完整牢固，油漆完好。

3．设备部分

（1）水卫：上、下水管道畅通，各种卫生器具完好，零件齐全无损。

（2）电照：电器设备、线路、各种照明装置完好牢固，绝缘良好。

（3）暖气：设备、管道、烟道畅通、完好，无堵、冒、漏，使用正常。

（4）特种设备：现状良好，使用正常。

（二）基本完好标准

1．结构部分

（1）地基基础有承载能力、稍有超过允许范围的不均匀沉降，但已稳定。

（2）承重构件有少量损坏，基本牢固。

1）钢筋混凝土个别构件有轻微变形、细小裂缝，混凝土有轻度剥落、露筋。

2）钢屋架平直不变形，各节点焊接完好，表面稍有绣蚀；钢筋混凝土屋架无混凝土剥落，节点牢固完好，钢杆件表面稍有锈蚀；木屋架的各部件节点连接基本完好，稍有隙缝，铁件齐全，有少量生锈。

3）承重砖墙（柱）、砌块有少量细裂缝。

4）木构件稍有变形、裂缝、倾斜，个别节点和支撑稍有松动，铁件稍有锈蚀。

5）结构节点基本牢固，轻度蛀蚀，铁件稍有锈蚀。

（3）非承重墙有少量损坏，但基本牢固。

1）预制墙板稍有裂缝、渗水，嵌缝不密实，间隔墙面层稍有破损。

2）外转墙面稍有风化，转墙体轻度裂缝，勒脚有侵蚀。

3）石墙稍有裂缝、弓凸。

4）木、竹、芦帘、苇箔等墙体基本完整，稍有破损。

（4）屋面局部渗漏，积尘较多，排水基本畅通。

1）平屋面隔热层、保温层稍有损坏，卷材防水层稍有空鼓、翘边和封口不严，刚性防水层稍有龟裂，块体防水层稍有脱壳。

2）平瓦屋面少量瓦片裂碎、缺角、风化，瓦出线稍有裂缝。

3）青瓦屋面瓦垄少量不直，少量瓦片破碎，节筒俯瓦有松动，灰埂有裂缝，屋脊抹灰有裂缝。

4）薄钢板屋面少量咬口或嵌缝不严实，部分薄钢板生锈，油漆脱皮。

5）石灰炉渣、青灰屋面稍有裂缝，油毡屋面有少量破洞。

（5）楼地面。

1）整体面层稍有裂缝、空鼓、起砂。

2）木楼地面稍有磨损和缝隙，轻度颤动。

3）砖、混凝土块料面层磨损起砂，稍有裂缝、空鼓。

4）灰土地面有磨损、裂缝。

2．装修部分

（1）门窗少量变形、开关不灵，玻璃、五金、纱窗少量残缺，油漆失光。

（2）外抹灰稍有空鼓、裂缝、风化、剥落，勾缝砂浆少量酥松脱落。

（3）内抹灰稍有空鼓、裂缝、剥落。

（4）顶棚无明显变形、下垂，抹灰层稍有裂缝，面层稍有脱钉、翘角、松动，压条有脱落。

（5）细木装修稍有松动、残缺，油漆基本完好。

3．设备部分

（1）水卫：上、下水管道基本畅通，卫生器具基本完好，个别零件残缺损坏。

（2）电照：电器设备、线路、照明装置基本完好，个别零件损坏。

（3）暖气：设备、管道、烟道基本畅通，稍有锈蚀，个别零件损坏，基本能正常使用。

（4）特种设备：现状基本良好，能正常使用。

（三）一般损坏标准

1．结构部分

（1）地基基础局部承载能力不足，有超过允许范围的不均匀沉降，对上部结构稍有影响。

（2）承重构件有较多损坏，承载力已有所减弱。

1）钢筋混凝土构件有局部变形、裂缝，混凝土剥落露筋锈蚀、变形、裂缝值稍超过设计规范的规定，混凝土剥落面积占全部面积的10%以内，露筋锈蚀。

2）钢屋架有轻微倾斜或变形，少数支撑部件损坏，锈蚀严重，钢筋混凝土屋架有剥落、露筋、钢杆有锈蚀；木屋架有局部腐朽、蛀蚀，个别节点连接松动，木质有裂缝、变形、倾斜等损坏，铁件锈蚀。

3）承重墙体（柱）、砌块有部分裂缝、倾斜、弓凸、风化、腐蚀和灰缝酥松等损坏。

4）木结构局部有倾斜、下垂、侧向变形、腐朽、裂缝、少数节点松动、脱榫，铁件锈蚀。

5）构件个别节点松动，竹材有部分开裂、蛀蚀、腐朽、局部构件变形。

（3）非承重墙有较多损坏，强度减弱。

1）预制墙板的边、角有裂缝，拼缝处嵌缝料部分脱落，有渗水，间隔墙层局部损坏。

2）砖墙有裂缝、弓凸、倾斜、风化、腐蚀，灰缝有酥松，勒脚有部分侵蚀剥落。

3）石墙部分开裂、弓凸、风化、砂浆酥松，个别石块脱落。

4）木、竹、芦帘墙体部分严重破损、土墙稍有倾斜、硝碱。

（4）屋面局部漏雨，木基层局部腐朽、变形、损坏，钢筋混凝土屋板局部下滑，屋面高低不平排水设施锈蚀、断裂。

1）平屋面保温层、隔热层较多损坏，卷材防水层部分有空鼓、翘边和封口脱开，刚性防水层部分有缝、起壳，块体防水层部分有松动、风化、腐蚀。

2）平瓦屋面部分瓦片有破碎、风化，瓦出线严重裂缝、起壳、脊瓦局部松动、破损。

3）青瓦屋面部分瓦片风化、破碎、翘角，瓦垄不顺直，节筒俯瓦破碎残缺，灰埂部分脱落，屋脊灰有脱落，瓦片松动。

4）薄钢板屋面部分咬口或嵌缝不严实，薄钢板严重锈烂。

5）石灰炉渣、青灰屋面，局部风化脱壳、剥落，油毡屋面有破洞。

（5）楼地面。

1）整体面层部分裂缝、空鼓、剥落，严重起砂。

2）木楼地面部分有磨损、蛀蚀、翘裂、松动、缝隙，局部变形下沉，有颤动。

3）砖、混凝土块料面磨损，部分破损、裂缝、脱落，高低不平。

4）灰土地面坑洼不平。

2．装修部分

（1）门窗：木门窗部分翘裂，榫头松动，木质腐朽，开关不灵；钢门、窗部分铁胀变形、锈蚀，玻璃、五金、纱窗部分残缺；油漆老化翘皮、剥落。

（2）外抹灰部分有空鼓、裂缝、风化、剥落，勾缝砂浆部分松酥脱落。

（3）内抹灰部分空鼓、裂缝、剥落。

（4）顶棚有明显变形、下垂，抹灰层局部有裂缝，面层局部有脱钉、翘角、松动，部分压条脱落。

（5）细木装修木质部分腐朽、蛀蚀、破裂；油漆老化。

3．设备部分

（1）水卫：上、下水道不够畅通，管道有积垢、锈蚀，个别滴、漏、冒；卫生器具零件部分损坏、残缺。

（2）电照：设备陈旧，电线部分老化，绝缘性能差，少量照明装置有损坏、残缺。

（3）暖气：部分设备、管道锈蚀严重，零件损坏，有滴、冒、跑现象，供气不正常。

（4）特种设备：不能正常使用。

（四）严重损坏标准

1．结构部分

（1）地基基础承载能力不足，有明显不均匀沉降或明显滑动、压碎、折断、冻酥、腐蚀等损坏，并且仍在继续发展，对上部结构有明显影响。

（2）承重构件明显损坏，承载力不足。

1）钢筋混凝土构件有明显下垂变形、裂缝，混凝土剥落和露筋锈蚀严重，下垂变形、裂缝值超过设计规范的规定，混凝土剥落面积占全面积的10％以上。

2）钢屋架明显倾斜或变形，部分支撑弯曲松脱，锈蚀严重；钢筋混凝土屋架有倾斜，混凝土严重腐蚀剥落、露筋锈蚀，部分支撑损坏，连接件不齐全，钢杆锈蚀严重；木屋架端节点腐朽、蛀蚀，节点连接松动，夹板有裂缝，屋架有明显下垂或倾斜，铁件严重锈蚀，支撑松动。

3）承重墙体（柱）、砌块强度和稳定性严重不足，有严重裂缝、倾斜、弓凸、风化、腐蚀和灰缝严重酥松损坏。

4）木构件严重倾斜、下垂、侧向变形、腐朽、蛀蚀、裂缝，木质脆枯，节点松动，榫头折断、拔出榫眼、压裂，铁件严重锈蚀和部分残缺。

5）竹构件节点松动、变形，竹材弯曲断裂、腐朽，整个房屋倾斜变形。

（3）非承重墙有严重损坏，强度不足。

1）预制墙板严重裂缝、变形，节点锈蚀，拼缝嵌料脱落，严重漏水，间隔墙立筋松动、断裂，面层严重破损。

2）砖墙有严重裂缝、弓凸、倾斜、风化、腐蚀，灰缝酥松。

3）石墙严重开裂、下沉、弓凸、断裂，砂浆酥松，石块脱落。

4）木、竹、芦帘、苇箔等墙体严重破损，土墙倾斜、硝碱。

（4）屋面严重漏雨。木基层腐烂、蛀蚀、变形损坏、屋面高低不平，排水设施严重锈蚀、断裂，残缺不全。

1）屋面保温层、隔热层严重损坏，卷材防水层普遍老化、断裂、翘边和封口脱开，沥青流淌，刚性防水层严重开裂、起壳、脱落，块体防水层严重松动、腐蚀、破损。

2）瓦屋面瓦片零乱、不落槽，严重破碎、风化，瓦出线破损、脱落，脊瓦严重松动破损。

3）青瓦屋面瓦片零乱，风化、碎瓦多、瓦垄不直、脱脚，节筒俯瓦严重脱落残缺，灰埂脱落，屋脊严重损坏。

4）薄钢板屋面严重锈烂，变形下垂。

5）石灰炉渣、青灰屋面大部分冻鼓、裂缝、脱壳、剥落，油毡屋面严重老化，大部分损坏。

（5）楼地面。

1）整体面层严重起砂、剥落、裂缝、沉陷、空鼓。

2）木楼地面有严重磨损、蛀蚀、翘裂、松动、缝隙、变形下沉、颤动。

3）砖、混凝土块料面层严重脱落、下沉、高低不平、破碎、残缺不全。

4）灰土地面严重坑洼不平。

2. 装修部分

（1）门窗木质腐朽，开关普遍不灵，榫头松动、翘裂，钢门、窗严重变形锈蚀，玻璃、五金、纱窗残缺，油漆剥落见底。

（2）外抹灰严重空鼓、裂缝、剥落，墙面渗水，勾缝砂浆严重松酥脱落。

（3）内抹灰严重空鼓、裂缝、剥落。

（4）顶棚严重变形下垂，木筋弯曲翘裂、腐朽、蛀蚀，面层严重破损，压条脱落，油漆见底。

（5）细木装修木质腐朽、蛀蚀、破裂，油漆老化见底。

3. 设备部分

（1）水卫：下水道严重堵塞、锈蚀、漏水；卫生器具零件严重损坏、残缺。

（2）电照：设备陈旧残缺，电线普遍老化、零乱，照明装置残缺不齐，绝缘不符合安全用电要求。

（3）暖气：设备、管道锈蚀严重，零件损坏、残缺不齐，跑、冒、滴现象严重，基本上已无法使用。

（4）特种设备：严重损坏，已无法使用。

三、房屋损坏过程的一般规律

（一）房屋损坏变化发展的条件和因素

1. 自然因素

房屋长期暴露在自然界大气中，受到日晒雨淋、风雪侵袭、干湿冷热等气候变化的影响，使构件、部件、装修、设备受侵蚀。例如木材的腐烂枯朽，砖瓦的风化，铁件的锈蚀，混凝土的碳化，钢筋混凝土保护层的剥落，塑料的老化等，房屋的外露部分尤为严重。

自然损坏的程度与房屋所处的自然环境有关，如雨量、风向、空气成分、湿度、温度和温差等的不同损坏就有差异。同一构造的房屋建在不同地区，甚至同一幢房屋的不同朝向，损坏程度也会有差别。例如空气湿度大、酸雨、烟尘和腐蚀性气体较多的地区，房屋的风化和腐蚀情况就较为突出。台风、冰雹、洪水、雷击、地震对房屋造成的损坏、破坏，也属于自然损坏的范畴，不过这些自然损坏往往是难以抗御，或者抗御时要付出很大的代价，所以它们是特殊的自然损坏。

2. 人为因素

（1）由于房屋建造原因造成施工质量差，或房屋建成后，长期缺乏维修管理，材料老化、超期使用。

（2）人们在使用过程中对房屋的构配件产生的磨损、撞击以及在正常生产过程中产生有害气体、液体对房屋构件的腐蚀，造成房屋的损坏及损坏的变化发展。

（3）住户爱护不够，使用不当、拆改结构、过度装修和随意改变使用功能。或乱堆重物、超载使用，人为造成房屋的损坏。

（4）外来的人为损坏，主要表现在：邻近房屋建设的打桩、土方开挖的流砂或地基基础处理不当，给房屋带来损坏。市政等工程挖土方波及房屋受损坏。外单位在房屋上悬挂招牌、电缆等造成房屋的损坏。

（5）预防维护不善，没有贯彻"预防为主"的原则，以致过早出现损坏，损坏后又没有及时控制和处理不当。如铁件的锈蚀没有及时除锈涂漆，门窗铰链螺钉松动没有及时拧紧，木材出现蚁患没有及时防治，粉刷脱层没有及时修补，屋顶、楼面漏水不及时治漏等等。对于钢结构，当环境条件不利时，钢构件表面一年内可发生 $0.1\sim0.2$mm 深的锈蚀。

所有这些，在进行房屋检查和分析鉴定时，必须加以注意。

（二）房屋损坏变化发展的一般规律

房屋和其他物质一样，在使用过程中经历着由新变旧，由好变损，损坏由小变大，由损变危，直至拆除报废等阶段。

房屋损坏的变化发展，因结构类型、所用材料和损坏的原因等不同而有不同表现。因此，认识、掌握房屋损坏变化发展的原因、条件和一般规律，对检查鉴定、维护、修缮房屋具有十分重要的意义。

四、房屋完损等级评定方法

（一）钢筋混凝土结构、砖混结构、砖木结构房屋完损等级评定方法

1. 凡符合下列条件之一者可评为完好房

（1）结构、装修、设备部分各项完损程度符合完好标准。

（2）在装修、设备部分中有一、二项完损程度符合基本完好的标准，其余符合完好

标准。

2. 凡符合下列条件之一者可评为基本完好房

（1）结构、装修、设备部分各项完损程度符合基本完好标准。

（2）在装修、设备部分中有一、二项完损程度符合一般损坏的标准，其余符合基本完好以上的标准。

（3）结构部分除基础、承重构件、屋面外，可有一项和装修或设备部分中的一项符合一般损坏标准，其符合基本完好以上标准。

3. 凡符合下列条件之一者可评为一般损坏房

（1）结构、装修、设备部分各项完损程度符合一般损坏的标准。

（2）在装修、设备部分中有一、二项完损程度符合严重损坏标准，其余符合一般损坏以上标准。

（3）结构部分除基础、承重构件、屋面外，可有一项和装修或设备部分中的一项完损程度符合严重损坏的标准，其余符合一般损坏以上的标准。

4. 凡符合下列条件之一者可评为严重损坏房

（1）结构、装修、设备部分各项完损程度符合严重损坏标准。

（2）在结构、装修、设备部分中有少数项目完损程度符合一般损坏标准，其余符合严重损坏的标准。

（二）其他结构房屋完损等级评定方法

（1）结构、装修、设备部分各项完损程度符合完好标准的，可评为完好房。

（2）结构、装修、设备部分各项完好程度符合基本完好标准，或者有少量项目完好程度符合完好标准的，可评为基本完好房。

（3）结构、装修、设备部分各项完损程度符合一般损坏标准，或者有少量项目完损程度符合基本完好标准的，可评为一般损坏房。

（4）结构、装修、设备部分各项完损程度符合严重损坏标准，或者有少量项目完损程度符合一般损坏标准的，可评为严重损坏房。

（三）评定房屋完损等级注意事项

（1）评定房屋完损等级是根据房屋的结构、装修、设备等组成部分的各项完损程度，对整幢房屋的完损程度进行综合评定。

（2）在评定房屋完损等级时，要以房屋的实际完损程度为依据，严格按部颁《房屋完损等级评定标准》中规定的要求进行，不能以建筑年代来代替划分评定，也不能以房屋的原设计标准的高低来代替评定房屋完损等级。

（3）评定房屋完损等级时特别要认真对待结构部分完损程度的评定。这是因为其中地基基础、承重构件、屋面等项的完损程度，是决定该房屋的完损等级的主要条件。若地基基础、承重构件、屋面等三项的完损程度不在同一个完损标准时，则以最低的完损标准来决定。

（4）完好房屋结构部分中各项一定都要达到完好标准，这样做才能保证完好房屋的质量。

（5）在遇到对重要房屋评定完损等级时，必要时应对地基基础、承重构件进行复核或测试后，才能确定其完损程度。

（6）危险房屋的标准与评定方法另按《危险房屋鉴定标准》进行。

五、房屋完损等级评定的程序

房屋完损等级的评定可分定期和不定期两类。

定期的评定一般每隔1~3年（或按各地规定）进行一次，对所管的房屋全面进行完损等级的评定，详细掌握房屋完损情况。

不定期进行房屋完损等级的评定一般有以下三种情况：

（1）根据气候特征如雨季、台风等，着重对危险房屋、严重损坏房屋和一般损坏房屋进行检查，复评其完损等级；

（2）房屋经过中修、大修、翻修竣工验收以后，重新进行复评其完损等级；

（3）接管新建的或原有的房屋，均要评定完损等级。

房屋完损等级评定的一般程序。首先按《房屋完损等级评定标准》所定的项目和内容，进行房屋现场查勘观测，对所取得的房屋结构、装修、设备部分的各个项目完损情况的资料整理分析；再根据整理后的各项完损程度，逐一按该《标准》中房屋的完好、基本完好、一般损坏、严重损坏的标准"对号入座"；然后按照《房屋完损等级评定标准》中的"房屋完损等级评定方法"所列举的完好房、基本完好房、一般损坏房、严重损坏房的条件，把检查观测的房屋对照评议，确定房屋完损等级。

在进行房屋完损等级评定时，要做好有关资料的收集、整理工作，填好房屋分幢完损等级评定表（表1-2），房屋分幢完损等级评定工作结束后，经复核抽查无误，符合质量要求后，方可进行房屋完损等级统计汇总工作。房屋完损等级统计汇总表（表1-3）是建筑面积和各类房屋结构完损等级的汇总，此表可反映房屋各类结构的完损等级情况。

房屋分幢完损等级评定表   表 1-2

坐落   街道   号   幢号

房屋情况		产别	结构类别	建筑面积	现在用途
完损标准分类		完好	基本完好	一般损坏	严重损坏	危险
结构部分	地基基础					
	承重构件					
	非承重墙					
	屋面					
	楼地面					
装修部分	门窗					
	外抹灰					
	内抹灰					
	顶棚					
	细木装修					
设备部分	水卫					
	电照					
	暖气					
	特种设备					
附记						

房屋完损等级统计汇总表　　　　表1-3

年度：

完损情况＼用途	房屋合计		其中										
			危险房				损坏房			完好房			
			小计		整幢危险	局部危险	小计		严重损坏	一般损坏	小计		基本完好	完好
	幢数	建筑面积(m²)	幢数	建筑面积(m²)	面积占(%)			幢数	建筑面积(m²)	面积占(%)			幢数	建筑面积(m²)	面积占(%)		
按用途分 合计														
按用途分 住宅用房														
按用途分 非住宅用房														
按结构分 合计														
按结构分 钢筋混凝土														
按结构分 砖混结构														
按结构分 砖木结构														
按结构分 其他结构														

注：房屋的单位为幢，建筑面积的单位为平方米。

房屋完损等级评定内容多、方法复杂，文字叙述篇幅较大。为了快速、准确、直观地进行评定，操作上可以应用"房屋完损等级评定方法参考表"（表1-4）。本表是编者以《房屋完损等级评定标准》为依据，以符号替代各等级房屋的完损要求和条件，分类、分部、分项一一对应排列、组合而成。本表包涵房屋完损24个等级的评定，其中：可评定完好房的有6种情况，可评定为基本完好房的有8种情况，可评定为一般损坏房的有8种情况，可评定为严重损坏房的有2种情况。

评定时把房屋查勘分析结果，分部、分项依次换成符号，再与参考表中符号对照，立刻可以判定房屋完损等级。

房屋完损等级评定方法参考表　　　　　表 1-4

分类	分部	结构	装修	设备	备注
完好	1	A	A	A	
	2	A	A B1	A	
	3	A	A	A B1	
	4	A	A B1	A B1	
	5	A	A B2	A	
	6	A	A	A B2	
基本完好	7	B	B	B	
	8	B	B C1	B	符号含义及说明
	9	B	B	B C1	A　完好
	10	B	B C1	B C1	B　基本完好
	11	B	B C2	B	C　一般损坏
	12	B	B	B C2	D　严重损坏
	13	Bjcw C1	B C1	B	1　有一项
	14	Bjcw C1	B	B C1	2　有二项
一般损坏	15	C	C	C	j　基础
	16	C	C D1	C	c　承重构件
	17	C	C	C D1	w　屋面
	18	C	C D1	C D1	s　有少数项目
	19	C	C D2	C	
	20	C	C	C D1	
	21	Cjcw D1	C D1	C	
	22	Cjcw D1	C	C D	
严重损坏	23	D	D	D	
	24	C Ds	C Ds	C Ds	

如遇房屋查勘分析其损坏项目的情况、数量与参考表相应项对照不尽相同时，当损坏项目数量少于或完损等级好于欲评的等级者，实评完损等级应向上靠一级；当损坏项目数量多于或完损等级差于欲评的等级者，实评完损等级应向下靠一级。

第四节　危险房屋的鉴定

危险房屋是严重损坏房屋的发展，其特征为结构已严重损坏，或承重构件已属危险构件，随时可能丧失稳定和承载能力。危险房屋属于房屋完损等级中的一个等级，《房屋完损等级评定标准》指出，危险房屋的鉴定依据为《危险房屋鉴定标准》。在修缮查勘时，如果对房屋主体结构的安全性有疑问，应委托房屋安全鉴定机构对结构或构件进行检测和鉴定。如果鉴定房屋结构存在危险点和已成为危房，影响住户安全时，房屋安全鉴定机构应提出原则性的处理建议、及时通知房屋管理单位，采取有效措施，排险解危。

一、危险房屋的概念

1. 危险点

危险点是指处于危险状态的单个承重构件、围护结构或房屋设备,或单个承重构件、围护结构或房屋设备处于危险状态的部位。

2. 危险房屋的定义

危险房屋(简称危房)为结构已严重损坏,或承重构件已属危险构件,随时可能丧失稳定和承载能力,不能保证居住和使用安全的房屋。

3. 危险房屋的形成原因

危险房屋的形成原因很多,可归纳为以下四个方面。

(1) 设计考虑不周。结构不合理,计算有错误,造成承重构件承载力降低,结构变形,构件断裂,或因地基基础承载力严重不足而形成危房。

(2) 施工质量差。违反施工程序,图进度、抢时间,或长期缺乏维修管理,材料老化、超期使用等,容易形成危房。

(3) 住户随意改变使用功能。或乱堆重物、超载使用,或任意加层而形成危房。

(4) 自然灾害影响,或因酸碱气体等腐蚀、高温高湿,或白蚁蛀蚀严重,造成对木结构的破坏而形成危房。

二、危险房屋鉴定的标准

为有效利用既有房屋,正确判断房屋结构危险程度,及时治理危险房屋,确保使用安全,必须规范危险房屋的鉴定,在鉴定时应用统一的标准、程序和评定方法。

1. 危险房屋鉴定的标准

危险房屋鉴定的现行标准为建设部颁发的《危险房屋鉴定标准》(JGJ 125—99)。

2. 危险房屋的鉴定程序

房屋危险性鉴定应依次按下列程序进行。

(1) 受理委托:根据委托人要求,确定房屋危险性鉴定内容和范围。

(2) 初始调查:收集调查和分析房屋原始资料,并进行现场查勘。

(3) 检测验算:对房屋现状进行现场检测,必要时,采用仪器测试和结构验算。

(4) 鉴定评级:对调查、查勘、检测、验算的数据资料进行全面分析,综合评定,确定其危险等级。

(5) 处理建议:对被鉴定的房屋,应提出原则性的处理建议。

(6) 出具报告:报告式样应符合《危险房屋鉴定标准》附录A的规定,见表1-5。

3. 评定方法

危险房屋的评定应采用综合评定的方法。综合评定应按三个层次进行:

(1) 第一层次应为构件危险性鉴定,其等级评定应分为危险构件(T_d)和非危险构件(F_d)两类;

(2) 第二层次应为房屋三个组成部分(地基基础、上部承重结构、围护结构)危险性鉴定,其等级评定应分为 a、b、c、d 四等级,其中 a 级表示无危险点,b 级表示有危险点,c 级表示局部危险,d 级表示整体危险;

(3) 第三层次应为房屋危险性鉴定,其等级评定应分为 A、B、C、D 四等级,其中 A 级表示非危房,B 级表示危险点房,C 级表示局部危房,D 级表示整幢危房。

房屋安全鉴定报告　　　　　　　表 1-5

一、委托单位/个人概况			
单位名称		电话	
房屋地址		委托日期	

二、房屋概况			
房屋用途		建造年份	
结构类型		建筑面积	
平面形式		层　　数	
产权性质		产权证编号	
备　　注			

三、房屋安全鉴定目的

四、鉴定情况

五、损坏原因分析

六、鉴定结论

七、处理建议

八、检测鉴定人员

九、鉴定单位技术负责人签章　　　　　　　　　　　　鉴定单位
　　　　　　　　　　　　　　　　　　　　　　　　　（公章）
鉴定人：
审核人：
审定人：

　　　　　　　　　　　　　　　　　　　　　　鉴定日期　年　月　日

三、构件危险性鉴定

（一）危险构件的概念

1. 危险构件的定义

危险构件是指其承载能力、裂缝和变形不能满足正常使用要求的结构构件。

2. 单个构件的划分

单个构件的划分应符合下列规定。

（1）基础

1）独立柱基：以一根柱的单个基础为一构件。

2）条形基础：以一个自然间一轴线单面长度为一构件。

3）板式基础：以一个自然间的面积为一构件。

（2）墙体：以一个计算高度、一个自然间的一面为一构件。

（3）柱：以一个计算高度、一根为一构件。

（4）梁、檩条、搁栅等：以一个跨度、一根为一构件。

（5）板：以一个自然间面积为一构件，预制板以一块为一构件。

（6）屋架、桁架等：以一榀为一构件。

（二）危险构件的鉴定

1. 地基基础的危险性鉴定

（1）地基基础危险性鉴定应包括地基和基础两部分。

（2）地基基础应重点检查基础与承重砖墙连接处的斜向阶梯形裂缝、水平裂缝、竖向裂缝状况，基础与框架柱根部连接处的水平裂缝状况，房屋的倾斜位移状况，地基滑坡、稳定、特殊土质变形和开裂等状况。

（3）当地基部分有下列现象之一者，应评定为危险状态：

1）地基沉降速度连续 2 个月大于 2mm/月，并且短期内无终止趋向；

2）地基产生不均匀沉降，其沉降量大于现行国家标准《建筑地基基础设计规范》(GB 50007—2002) 规定的允许值，上部墙体产生沉降裂缝宽度大于 10mm，且房屋局部倾斜率大于 1‰；

3）地基不稳定产生滑移，水平位移量大于 10mm，并对上部结构有显著影响，且仍有继续滑动迹象。

（4）当房屋基础有下列现象之一者，应评定为危险点。

1）基础承载能力小于基础作用效应的 85%（即 $R/\gamma_0 S < 0.85$。其中：R—结构构件抗力；γ_0—结构构件重要性系数；S—结构构件作用效应。以下同）。

2）基础老化、腐蚀、酥碎、折断，导致结构明显倾斜、位移、裂缝、扭曲等。

3）基础已有滑动，水平位移速度连续 2 个月大于 2mm/月，并在短期内无终止趋向。

2. 砌体结构构件的危险性鉴定

（1）砌体结构构件的危险性鉴定应包括承载能力、构造与连接、裂缝和变形等内容。

（2）需对砌体结构构件进行承载力验算时，应测定砌块及砂浆强度等级，推定砌体强度，或直接检测砌体强度。实测砌体截面有效值，应扣除因各种因素造成的截面损失。

（3）砌体结构应重点检查砌体的构造连接部位，纵横墙交接处的斜向或竖向裂缝状况，砌体承重墙体的变形和裂缝状况以及拱脚裂缝和位移状况。注意其裂缝宽度、长度、深度、走向、数量及其分布,并观测其发展状况。

(4) 砌体结构构件有下列现象之一者,应评定为危险点:

1) 受压构件承载力小于其作用效应的 85%（$R/\gamma_0 S < 0.85$）;

2) 受压墙、柱沿受力方向产生缝宽大于 2mm、缝长超过层高 1/2 的竖向裂缝,或产生缝长超过层高 1/3 的多条竖向裂缝;

3) 受压墙、柱表面风化、剥落,砂浆粉化,有效截面削弱达 1/4 以上;

4) 支撑梁或屋架端部的墙体或柱截面因局部受压产生多条竖向裂缝,或裂缝宽度已超过 1mm;

5) 墙柱因偏心受压产生水平裂缝,缝宽大于 0.5mm;

6) 墙、柱产生倾斜,其倾斜率大于 0.7%,或相邻墙体连接处断裂成通缝;

7) 墙、柱刚度不足,出现挠曲鼓闪,且在挠曲部位出现水平或交叉裂缝;

8) 砖过梁中部产生明显的竖向裂缝,或端部产生明显的斜裂缝,或支撑过梁的墙体产生水平裂缝,或产生明显的弯曲、下沉变形;

9) 砖筒拱、扁壳、波形筒拱、拱顶沿母线裂缝,或拱曲面明显变形,或拱脚明显位移,或拱体拉杆锈蚀严重,且拉杆体系失效;

10) 石砌墙（或土墙）高厚比:单层大于 14,二层大于 12,且墙体自由长度大于 6m。墙体的偏心距达墙厚的 1/6。

3. 木结构构件的危险性鉴定

(1) 木结构构件的危险性鉴定应包括承载能力、构造与连接、裂缝和变形等内容。

(2) 需对木结构构件进行承载力验算时,应对木材的力学性质、缺陷、腐朽、虫蛀和铁件的力学性能以及锈蚀情况进行检测。实测木构件截面有效值,应扣除因各种因素造成的截面损失。

(3) 木结构构件应重点检查腐朽、虫蛀、木材缺陷、构造缺陷、结构构件变形、失稳状况,木屋架端节点受剪面裂缝状况,屋架出平面变形及屋盖支撑系统稳定状况。

(4) 木结构构件有下列现象之一者,应评定为危险点:

1) 木结构构件承载力小于其作用效应的 90%（$R/\gamma_0 S < 0.90$）;

2) 连接方式不当,构造有严重缺陷,已导致节点松动变形、滑移、沿剪切面开裂、剪坏或铁件严重锈蚀、松动致使连接失效等损坏;

3) 主梁产生大于 $L_0/150$ 的挠度,或受拉区伴有较严重的材质缺陷（L_0——计算跨度,下同）;

4) 屋架产生大于 $L_0/120$ 的挠度,且顶部或端部节点产生腐朽或劈裂量超过屋架高度的 $h/120$;

5) 檩条、搁栅产生大于 $L_0/120$ 的挠度,入墙木质部位腐朽、虫蛀或空鼓;

6) 木柱侧向弯曲变形,其矢高大于 $h/150$,或柱顶劈裂,柱身断裂。柱脚腐朽,其腐朽面积大于原截面 1/5 以上（h——计算高度,下同）;

7) 对受拉、受弯、偏心受压和轴心受压构件其斜纹理或斜裂缝的斜率 ρ 分别大于 7%、10%、15% 和 20%;

8) 存在任何心腐缺陷的木质构件。

4. 混凝土结构构件的危险性鉴定

（1）混凝土结构构件的危险性鉴定应包括承载能力、构造与连接、裂缝和变形等内容。

（2）需对混凝土结构构件进行承载力验算时，应对构件的混凝土强度、碳化和钢筋的力学性能、化学成分、锈蚀性情况行检测；实测混凝土构件截面有效值，应扣除因各种因素造成的截面损失。

（3）混凝土结构构件应重点检查柱、梁、板及屋架的受力裂缝和主筋锈蚀状况，根部和顶部的水平裂缝，屋架倾斜以及支撑系统稳定等。

（4）混凝土构件有下列现象之一者，应评定为危险点：

1）构件承载力小于作用效应的85%（$R/\gamma_0 S<0.85$）；

2）梁、板产生超过$L_0/150$的挠度，且受拉区的裂缝宽度大于1mm；

3）简支梁、连续梁跨中部位受拉区产生竖向裂缝，其一侧向上延伸达梁高的2/3以上，且缝宽大于0.5mm，或在支座附近出现剪切斜裂缝，缝宽大于0.4mm；

4）梁、板受力主筋处产生横向水平裂缝和斜裂缝，缝宽大于1mm，板产生宽度大于0.4mm的受拉裂缝；

5）梁、板因主筋锈蚀，产生沿主筋方向的裂缝，缝宽大于1mm，或构件混凝土严重缺损，或混凝土保护层严重脱落、露筋；

6）现浇板面周边产生裂缝，或板底产生交叉裂缝；

7）预应力梁、板产生竖向通长裂缝，或端部混凝土松散露筋，其长度达主筋直径的100倍以上；

8）受压柱产生竖向裂缝，保护层剥落，主筋外露锈蚀，或一侧产生水平裂缝，缝宽大于1mm，另一侧混凝土被压碎，主筋外露锈蚀；

9）墙中间部位产生交叉裂缝，缝宽大于0.4mm；

10）柱、墙产生倾斜、位移，其倾斜率超过高度的1%，其侧向位移量大于$h/500$；

11）柱、墙混凝土酥裂、碳化、起鼓，其破坏面大于全截面的1/3，且主筋外露，锈蚀严重，截面减小；

12）柱、墙侧向变形，其极限值大于$h/250$，或大于30mm；

13）屋架产生大于$L_0/200$的挠度，且下弦产生横断裂缝，缝宽大于1mm；

14）屋架的支撑系统失效导致倾斜，其倾斜率大于屋架高度的2%；

15）压弯构件保护层剥落，主筋多处外露锈蚀，端节点连接松动，且伴有明显的变形裂缝；

16）梁、板有效搁置长度小于规定值的70%。

5．钢结构构件的危险性鉴定

（1）钢结构构件的危险性鉴定应包括承载能力、构造和连接、变形等内容。

（2）当需进行钢结构构件承载力验算时，应对材料的力学性能、化学成分、锈蚀情况进行检测。实测钢构件截面有效值，应扣除因各种因素造成的截面损失。

（3）钢结构构件应重点检查各连接节点的焊缝、螺栓、铆钉等情况，应注意钢柱与梁的连接形式、支撑杆件、柱脚与基础连接损坏情况，钢屋架杆件弯曲、截面扭曲、节点板弯折状况和钢屋架挠度、侧向倾斜等偏差状况。

（4）钢结构构件有下列现象之一者，应评定为危险点：

1) 构件承载力小于其作用效应的90%（$R/\gamma_0 S<0.9$）；

2) 构件或连接件有裂缝或锐角切口，焊缝、螺栓连接或铆接有拉开、变形、滑移、松动、剪坏等严重损坏；

3) 连接方式不当，构造有严重缺陷；

4) 受拉构件因锈蚀，截面减少大于原截面的10%；

5) 梁、板等构件挠度大于$L_0/250$，或大于45mm；

6) 实腹梁侧弯矢高大于$L_0/600$，且有发展迹象；

7) 受压构件的长细比大于现行国家标准《钢结构设计规范》（GB 50017—2003）中规定值的1.2倍；

8) 钢柱顶位移，平面内大于$h/150$，平面外大于$h/500$，或大于40mm；

9) 屋架产生大于$L_0/250$或大于40mm的挠度，屋架支撑系统松动失稳，导致屋架倾斜，倾斜量超过$h/150$。

四、房屋危险性鉴定

房屋危险性鉴定应根据被鉴定房屋的构造特点和承重体系的种类，按其危险程度和影响范围，按照危险房屋的鉴定标准鉴定。

（一）鉴定单位

危险房屋以幢为鉴定单位，按建筑面积进行计算。

（二）等级划分

(1) 房屋划分成地基基础、上部承重机构和护围结构三个组成部分。

(2) 房屋各组成部分危险性鉴定，应按下列等级划分。

a级：无危险点。

b级：有危险点。

c级：局部危险。

d级：整体危险。

(3) 房屋危险性鉴定，应按下列等级划分。

A级：结构承载力能满足正常使用要求，未发现危险点，房屋结构安全。

B级：结构承载力基本满足正常使用要求，个别结构构件处于危险状态，但不影响主体结构，基本满足正常使用要求。

C级：部分承重结构承载力不能满足正常使用要求，局部出现险情，构成局部危房。

D级：承重结构承载力已不能满足正常使用要求，房屋整体出现险情，构成整幢危房。

（三）综合评定原则

(1) 房屋危险性鉴定应以整幢房屋的地基基础、结构构件危险程度的严重性鉴定为基础，结合历史状态、环境影响以及发展趋势，全面分析，综合判断。

(2) 在地基基础或结构构件发生危险的判断上，应考虑它们的危险是孤立的还是相关的。当构件的危险是孤立的时，则不构成结构系统的危险；当构件是相关的时，则应联系结构危险性判定其范围。

(3) 全面分析、综合判断时，应考虑下列因素：

1) 构件的破损程度；

2) 破损构件在整幢房屋中的地位；
3) 破损构件在整幢房屋中所占数量和比例；
4) 结构整体周围环境的影响；
5) 有损结构的人为因素和危险状况；
6) 结构破损后的可修复性；
7) 破损构件带来的经济损失。

（四）综合评定方法

(1) 根据房屋组成部分，确定构件的总量，并分别确定其危险构件的数量。

(2) 分别计算地基基础、承重结构和围护结构中危险构件的百分数。

(3) 危险房屋的鉴定按三层次、四等级进行，并需用模糊数学的综合评判方法进行评定。

五、危险房屋的处理安全措施

（一）危险房屋的处理

对于危险房屋，按照其鉴定的危险等级，一般可分为以下四种方式处理。

(1) 观察使用。适用于采取适当安全技术措施后，尚能短期使用，但需继续观察的房屋。

(2) 处理使用。适用于采取适当安全技术措施后，可解除危险的房屋。

(3) 停止使用。适用于已无修缮价值，暂时不便拆除，又不危及相邻建筑和影响他人安全的房屋。

(4) 整体拆除。适用于整幢危险且已无修缮价值，需立即拆除的房屋。

（二）危险房屋的安全措施

对危险房屋和危险点，必须采取有效措施，确保住用安全。

(1) 立即安排抢修。对房屋的个别构件损坏或构件局部损坏、危险点和危险范围很小的局部危房，因修缮工程量不大，一般不须搬迁住户，应立即安排抢修。有些危险构件是单独、孤立的，拆除后不致影响相邻部分的安全时，可以采取临时拆除的措施，留待以后修复；有些危险构件拆除后，仍可以保留房屋的一部分或大部分的使用，称为局部淘汰拆除，也是经常使用的一种安全措施。

(2) 采取支撑和临时支撑。有些危险房屋构件的变形是由于超载引起的，可采取加设支撑和临时支撑保证住用安全，以及变更用途等措施，减轻房屋的荷载，缓解危险程度。

(3) 搬迁住户，安排修缮。当房屋损坏和危险范围较广，修缮工程量大，从保安全的角度出发，必须先搬迁住户，然后再来处理有关问题。

第五节 案 例

案例 1-1

某栋建于 20 世纪 80 年代的砖混结构房屋，墙体出现倾斜、裂缝、部分灰缝酥松，屋面局部漏雨，影响正常居住。物业管理公司决定在该房屋定期查勘的基础上进行房屋修缮查勘鉴定，为该房屋的修缮工程提供依据。

经现场查勘，房屋西南侧外墙有一处地基基础超过允许范围的不均匀沉降，并对上部墙体结构稍有影响，承重墙体有部分裂缝、倾斜、伴有灰缝酥松等损坏。屋面局部漏雨，钢筋混凝土屋面板局部下滑，屋面高低不平，排水设施锈蚀、断裂。结构部分的楼地面整体面层严重起砂、剥落。装修部分中木门窗部分翘裂，榫头松动，木质腐朽，开关不灵，油漆老化翘皮、剥落。外抹灰，部分有空鼓、裂缝、风化、剥落，勾缝砂浆部分松酥脱落。内抹灰，部分空鼓、裂缝、剥落。设备符合一般损坏以上的标准，但水卫设备中下水道严重堵塞、锈蚀、漏水；卫生器具零件严重损坏、残缺。

上述情况用房屋完损等级评定方法参考表的符号表示：结构为 Cjcw D1，装修为 C，设备为 CD1。对照房屋完损等级评定方法参考表（表1-4），该房屋评定为一般损坏房。

复 习 思 考 题

1. 实行房屋鉴定的目的有哪些？
2. 什么是房屋的完损等级，房屋完损等级是按照什么来评定的？
3. 《房屋完损等级评定标准》规定房屋结构按什么来划分，分成哪几类结构？
4. 试述房屋完损等级的评定方法，房屋完损等级的分类。
5. 如何区别危险点和危险房屋？
6. 危险房屋怎样鉴定？
7. 对被鉴定为危险房屋的有哪些处理方法？
8. 试述危险房屋的综合评定方法？

第二章 钢筋混凝土结构知识及维修加固

第一节 钢筋混凝土结构概述

一、钢筋混凝土的一般概念

钢筋混凝土是由钢筋和混凝土两种力学性能不同的材料所组成。混凝土抗压强度较高，抗拉强度却很低；钢筋的抗拉强度和抗压强度均很高。因此，将两种材料合理地组合在一起，混凝土主要承受压力，钢筋主要承受拉力，共同作用成为具有良好工作性能的钢筋混凝土结构。

钢筋与混凝土这两种力学性能不同的材料之所以能结合在一起有效地共同工作，主要原因有二：

(1) 混凝土硬化后，钢筋与混凝土之间存在黏结力，使两者之间能传递力和变形。钢筋和混凝土之间的粘结力是这两种不同性质的材料能够共同工作的基础。

(2) 钢筋和混凝土两种材料的温度线膨胀系数接近，钢筋的线膨胀系数为 $1.2 \times 10^{-5}/℃$，一般混凝土的线膨胀系数为 $1.0 \times 10^{-5}/℃$，所以当温度变化时，钢筋与混凝土的粘结不会因两者之间过大的相对变形而破坏。

以钢筋混凝土为主要承重骨架的土木工程建筑物或构筑物称为钢筋混凝土结构。钢筋混凝土结构由一系列受力类型不同的构件组成，这些构件称为基本构件。钢筋混凝土基本构件按其主要受力特点的不同分为下列几类：

(1) 受弯构件，如建筑物中的梁、板等构件，它承受由荷载作用而产生的弯矩和剪力。

(2) 受压构件，如柱子、墙、屋架的压杆等构件。钢筋混凝土受压构件，按纵向压力作用线是否作用于截面形心，分为轴心受压构件和偏心受压构件。

(3) 受拉构件，如屋架的拉杆等构件。钢筋混凝土受拉构件，分轴心受拉构件和偏心受拉构件两类。

(4) 受扭构件，如带有悬挑雨篷的过梁、框架的边梁等。

此外还有受力情况复杂的构件，如压弯构件、弯扭构件等。

二、钢筋混凝土结构的主要优缺点

钢筋混凝土结构的主要优点：

(1) 强度高。与砌体结构等相比，其强度高，因此钢筋混凝土结构在多层及高层建筑中广泛应用。

(2) 耐久性好。钢筋混凝土结构中，混凝土的强度随时间的增长而有所增长，钢筋受混凝土的保护而不锈蚀，因此，钢筋混凝土的耐久性好。

(3) 耐火性好。混凝土是不良导热体，当发生火灾时，钢筋由于混凝土的包裹保护而不致很快升温到失去承载力的程度，因此，比钢木结构的耐火性好。

(4) 可模性好。混凝土可根据设计要求浇筑成各种形状和尺寸的结构。

(5) 整体性好。钢筋混凝土结构特别是现浇钢筋混凝土结构其整体性好,又具有较好的延性,有利于抗震、抗爆。

(6) 易于就地取材。混凝土中占比例较大的砂、石等材料,属于地方性材料,易于就地取材,比较经济。

由于钢筋混凝土有上述一系列优点,因而在国内外得到了广泛的应用。但钢筋混凝土也存在一些缺点,主要有自重大、抗裂性能较差、抗压强度低、施工时费工、费模板及产生粉尘、噪声等问题。

三、混凝土强度

混凝土是由水泥、砂、石、水等按一定比例配合而成。混凝土强度的大小不仅与组成混凝土的材料质量和配合比有关,而且与混凝土的硬化条件(温度、湿度)、龄期、试件形状、尺寸、试验方法等有密切的关系。

(一) 混凝土立方体抗压强度

由于混凝土抗压强度受许多因素影响,因此,必须要有一个标准的强度测定方法和相应的强度评定标准。混凝土的立方体强度,是衡量混凝土强度大小的基本指标,也是评价混凝土等级的标准。

我国《混凝土结构设计规范》(GB 50010—2002)规定,用边长为 150mm 的标准立方体试件,在标准养护条件下(即在温度 20±3℃,相对湿度不小于 90%,养护 28d 龄期),用标准试验方法 [试件的承压面不涂润滑剂,全截面受力,加荷速度为 0.15~0.3N/(mm²·s)],以试块加压至破坏时所测得的极限平均压应力作为混凝土的立方体抗压强度,用符号 f_{cu} 表示,单位为"N/mm²"。立方体抗压强度试验所需设备和试验方法都比较简单,试验结果的离散性也相对较小,尤其适合于在施工过程中检验和控制混凝土的强度,因此,立方体抗压强度是混凝土的基本强度指标。混凝土结构设计中使用的混凝土其他强度值,可以根据混凝土立方体的抗压强度值换算得出。

混凝土强度等级,是采用标准方法制作养护的边长为 150mm 的立方体试块,在 28d 龄期,用标准方法测得的具有 95% 保证率的抗压强度,作为立方体抗压强度标准值(用符号 $f_{cu,k}$ 表示)。混凝土强度等级用符号 C 和混凝土立方体抗压强度标准值表示。规范中列出的有 14 个等级,即:C15、C20、C25、C30、C35、C40、C45、C50、C55、C60、C65、C70、C75、C80。字母 C 后面的数字表示以"N/mm²"为单位的立方体抗压强度标准值。

(二) 混凝土的轴心抗压强度(棱柱体抗压强度)

在钢筋混凝土结构中,计算轴心受压构件(例如轴心受压柱、桁架受压腹杆等)时,要采用混凝土的轴心抗压强度。用标准棱柱体试件测定的混凝土抗压强度,称为混凝土的轴心抗压强度(棱柱体抗压强度),用符号 f_c 表示。国家标准《普通混凝土力学性能试验方法》规定 150mm×150mm×300mm 的试件作为试验混凝土轴心抗压强度的标准试件。

混凝土的立方体抗压强度与轴心抗压强度之间关系复杂,但也有一定规律。混凝土的轴心抗压强度平均值与边长为 150mm 立方体抗压强度平均值的关系为

$$f_c^0 = 0.76 f_{cu}^0 \tag{2-1}$$

式中 f_c^0——混凝土的轴心抗压强度平均值;

f_{cu}^0——边长为 150mm 立方体抗压强度平均值。

考虑到结构中混凝土的工作条件与试件的工作条件之间仍有一定差异，根据以往的经验，以及参考其他国家的有关规定，对试件强度取修正系数 0.88，则结构中的混凝土轴心抗压强度平均值 f_c^0 为

$$f_c^0 = 0.88 \times 0.76 f_{cu} = 0.67 f_{cu} \tag{2-2}$$

（三）混凝土的轴心抗拉强度

混凝土的抗拉强度远小于其抗压强度，一般 C20～C40 混凝土抗拉强度只有抗压强度的 1/9～1/11。因此，在钢筋混凝土结构中，一般不采用混凝土来承受拉力。但是，在钢筋混凝土结构构件中处于受拉状态下的混凝土在没有开裂之前，确实承受了一部分拉力。如果计算混凝土构件在混凝土开裂前的承载力，或者控制混凝土构件的开裂就要知道混凝土的抗拉强度。混凝土的轴心抗拉强度用 f_t 表示。

结构中混凝土的轴心抗拉强度平均值，与边长 150mm 的立方体抗压强度平均值的关系，由试验结果得出为

$$f_t^0 = 0.23 (f_{cu}^0)^{2/3} \quad (\text{N/mm}^2) \tag{2-3}$$

式中　f_t^0——结构中混凝土的轴心抗拉强度；

　　　f_{cu}^0——边长为 150mm 的立方体抗压强度平均值。

各个强度等级混凝土的轴心抗压强度、轴心抗拉强度，我国《混凝土结构设计规范》（GB 50010—2002）给出了具体数值，可以直接查用。

（四）复杂受力状态下混凝土的强度

结构构件中的混凝土理想单轴压力作用的情况是很少的，多数则处在多轴正应力、甚至多轴正应力剪应力的复合作用下。

试验表明，混凝土两向受压时，两个方向的抗压强度都有所提高，最大可达到单向受压时的 1.2 倍左右。混凝土三向受压时，各个方向的受压强度都有很大的提高。这类情况下，混凝土强度提高的原因通常用"侧向约束"的概念来说明。侧向约束限制了混凝土受压后的横向变形，包括限制了混凝土内部裂缝的产生和发展，从而提高了混凝土在受压方向的抗压强度。

在实际工程中，常常采用横向钢筋约束混凝土的办法来提高混凝土的抗压强度，例如在柱中采用密排螺旋箍筋、钢管混凝土柱等均是应用约束混凝土提高其强度的典型例子。

（五）材料强度标准值

钢筋混凝土结构在按概率极限状态设计方法设计时，钢筋和混凝土的强度是主要因素，这两种材料的强度概率分布可用正态分布描述。材料强度的标准值是一种特征值，可取其概率分布的 0.05 分位数（具有不小于 95% 的保证率）确定，表达式为

$$f_k = \mu_{fk} - 1.645 \sigma_{fk} \tag{2-4}$$

式中　f_k——材料强度的标准值；

　　　μ_{fk}——材料强度的平均值；

　　　σ_{fk}——材料强度的标准偏差。

（六）混凝土、钢筋强度设计值

在设计表达式中所采用的混凝土和钢筋的强度设计值，为其强度标准值除以相应的材料强度分项系数（γ_c、γ_s）。混凝土材料的分项系数 $\gamma_c = 1.4$，各类热轧钢筋的分项系数 $\gamma_s = 1.15$。

$$f_c = f_{ck}/\gamma_c \tag{2-5}$$
$$f_y = f_{yk}/\gamma_s \tag{2-6}$$

式中　f_{ck}——混凝土的强度标准值；

　　　f_{yk}——钢筋的强度标准值；

　　　f_c——混凝土的强度设计值；

　　　f_y——钢筋的强度设计值。

四、混凝土的变形

混凝土的变形有两类：一类是混凝土的受力变形，包括一次短期荷载下的变形，长期荷载下的变形和多次重复荷载下的变形；另一类是混凝土的体积变形，如收缩、膨胀、徐变及温度变化而产生的热胀冷缩变形。

（一）混凝土在一次短期荷载作用下的变形

混凝土在单轴短期单调加载过程中的应力应变关系（σ-ε曲线）是混凝土最基本的力学性能之一，是研究钢筋混凝土构件的承载力、裂缝、变形、延性所必需的依据。

混凝土的应力—应变曲线通常用棱柱体试件进行测定。图2-1所示为轴心受压混凝土的应力-应变曲线（σ-ε曲线），图中几个特征阶段如下。

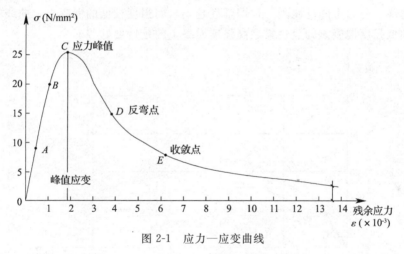

图2-1　应力—应变曲线

OA 段：应力较小，$\sigma \leqslant 0.3 f_c^0$，混凝土表现出理想的弹性性质，应力—应变关系呈直线化，混凝土内部的初始微裂缝没有发展。

AB 段：$\sigma = (0.3 \sim 0.8) f_c^0$，混凝土开始表现出越来越明显的非弹性性质，应力—应变关系偏离直线，应变增长速度比应力增长速度快。在此阶段，混凝土内部微裂缝已有所发展，但处于稳定状态。

BC 段：$\sigma = (0.8 \sim 1.0) f_c^0$，应变增长速度进一步加快，应力—应变曲线的斜率急剧减小，混凝土内部微裂缝进入非稳定发展阶段。

C 点：当应力到达 C 点即应力高峰值 σ_0 时，混凝土发挥出它受压时的最大承载能力，即轴心抗压强度 f_c^0。此时，内部微裂缝已延伸扩展成若干通缝。相应于最大应力的应变值 ε_0 称为峰值应变，随混凝土强度等级的不同在 $1.5 \times 10^{-3} \sim 2.5 \times 10^{-3}$ 之间的变动。实用中对轴心受压通常采取 $\varepsilon_0 = 2 \times 10^{-3}$；曲线的 OC 段一般称为应力—应变曲线的"上升段"。

C 点以后：超过 C 点后，试件的承载能力随应变增长逐渐变小，应力开始下降。试件表面出现一些不连续的纵向裂缝,以后应力下降加快,应力－应变曲线的坡度变陡,当应变约增大到 $4\times10^{-3}\sim6\times10^{-3}$ 时,应力下降减缓,最后趋向于稳定的残余应力,C 点以后的应力—应变曲线称为"下降段"。下降段反映了混凝土内部沿裂缝面的剪切滑移及骨料颗粒处裂缝不断延伸扩展,此时的承载能力主要依靠滑移面上的摩擦咬合力。

上述实验如果采用等应力加载方法在普通压力机上进行时,则当试件的应力到达最大值后,试件将突然破坏,而无法测到应力—应变曲线的下降段。因此,为了测定混凝土的应力-应变曲线的全部过程,需采用控制应变速度的特殊装置或在普通压力机上采用辅助装置。

从混凝土的应力—应变曲线可以看出：混凝土的应力—应变关系图形是一条曲线,这说明混凝土是一种弹塑性材料,只有当压应力很小时,才可以将其视为弹性材料。曲线分为上升段和下降段,说明混凝土在破坏过程中,承载力有一个从增加到减少的过程,当混凝土的压应力达到最大时,并不意味着立即破坏。因此,混凝土最大应变对应的应力不是最大应力,最大应力对应的应变也不是最大应变。

影响混凝土应力—应变曲线形状的因素很多,如混凝土强度、组成材料的性质及配合比、实验方法及约束情况等。实验表明（图 2-2）,不同强度的混凝土,对应力—应变曲线上升段的影响不大,压应力的峰值 f_c 对应的应变值大致约为 0.002。对于下降段,混凝土强度越高,应力下降越剧烈,也即延性越差。而强度较低的混凝土,曲线的下降段较为平缓,也即低强度混凝土的延性较之高强度混凝土的延性要好些。

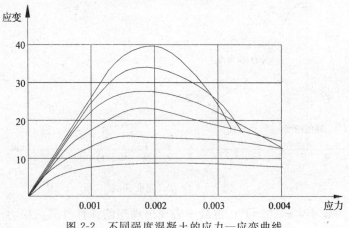

图 2-2 不同强度混凝土的应力—应变曲线

实验表明,加荷速度对混凝土的应力—应变曲线也有影响。随着加荷速度的增加,最大应力值也增加,但到达最大应力值的应变减小了,也使曲线的下降比较陡峭。

实验还表明,横向钢筋的约束作用对混凝土的应力—应变曲线也有较明显的影响。随着配箍量的增加及箍筋加密,混凝土应力—应变曲线的峰值不仅有所提高,而且峰值应变的增大,及曲线下降阶段的下降减缓都比较明显。在这里横向钢筋实际上起到了侧向约束的作用,构件已处于多向应力状态。承受地震作用的构件,采用加密箍筋的方法不仅可使混凝土强度有所提高,而且可以有效的提高混凝土构件的延性。

(二) 混凝土在多次重复荷载作用下的变形

如果我们将混凝土棱柱体试块加荷使其压应力达到某个数值 σ,然后卸荷至零,并把这一次循环多次重复下去,就称为多次重复加荷。

混凝土在经过一次加卸荷循环后将有一部分塑性变形不能恢复。在多次加、卸荷载循环过程中这些塑性变形将逐渐积累，只不过每次循环产生的残余塑性变形将随循环次数的增加而不断减小。

当每次循环所加的压应力较小时，经若干次加卸荷循环后，累积塑性变形将不再增长，混凝土的加卸荷应力－应变曲线将变成直线，此后混凝土将按弹性性质工作，加荷循环几百万次混凝土也不会破坏。

如果每次加荷时的最大压应力都低于混凝土的抗压强度，但超过了某个限值，则经过若干次循环后，混凝土将会破坏。我们通常把能使试件在循环 200 万次或次数稍多时发生破坏的压应力称为混凝土的疲劳抗压强度，并用符号 f_c^f 表示。

混凝土在重复荷载作用下的这种破坏称为疲劳破坏。实验证明，混凝土的疲劳抗压强度低于其轴心抗压强度。在工程中，对于承受重复荷载的构件（如吊车梁）等，必须对混凝土的强度进行疲劳验算。

（三）混凝土的弹性模量

混凝土的弹性模量反映了材料受力后的应力－应变性质。当应力较小时，混凝土具有弹性性质，混凝土在这个阶段的弹性模量 E_c 可用应力－应变曲线过原点切线的正切表示，称为初始弹性模量（简称弹性模量）

$$E_c = \tan\alpha_0 \tag{2-7}$$

工程中的混凝土结构总是要承受多次的重复加载，而且混凝土在一次加载下的初始弹性模量也不易准确测定，故通常借助多次重复加载后的应力－应变曲线的斜率来确定混凝土的弹性模量。取 10 次加载循环后应力差 σ_c 与相应的应变差 ε_c 的比值来计算混凝土的初始弹性模量（见图 2-3），即

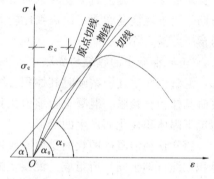

图 2-3　混凝土弹性模量及变形模量

$$E_c = \sigma_c/\varepsilon_c \tag{2-8}$$

混凝土的弹性模量与它的立方体强度有关，因此影响混凝土立方体强度的各种因素对混凝土的弹性模量也有影响。混凝土弹性模量 E_c 取值如表 2-1。

混凝土弹性模量 E_c（$\times 10^4 \text{N/mm}^2$）　　　　　　　　　　表 2-1

混凝土强度等级	C15	C20	C25	C30	C35	C40	C45	C50	C55	C60	C65	C70	C75	C80
E_c	2.20	2.55	2.80	3.00	3.15	3.25	3.35	3.45	3.55	3.60	3.65	3.70	3.75	3.80

严格来说，当混凝土进入弹塑性阶段后，初始弹性模量已不能反映这时的应力－应变性质。因此有时用切线模量和割线模量来表示这时的应力-应变关系。切线模量（$E''_c = \tan\alpha$）；割线模量（$E'_c = \tan\alpha_1$），如图（2-3）所示。

（四）混凝土的徐变

混凝土在荷载长期作用下，即使应力维持不变，它的应变也会随时间继续增长。这种现象称为混凝土的徐变。产生徐变的原因是由于尚未转化为结晶体的水泥胶体的塑性变形，同时混凝土内部微裂缝在长期荷载作用下的持续发展也导致徐变。

影响混凝土徐变的因素可分为：

(1) 内在因素；

(2) 环境因素；

(3) 应力条件。

混凝土的组成配合比是影响徐变的内在因素。骨料的弹性模量大、骨料的体积在混凝土中所占比重越大，徐变就越小。水泥用量大，凝胶体在混凝土中所占比重也大，徐变大，水灰比大，水泥水化后残存的游离水多，徐变也大。

养护及使用条件下的温度、湿度是影响徐变的环境因素。养护时温度高、湿度大，则水泥水化作用充分，徐变减小。受荷载后，混凝土在湿度低、温度高的条件下所产生的徐变要比湿度高、温度低时明显增大。

应力条件包括施加初应力的水平及加荷时混凝土的龄期，是影响徐变的重要因素。受荷时混凝土龄期越长，混凝土中结晶所占比例愈大，凝胶体黏性流动相对减小，徐变也愈小。受荷龄期相同时，初应力越大，徐变也越大。

试验表明混凝土的徐变前4个月发展较快，6个月可达最终徐变的70%～80%，以后增长渐缓慢。混凝土的徐变对钢筋混凝土构件的受力性能有重要影响。如受弯构件在荷载长期作用下使挠度增大；使长细比较大的柱偏心距增大；对预应力混凝土构件将产生较大的预应力损失等。

(五) 混凝土的收缩与膨胀

混凝土在空气中结硬时其体积会缩小，这种现象称为混凝土的收缩。混凝土在水中结硬时其体积会膨胀。混凝土收缩值比其膨胀值要大得多。收缩和膨胀是混凝土在不受力的情况下因体积变化而产生的变形。

通常认为混凝土的收缩是由凝胶体本身的体积收缩（即凝结）和混凝土因失水产生的体积收缩（即干缩）所组成。混凝土的收缩在早期发展较快，以后逐渐减缓，整个收缩过程可延续2年以上，最后趋于一个最终收缩值，通常情况下，其收缩应变值在 $2 \times 10^{-4} \sim 10 \times 10^{-4}$ 之间。

试验表明，混凝土中水泥用量越多、水灰比越大、骨料颗粒越小、骨料的弹性模量越低、孔隙率越大，则混凝土的收缩越大。此外，在混凝土凝结过程中周围湿度大以及使用环境的湿度大时，混凝土的收缩较小。如果混凝土处于完全自由状态时，混凝土收缩只会引起构件的体积变小，而不会产生裂缝；当混凝土不能自由收缩时，则会在混凝土内产生拉应力而引起裂缝。钢筋与混凝土之间存在黏结作用，黏结应力使钢筋因混凝土的收缩而受压，其反作用力相当于将自由收缩的混凝土拉长，使混凝土受拉，当混凝土收缩较大，构件截面配筋又较多时，会使混凝土构件产生收缩裂缝。但混凝土的膨胀数值一般较小，对结构的危害不大。

混凝土收缩对钢筋混凝土结构的影响不可忽视。减少和防止混凝土收缩裂缝的主要措施有：

(1) 加强混凝土的早期保湿养护；

(2) 减小水灰比；

(3) 适当提高水泥的强度等级，并尽可能减少水泥用量；

(4) 严格控制混凝土的振捣（不能欠振、不能过振），提高混凝土的密实度；

(5) 选择弹性模量大的骨料；

(6) 在构造上留设伸缩缝、设置混凝土后浇带、设置一定数量的构造钢筋等。

五、钢筋混凝土的一般构造规定

《混凝土结构设计规范》（GB 50010—2002）为钢筋混凝土制定了"一般构造规定"，要求在所有钢筋混凝土构件的设计和施工中遵照执行。

（一）钢筋保护层

纵向受力钢筋及预应力钢筋、钢丝、钢绞线的混凝土保护层的厚度（从钢筋外边缘到混凝土外边缘的距离）应符合表 2-2 规定。

纵向受力钢筋的混凝土保护层最小厚度（mm）　　　　表 2-2

环境类别		墙板壳			梁			柱		
		≤C20	C25~C45	≥C50	≤C20	C25~C45	≥C50	≤C20	C25~C45	≥C50
一		20	15	15	30	25	25	30	30	30
二	a	—	20	20	—	30	30	—	30	30
	b	—	25	20	—	35	30	—	35	30
三		—	30	25	—	40	35	—	40	35

注：1. 受力钢筋外边缘至混凝土表面的距离，除应符合表中规定外，不应小于钢筋的公称直径。
　　2. 机械连接接头连接件的混凝土保护层厚度应满足受力钢筋保护层最小厚度的要求，连接件之间的横向净距不宜小于 25mm。
　　3. 设计使用年限为 100 年的结构：一类环境中，混凝土保护层厚度应按表中规定增加 40%；二类和三类环境中，混凝土保护层厚度应采取专门有效措施。
　　4. 基础的纵向受力钢筋混凝土保护层的最小厚度有垫层时不应小于 40mm，无垫层时不应小于 70mm。

混凝土结构的环境类别如表 2-3。

混凝土结构的环境类别　　　　表 2-3

环境类别		条　件
一		室内正常环境
二	a	室内潮湿环境；非严寒和非寒冷地区的露天环境、与无侵蚀性的水或土壤直接接触的环境
	b	严寒和寒冷地区的露天环境、与无侵蚀性的水或土壤直接接触的环境
三		使用除冰盐的环境；严寒和寒冷地区冬季水位变动的环境；海滨室外环境
四		海水环境
五		受人为或自然的侵蚀性物质影响的环境

注：严寒和寒冷地区的划分应符合国家现行标准《民用建筑热工设计规程》（JGJ 24）的规定。

（二）钢筋的锚固

当计算中充分利用钢筋的强度时，其锚固长度应按下式计算

$$l_a = \alpha \frac{f_y}{f_t} d \tag{2-9}$$

式中　l_a——受拉钢筋的锚固长度；
　　　f_y——锚固钢筋的抗拉强度设计值；

f_t——锚固区混凝土的抗拉强度设计值;

d——锚固钢筋的直径;

α——锚固钢筋的外形系数,按表(表2-4)取用。

锚固钢筋的外形系数 α　　表2-4

钢筋类型	光圆钢筋	带肋钢筋	三面刻痕钢丝	螺旋肋钢丝	三股钢绞线	七股钢绞线
钢筋外形系数	0.16	0.14	0.19	0.13	0.16	0.17

注:1. 光圆钢筋末端应做180°标准弯钩,焊接骨架、焊接网及轴心受压构件中的光面钢筋可不做弯钩。
2. HRB335、HRB400、RRB400钢筋的直径大于25mm时,钢筋外形系数再乘以修正系数1.1。
3. 环氧树脂涂层带肋钢筋的外形系数尚应乘以修正系数1.25。

当带肋钢筋锚固区混凝土保护层厚度大于钢筋直径的两倍或钢筋中心的间距大于钢筋直径的4倍时,锚固长度可乘以厚度修正系数。厚度修正系数如表2-5所示。

厚度修正系数　　表2-5

保护层厚度	$\geq 2d$	$\geq 3d$	$\geq 4d$	$\geq 5d$
钢筋中心到中心的距离	$>4d$	$>6d$	$>8d$	$>10d$
厚度修正系数	0.9	0.8	0.75	0.7

受拉钢筋的最小锚固长度 l_a 如表2-6。

受拉钢筋的最小锚固长度 l_a　　表2-6

钢筋种类		混凝土强度等级								
		C20		C25		C30		C35		≥C40
		$d\leq 25$	$d>25$	$d\leq 25$	$d>25$	$d\leq 25$	$d>25$	$d\leq 25$	$d>25$	$d\leq 25$	$d>25$
HPB235	普通钢筋	31d	31d	27d	27d	24d	24d	22d	22d	20d	20d
HRB335	普通钢筋	39d	42d	34d	37d	30d	33d	27d	30d	25d	27d
	环氧树脂涂层钢筋	48d	53d	42d	46d	37d	41d	34d	37d	31d	34d
HRB400 RRB400	普通钢筋	46d	51d	40d	44d	36d	39d	33d	36d	30d	33d
	环氧树脂涂层钢筋	58d	63d	50d	55d	45d	49d	41d	45d	37d	41d

注:1. 任何情况下锚固长度不得小于250mm。
2. HPB235钢筋为受拉时,末端应做180°弯钩,弯钩平直长度不应小于3d。

(三) 钢筋的连接

钢筋接头的连接方法有搭接、焊接、机械连接等。受力钢筋的连接接头宜设置在受力较小处。在同一纵向受力钢筋上宜少用接头,不宜设置两个或两个以上接头,接头末端至钢筋弯起点的距离不应小于钢筋直径的10倍。轴心受拉及小偏心受拉构件的受力钢筋不得采用搭接接头。

同一构件各根钢筋的搭接接头宜相互错开。不在同一连接范围内的搭接接头中心间距不应小于1.3倍的搭接长度,即搭接钢筋端部间距应不小于0.3倍的搭接长度。

同一连接区段内的纵向受拉钢筋搭接接头面积百分率,对梁、板、墙类构件不宜大于

25%；对柱类构件不宜大于50%。搭接长度为相应锚固长度的1.2倍。当在同一连接范围内的受拉钢筋接头百分率超过25%时，搭接接头的长度应按下式计算

$$l_1 = \xi_\psi l_a \tag{2-10}$$

式中　l_1——受力钢筋的搭接长度；

　　　l_a——受拉钢筋的锚固长度；

　　　ξ_ψ——受拉钢筋搭接接头面积百分率系数，如表2-7。

受拉钢筋搭接接头面积百分率系数 ξ_ψ　　　表2-7

同一连接区段内搭接钢筋面积百分率，%	≤25	≤50	≤100
接头面积百分率系数 ξ_ψ	1.2	1.45	1.8

偏心受压构件中的受拉钢筋，当采用搭接连接时，搭接接头的长度可在按（2-7）式计算的数值上乘以轴向压力影响系数0.9，但不得小于300mm。

（四）纵向钢筋的最小配筋率

轴心受压构件、偏心受压构件全部纵向受力钢筋的配筋率不应小于0.5%；当混凝土强度等级大于C50时不应小于0.6%；同时，一侧钢筋的配筋率不应小于0.2%。当受弯构件、大偏心受拉构件的受压区配置按计算的受压钢筋时，其最小配筋百分率亦不应小于0.2%。

受弯的梁类构件、偏心受拉构件及轴心受拉构件一侧受拉钢筋的配筋百分率不应小于$45f_t/f_y$，同时不应小于0.2%。现浇板和基础底板沿每个受力方向受拉钢筋的最小配筋率不应小于0.15%。

六、钢筋混凝土结构基本设计原则

结构是由不同受力构件组成的承受各种外部作用的骨架。混凝土结构建筑物大体区分为基础、梁、柱、墙、楼板等不同部分，这些不同的部分统称为构件。楼板的作用主要是承受竖向荷载，并将竖向荷载传递给梁，梁则支承在柱上。楼板也可以支承在柱上。楼板主要承受弯矩，梁主要承受弯矩和剪力，而柱的主要作用是承受压力。基础的作用主要是把柱、墙所承受的荷载传给地基。墙除了起围护作用外，有时也起承重作用。

（一）结构的功能要求

结构设计的目的，是使所设计的结构能满足各种预定的功能要求，结构的功能要求，概括为下列三个方面。

（1）安全性

建筑结构在正常的施工和正常使用时应能承受可能出现的各种荷载、外加变形、约束变形的作用，在偶然事件（如地震等）发生时以及发生后能保持结构必要的整体稳定性，不致倒塌。

（2）适用性

建筑结构在正常使用时，能满足预定的使用要求，有良好的工作性能，其变形、裂缝或振动等均不超过规定的限度。

（3）耐久性

建筑结构在正常使用、维护的情况下应有足够的耐久性。如保护层不得过薄、裂缝不得过宽而引起钢筋锈蚀，混凝土不得风化、老化、腐蚀而影响结构的使用期限。

上述功能要求概括起来称为结构的可靠性。即结构在规定的时间内，在规定的条件下（正常设计、正常施工、正常使用和正常维护），完成预定功能的能力。

《混凝土结构设计规范》（GB 50010—2002）对混凝土耐久性的有关规定如下：

(1) 对于混凝土结构的耐久性，《混凝土结构设计规范》（GB 50010—2002）规定应按表 2-3 的使用环境和设计工作寿命进行设计。对一类、二类和三类环境中，设计工作寿命为 50 年的结构，混凝土耐久性的基本要求应符合表 2-8 的规定。

混凝土结构耐久性的基本要求　　　　　　　　表 2-8

环境类别		水灰比不大于	水泥用量不少于 (kg/m³)	混凝土强度等级不小于	氯离子含量不大于（%）	碱含量不大于 (kg/m³)
一		0.65	225	C20	1.00	不限制
二	a	0.6	250	C25	0.30	3.0
	b	0.55	275	C30	0.20	3.0
三		0.5	300	C30	0.10	3.0

注：1. 氯离子含量按水泥用量的百分率计算。
　　2. 预应力混凝土构件的氯离子含量不得超过 0.06%。
　　3. 当混凝土中加入掺合料时可酌情降低水泥用量。
　　4. 二类、三类环境中，当混凝土中加入矿渣、粉煤灰等活性掺合料且有可靠依据时，可放宽碱含量限制。
　　5. 当使用非碱活性骨料时，可不对混凝土中的碱性含量进行限制。

(2) 对于设计工作寿命为 100 年且处于一类环境中的混凝土结构应符合下列规定：

1) 结构混凝土强度等级不应低于 C30；

2) 混凝土中氯离子含量不得超过水泥用量的 0.06%；

3) 宜使用非碱活性骨料；当使用碱活性骨料时，混凝土中的碱含量不得超过 3.0kg/m³；

4) 在使用过程中应有定期维护措施。

(3) 对设计寿命为 100 年且处于二类和三类环境中的混凝土结构应采取专门有效的措施。

(4) 对于暴露在侵蚀性环境中的结构或构件，其受力钢筋宜采用环氧涂层带肋钢筋，预应力钢筋应有防护措施；且宜采用有利于提高耐久性的高性能混凝土。

(5) 对于结构中使用环境较差的混凝土构件，宜设计成易维修或可更换的构件。

(6) 未经技术鉴定或设计许可，不得改变结构的使用环境和用途。

(二) 结构的极限状态

结构能满足功能要求，称结构"可靠"或"有效"，否则称结构"不可靠"或"失效"。区分结构工作状态的"可靠"或"失效"的界限是"极限状态"。极限状态是结构或其构件能够满足（安全性、适用性、耐久性）某一功能要求的临界状态。超过这一界限，结构或其构件就不能满足设计规定的该项功能要求，而进入失效状态。

我国《标准》将结构的极限状态分为下列两类：

(1) 承载力极限状态

这类极限状态是对应于结构或结构构件达到了最大承载力、或者产生了不适于继续承载的过大变形。当结构或其构件出现下列状态之一时，即认为超出了承载力极限状态：

1）整个结构或构件的一部分作为刚体失去平衡，如雨篷压重不足而倾覆、烟囱抗风不足而倾倒、挡土墙抗滑不足在土压力的作用下而整体滑移；

2）结构构件或其连接因超过材料强度而破坏（包括疲劳破坏），或因过度的塑性变形而不适于继续承受荷载；

3）结构转为机动体系，如构件发生三铰共线而形成机动体系，丧失承载力；

4）结构或构件丧失稳定，如细长杆到达临界荷载后压屈失稳而破坏。

（2）正常使用极限状态

这类极限状态是对应于结构或结构构件达到正常使用或耐久性能某项规定限值。当出现下列状态之一时，即认为结构或结构构件超过了正常使用极限状态：

1）影响正常使用或有碍观瞻的变形；

2）影响正常使用或耐久性能的局部损坏（包括裂缝）；

3）影响正常使用的振动；

4）影响正常使用的其他特定状态，如相对沉降量过大等。

（三）结构上的作用、作用效应、结构抗力

所谓结构上的作用是指施加在结构上的集中荷载或分布荷载（包括永久荷载、可变荷载等），以及引起结构外加变形或约束变形的原因，如基础沉降、温度变化、混凝土收缩等作用。施加在结构上的集中荷载和分布荷载称为直接作用，引起结构外加变形和约束变形的其他作用称为间接作用。

《建筑结构荷载规范》将结构上的荷载分为三类。

（1）永久荷载（恒荷载）

在结构使用期间，其值不随时间变化，或其变化与其平均值相比可以忽略不计，或其变化是单调的并能趋于限值的荷载。如结构自重等。

（2）可变荷载（活荷载）

在结构使用期间，其值随时间变化，且其变化与其平均值相比不可以忽略不计的荷载。如楼面活荷载、屋面活荷载、风荷载、雪荷载等。

（3）偶然荷载

在结构使用期间不一定出现，一旦出现，其值很大且其持续时间很短的荷载。如爆炸力、撞击力、地震等。

所谓作用效应是指结构由于各种作用原因而引起的内力（如弯矩、剪力等）和变形（如挠度、裂缝等），这种内力和变形称为"作用效应"。

结构或结构构件承受内力和变形的能力（如构件的承载力、刚度等）称为结构抗力。

（四）混凝土结构设计方法

按《混凝土结构设计规范》和《统一标准》的规定，采用了概率理论为基础的极限状态设计方法，以可靠指标度量结构构件的可靠度，采用以分项系数的设计表达式进行设计。

《规范》要求结构构件应根据承载能力极限状态及正常使用极限状态的要求，分别按下列规定进行计算或验算：

（1）所有结构构件均应进行承载力计算，在必要时尚应进行结构的倾覆、滑移和飘浮验算；

(2) 对使用上需控制变形的结构构件,应进行变形验算;

(3) 对使用上要求不出现裂缝的构件,应进行混凝土拉应力验算;对使用上允许出现裂缝的构件,应进行裂缝宽度验算。

要求(1)是保证结构的安全性,(2)和(3)是保证结构的适用性和耐久性。通常是先按承载力极限状态要求设计结构构件,必要时再按正常使用极限状态要求,对构件进行核算。

第二节 钢筋混凝土基本构件的受力破坏形态

钢筋混凝土结构的基本构件按受力性能分主要有受弯构件、受压构件、受拉构件、受扭构件等。受弯构件是工程中应用最广泛的一类构件,如房屋中的梁、板,在外力作用时,承受弯矩和剪力作用;受压构件如柱子,在荷载作用下,承受轴力、弯矩和剪力;承受纵向拉力的构件称为受拉构件;扭转也是构件的基本受力形式之一,例如框架的边梁、螺旋楼梯等,处于纯扭矩作用的情况是较少的,大多受扭构件处于弯矩、剪力和扭矩共同作用的复合受扭情况。

一、受弯构件梁正截面的破坏形态

(一) 受弯构件梁正截面工作的三个阶段

梁截面应力分布在各个阶段的变化特点,见图2-4。

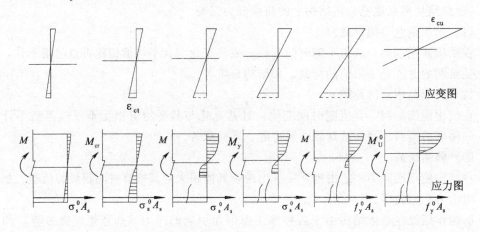

图2-4 钢筋混凝土梁三个阶段应力、应变图

1. 第Ⅰ阶段

梁承受的弯矩很小,截面的应变也很小,混凝土处于弹性工作阶段,应力与应变成正比。梁的截面应力分布为三角形,中和轴以上受压,另一侧受拉,钢筋与外围混凝土应变相同,共同受拉。随着弯矩M的增大,截面应变随之增大。由于受拉区混凝土塑性变形的发展应力增长缓慢,应变增长较快,受拉区混凝土的应力图形呈曲线形,当弯矩增大到使受拉边的应变达到混凝土的极限拉应变时,混凝土就进入裂缝出现的临界状态。如再增加荷载,拉区混凝土将开裂,这时的弯矩为开裂弯矩(M_{cr})。在此阶段,压区混凝土仍处于弹性阶段,压区应力图形为三角形。

2. 第Ⅱ阶段

弯矩达到 M_{cr} 后，在纯弯段内混凝土抗拉强度最弱的截面上将出现第一批裂缝。开裂部分混凝土承受的拉力将传给钢筋，使开裂截面的钢筋应力突然增大，但中和轴以下未开裂部分混凝土仍可承受一部分拉力。随着弯矩增大，截面应变增大，压区混凝土则越来越表现出塑性变形的特征，压区的应力图形呈曲线形。当钢筋应力达到屈服时，为第Ⅱ阶段的结束，这时的弯矩称为屈服弯矩 M_y。

3. 第Ⅲ阶段

钢筋屈服后应力不增加，而应变急剧发展，钢筋与混凝土之间的黏结遭到严重破坏，使钢筋达到屈服的截面形成一条宽度很大，迅速向梁顶发展的临界裂缝。虽然，此阶段钢筋承受的拉力不增大，但中和轴急剧上升，压区高度很快减小，随着压区高度的减小，混凝土受压边缘的压应变显著增大。当压区混凝土的抗压强度达到极限时，在临界裂缝两侧的一定区段内，压区混凝土出现纵向水平裂缝，随即混凝土被压酥，梁达到极限弯矩。

上述梁的破坏特征反映的是配筋适量的梁，它的破坏是由于受拉钢筋首先达到屈服，然后混凝土受压破坏。破坏前临界裂缝显著开展，顶部压区混凝土产生很大的局部变形，形成集中的塑性变形区域。在这个区域内，在 M 不增加或增加不多的情况下，截面的转角急剧增大，反映了截面的屈服；同时梁的挠度迅速增大，预示着梁的破坏即将到来，其破坏形态具有"塑性破坏"的特征，即在破坏前有明显预兆—裂缝和变形急剧发展。

（二）钢筋混凝土受弯构件梁正截面的破坏形态

试验证明：随着纵向受拉钢筋的配筋率的不同，受弯构件正截面可能产生三种不同的破坏形态，即适筋梁的的塑性破坏、超筋梁的脆性破坏、少筋梁的脆性破坏。如图2-5。

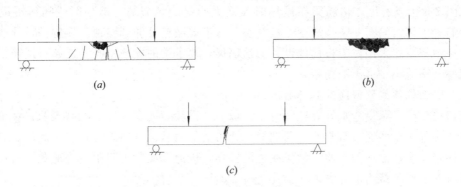

图 2-5 梁的三种破坏形式图

(a) 适筋梁破坏；(b) 超筋梁破坏；(c) 少筋梁破坏

纵向受拉钢筋配筋率为纵向受拉钢筋截面面积与混凝土有效截面面积的比值

$$\rho = \frac{A_s}{bh_0} \tag{2-11}$$

式中　ρ——纵向受拉钢筋配筋率；

A_s——受拉钢筋截面面积；

b——梁截面宽度；

h_0——梁的截面有效高度（指截面受压区边缘到受力钢筋合力点的距离）。

1. 适筋梁

适筋梁是工程中应用的含有适量配筋的梁，这种梁的破坏特点是破坏始自受拉钢筋的屈服，在钢筋应力达到屈服强度之初，受压区边缘纤维应变尚小于受弯时混凝土极限压应变。在梁完全破坏以前，钢筋要经历较大的塑性伸长，随之引起裂缝的急剧开展和梁挠度的激增，它给人以明显的破坏预兆，习惯上把这种梁的破坏称为"延性破坏"或"塑性破坏"。

2. 超筋梁

如果在梁内放置的纵向钢筋过多，配筋率过大时，梁的破坏始自受压区混凝土的压碎。在受压区边缘纤维应变达到混凝土受弯极限压应变时，钢筋应力尚小于钢筋的屈服强度，但此时梁已破坏。这样的梁称为超筋梁。

试验表明，超筋梁破坏时，梁上裂缝开展不宽，延伸不高，梁的挠度增加不大，它在没有明显预兆的情况下由于受压混凝土突然压碎而破坏，习惯上称之为"脆性破坏"。超筋梁不能充分利用钢筋的强度，破坏前没有明显预兆，设计中不允许采用。

3. 少筋梁

如果在受拉区配筋过少，配筋率过低（低于规范规定的最少配筋率）的梁称为少筋梁。这种梁一旦开裂，裂缝截面混凝土所承担的拉力几乎全部转移给钢筋，使钢筋应力突然剧增，由于钢筋过少，受拉钢筋立即达到屈服强度，有时迅速进入钢筋的强化阶段，裂缝开展过宽，挠度也不小，而且这种裂缝和挠度是不可恢复的。因此，这种梁一旦开裂，即标志着梁的破坏。尽管梁开裂后，仍可能保留一定的承载力，但由于梁已发生严重的开裂下垂，这部分承载力实际上是不能利用的。少筋梁的破坏也属于脆性破坏。少筋梁是不经济、不安全的，在建筑结构中不允许采用。

从图 2-5 可以看出，超筋梁在破坏时表面无明显受拉裂缝，破坏时受压区混凝土压碎；少筋梁破坏时只有一条裂缝，一旦开裂，即沿此裂缝延伸到梁顶。在构件设计或构件加固设计中都不能采用，为将构件设计成适筋梁，要求梁的配筋率既不能超过适筋梁的最大配筋率又不能小于最小配筋率。

二、受弯构件梁斜截面的破坏形态

受弯构件除了承受弯矩外，还同时承受剪力，试验研究和工程实践都表明，在钢筋混凝土受弯构件中某些区段常常产生斜裂缝，并可能沿斜截面（斜裂缝）发生破坏。斜截面破坏往往带有脆性破坏的性质，缺乏明显的预兆，因此在实际工程中应当避免，在设计时必须进行斜截面承载力的计算。

为了防止受弯构件发生斜截面破坏，应使构件有一个合理的截面尺寸，并配置必要的箍筋，箍筋也与梁底纵筋和架立钢筋绑扎或焊接在一起，形成钢筋骨架，使各种钢筋得以在施工时维持在正确的位置上。当构件承受的剪力较大时，还可设置斜钢筋，斜钢筋一般利用梁内的纵筋弯起而形成，称为弯起钢筋。箍筋和弯起钢筋（或斜筋）又统称为腹筋。

（一）无腹筋梁沿斜截面的破坏形态

1. 无腹筋梁斜裂缝出现前的应力状态

为了理解钢筋混凝土梁斜裂缝出现的原因和斜裂缝的形态，先分析不配置腹筋梁斜裂缝出现前的应力状态。图 2-6 为一矩形截面钢筋混凝土简支梁在两个对称集中荷载作用下的弯矩图和剪力图，图中 CD 段为纯弯段，AC、DB 段为剪弯段（同时作用有剪力和弯矩）。在荷载较小梁内尚未出现裂缝之前，梁处于整体工作阶段，此时可将钢筋混凝土梁视为匀质弹性体，按一般材料力学公式来分析它的应力，并画出梁的主应力轨迹线。图中实线代表主拉应力，虚线代表主压应力。

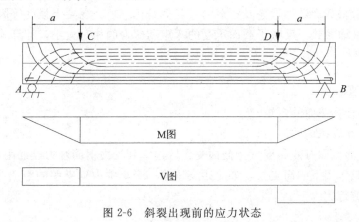

图 2-6　斜裂出现前的应力状态

随着荷载的增加，梁内各点的主应力也增加，当主拉应力和主压应力的组合超过混凝土在拉压应力状态下的强度时，将出现斜裂缝。试验研究表明，在集中荷载作用下，无腹筋简支梁的斜裂缝出现过程有两种典型情况。一种是在梁底首先因弯矩的作用而出现垂直裂缝，随着荷载的增加，初始垂直裂缝逐渐向上发展，并随着主拉应力方向的改变而发生倾斜，向集中荷载作用点延伸，裂缝下宽上细，称为弯剪斜裂缝如图 2-7a 所示。另一种是首先在梁中和轴附近出现大致与中和轴成 45°倾角的斜裂缝，随着荷载的增加，裂缝沿主压应力迹线方向分别向支座和集中荷载作用点延伸，裂缝中间宽两头细，呈枣核形，称为腹剪斜裂缝如图 2-7b 所示。

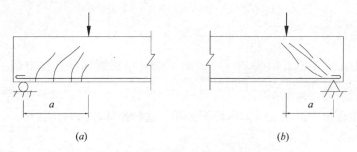

图 2-7　弯剪斜裂缝和腹剪斜裂缝
(a) 弯剪斜裂缝；(b) 腹剪斜裂缝

2. 无腹筋梁斜裂缝出现后的应力状态

无腹筋梁出现斜裂缝后，梁的受力状态发生了质的变化，即发生了应力重分布。这时已不可能再将梁视为匀质弹性体，截面上的应力也不能再用一般材料力学公式计算。

在斜裂缝出现前，由荷载引起的剪力由梁全截面承受。但在斜裂缝出现以后，剪力 V 全部由斜裂缝上端的混凝土截面来承受。同时，剪力 V 的作用使斜裂缝上端的混凝土截面既受剪又受压，称为剪压区。由于剪压区的面积远小于梁的全截面面积，因此与梁斜裂缝出现之前相比，剪压区的剪应力 τ 和压应力 σ 都将显著增大，成为薄弱区域。

此后，随着荷载的增加，剪压区混凝土承受的剪应力和压应力也继续增加，混凝土处于剪压复合受力状态,当达到混凝土在此种受力状态下的极限强度时,剪压区混凝土发生破坏,亦即发生沿斜截面的破坏。

3. 无腹筋梁沿斜截面破坏的主要形态

无腹筋梁沿斜截面破坏形态及承载力,与剪跨比(λ)、混凝土强度等因素有关。剪跨比 λ 是一个无量纲参数,反映了截面承受的弯矩和剪力的相对大小,计算式如下

$$\lambda = \frac{M}{Vh_0} \tag{2-12}$$

式中　λ——剪跨比;
　　　M——梁计算截面的弯矩;
　　　V——梁计算截面的剪力;
　　　h_0——梁的截面有效高度(指截面受压区边缘到受力钢筋合力点的距离);

对集中荷载作用下的简支梁,如果距支座第一个集中力到支座的距离为 a,则集中力作用处截面的剪跨比为

$$\lambda = \frac{a}{h_0} \tag{2-13}$$

无腹筋梁在集中荷载作用下沿斜截面破坏的形态主要有以下三种,见图 2-8。

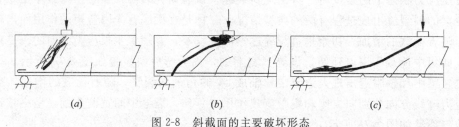

图 2-8　斜截面的主要破坏形态
(a) 斜压破坏;(b) 剪压破坏;(c) 斜拉破坏

(1) 斜压破坏

当集中荷载距支座较近,即 $\lambda = \frac{a}{h_0} < 1$ 时,破坏前梁腹部将首先出现一系列大体上相互平行的腹剪斜裂缝,向支座和集中荷载作用处发展,这些斜裂缝将梁腹分裂成若干倾斜的受压杆件,最后由于混凝土斜向压酥而破坏。这种破坏称为斜压破坏。

(2) 剪压破坏

当 $1 \leqslant \lambda \leqslant 3$ 时,梁承受荷载后,首先在剪跨段内出现弯剪斜裂缝,当荷载继续增加到某一数值时,在数条弯剪斜裂缝中出现一条延伸较长、相对开展较宽的主要斜裂缝,称为临界斜裂缝。随着荷载的继续增加,临界斜裂缝不断向加载点延伸,使混凝土受压区高度不断减小,最后剪压区混凝土在剪应力和压应力的共同作用下达到复合应力状态下的极限强度而破坏。这种破坏称为剪压破坏。

(3) 斜拉破坏

当 $\lambda > 3$ 时,斜裂缝一出现便很快发展,形成临界斜裂缝,并迅速向加载点延伸,使混凝土截面裂通,梁被斜向拉断成为两部分而破坏。破坏时,沿纵向钢筋往往产生水平撕裂裂缝,这种破坏称为斜拉破坏。

上述三种破坏形态,就承载力而言,斜压破坏较高,剪压破坏次之,斜拉破坏最为薄

弱。不同剪跨比的无腹筋梁的破坏形态和承载力虽有不同,但达到破坏荷载时,梁的挠度均不大,而且破坏后承载能力急剧下降。因此,无腹筋梁的剪切破坏均属脆性破坏。

(二) 有腹筋梁斜截面的受力特点和破坏形态

为了提高钢筋混凝土的受剪承载力,防止梁沿斜截面发生脆性破坏,在实际工程结构中,一般在梁内都配有腹筋。

1. 有腹筋梁斜裂缝出现前后的受力特点

有腹筋梁在荷载较小,斜裂缝出现之前,腹筋的应力很小,腹筋的作用不明显,对斜裂缝出现的影响不大,其受力性能与无腹筋梁相似。但是在斜裂缝出现以后,有腹筋梁的受力性能与无腹筋梁相比有显著的不同。

无腹筋梁斜裂缝出现后,剪压区几乎承担了由荷载产生的全部剪力,成为整个梁的薄弱环节。在有腹筋梁中,当斜裂缝出现以后,如图 2-9 所示形成了一种"桁架——拱"的受力模型,斜裂缝间的混凝土相当于压杆,梁底纵筋相当于拉杆,箍筋则相当于垂直受拉腹杆。箍筋可以将压杆Ⅱ和Ⅲ的内力通过"悬吊"作用,传递到压杆Ⅰ靠近支座的部分,

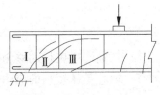

图 2-9 有腹筋梁的受力特点

从而减小了压杆Ⅰ顶部剪压区的负担。因此在有腹筋梁中,腹筋可以直接承担部分剪力,与斜裂缝相交的腹筋的应力显著增大。同时,腹筋能限制斜裂缝的延伸和开展,增大剪压区的面积,提高剪压区的抗剪能力。此外,腹筋能提高斜裂缝交界面上的骨料咬合作用和摩阻作用,延缓沿纵筋劈裂裂缝的发展,防止保护层的突然撕裂,提高纵筋的销栓作用。因此,配置腹筋可以使梁的受剪承载力有较大的提高。

2. 有腹筋梁沿斜截面的破坏形态

腹筋(箍筋和弯起钢筋)虽然不能防止斜裂缝的出现,但能限制斜裂缝的开展和延伸。因此,腹筋的数量对梁斜截面的破坏形态和受剪承载力有很大影响。

如果箍筋配置的数量过多,则在箍筋尚未屈服时,斜裂缝间的混凝土即因主压应力过大而发生斜压破坏。破坏时,斜裂缝较小,混凝土压碎具有突然性,属脆性破坏。此时梁的受剪承载力取决于构件的截面尺寸和混凝土的强度。

如果箍筋配置的数量适当,则在斜裂缝出现以后,原来由混凝土承受的拉力转由与斜裂缝相交的箍筋来承受,在箍筋尚未屈服时,由于箍筋限制了斜裂缝的开展和延伸,荷载尚能有较大的增长。当箍筋屈服后,由于箍筋应力基本不变而应变迅速增加,箍筋不再能有效地抑制斜裂缝的开展和延伸,最后斜裂缝上端剪压区的混凝土在剪压复合应力作用下,达到极限强度而发生剪压破坏。破坏前有明显预兆。

如果箍筋配置的数量过少,则斜裂缝一出现,原来由混凝土承受的拉力转由箍筋承受,箍筋很快达到屈服强度,变形迅速增加,不能抑制斜裂缝的发展。此时,梁的受力性能和破坏形态与无腹筋梁相似,当剪跨比 λ 较大时,也将发生斜拉破坏。

三、受压构件柱的破坏形态

钢筋混凝土受压构件,当轴向力作用线与构件截面重心轴重合时,称为轴心受压构件。当弯矩和轴力共同作用于构件上或当轴力作用线与构件截面重心轴作用线不重合时,称为偏心受压构件。

当轴向力作用线与截面的重心轴平行且沿某一主轴偏离重心时,称为单向偏心受压构

件。当轴向力作用线与截面的重心轴平行且偏离两个主轴时，称为双向偏心受压构件，如图 2-10。在实际结构中，由于混凝土质量不均匀，配筋的不对称，制作和误差等原因，往往存在着偏心，所以在工程中理想的轴心受压构件是不存在的。

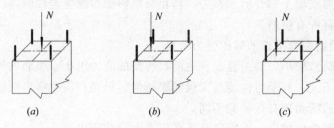

图 2-10 轴心受压与偏心受压
（a）轴心受压；（b）单向偏心受压；（c）双向偏心受压

（一）轴心受压柱的应力分布及破坏形态

1. 轴心受压短柱的应力分布及破坏形态

构件在轴向压力作用下的各级加载过程中，由于钢筋和混凝土之间存在着黏结力，因此，纵向钢筋与混凝土共同受压。压应变沿构件长度上基本上是均匀分布的。

试验表明，轴心受压素混凝土棱柱体构件达到最大压应力值时的压应变值一般在 0.0015～0.002 左右，而钢筋混凝土轴心受压短柱达到峰值应力时的压应变一般在 0.0025～0.0035 之间，其主要原因可以认为是构件中配置了纵向钢筋，起到了调整混凝土应力的作用，能比较好地发挥混凝土的塑性性能，使构件到达峰值应力时的应变值得到增加，改善了轴心受压构件破坏的脆性性质。

在轴心受压短柱中，不论受压钢筋在构件破坏时是否达到屈服，构件的承载力最终都是由混凝土压碎来控制的。当达到极限荷载时，在构件最薄弱区段的混凝土内将出现由微裂缝发展而成的可见的纵向裂缝，随着压应变的增长，这些裂缝将相互贯通，在外层混凝土剥落之后，核芯部分的混凝土将在纵向裂缝之间被完全压碎。在这个过程中，混凝土的侧向膨胀将向外推挤钢筋，而使纵向受压钢筋在箍筋之间呈灯笼状向外受压屈服，如图 2-11（a）所示。破坏时，一般中等强度的钢筋，均能达到其抗压屈服强度，混凝土能达到轴心抗压强度，钢筋和混凝土都得到充分的利用。

2. 轴心受压长柱的应力分布及破坏形态

在轴心受压构件中，轴向压力的初始偏心（或称偶然偏心）实际上是不可避免的。在短粗构件中，初始偏心对构件的承载能力尚无明显影响。但在细长轴心受压构件中，以微小初始偏心作用在构件上的轴向压力将使构件朝与初始偏心相反的方向产生侧向弯曲。在构件的各个截面中除轴向压力外还将有附加弯矩的作用，因此构件已从轴心受压转变为偏心受压。试验结果表明，当长细比较大时，侧向挠度最初是以与轴向压力成正比例的方式缓慢增长的；但当压力达到破坏压力的 60%～70% 时，挠度增长速度加快，最后构件在轴向压力和附加弯矩的作用下破坏。破坏时，受压一侧往往产生较长的纵向裂缝，钢筋在箍筋之间向外压屈，构件高度中部的混凝土被压碎；而另一侧混凝土则被拉裂，在构件高度中部产生若干条以一定间距分布的水平裂缝，如图 2-11（b）所示。这是偏心受压构件破坏的典型特征。

 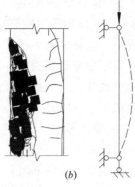

图 2-11 柱子的破坏形态
(a) 轴心受压短柱的破坏形态；(b) 轴心受压长柱的破坏形态

由于偏心受压构件截面所能承担的压力是随着偏心距的增大而减小的，因此，当构件截面尺寸不变时，长细比越大，破坏截面的附加弯矩就越大，构件所能承担的轴向压力也就越小。

当轴心受压构件的长细比更大，例如当 $\dfrac{l_0}{b}>35$ 时（指矩形截面，其中 b 为产生侧向挠曲方向的截面边长），就可能发生失稳破坏。亦即当构件的侧向挠曲随着轴向压力的增大而增长到一定程度时，构件将不再能保持稳定平衡。这时构件截面虽未产生材料破坏，但已达到了所能承担的最大轴向压力。这个压力将随着构件长细比的增大而逐步降低。

（二）偏心受压柱的破坏形态

从正截面受力性能来看，我们可以把偏心受压状态看作是轴心受压与受弯之间的过渡状态，即可以把轴心受压看作是偏心受压状态在弯矩 $M=0$ 时的一种极端情况，而把受弯看作是偏心受压状态在轴向压力 $N=0$ 时的另一种极端情况。因此可以断定，偏心受压截面中的应变和应力分布特征将随着 M/N 的逐步降低而从接近于受弯构件的状态过渡到接近于轴心受压状态。

偏心受压构件按其破坏特征划分为两类：

第一类——受拉破坏，习惯上常称为"大偏心受压破坏"；

第二类——受压破坏，习惯上常称为"小偏心受压破坏"。

1. 大偏心受压柱的破坏形态

当构件截面中轴向压力的偏心距较大，而且没有配置过多的受拉钢筋时，就将发生这种类型的破坏。这类构件由于偏心距较大，即弯矩 M 的影响较为显著，因此它具有与适筋受弯构件类似的受力特点。在偏心距较大的轴向压力 N 作用下，远离纵向偏心力一侧截面受拉。当 N 增大到一定程度时，受拉边缘混凝土将达到其极限拉应变，从而出现垂直于构件轴线的裂缝。这些裂缝将随着荷载的增大而不断加宽并向受压一侧发展，裂缝截面中的拉力将全部转由受拉钢筋承担。随着荷载的增大，受拉钢筋将首先达到屈服，随着钢筋屈服后的塑性伸长，裂缝将明显加宽并进一步向受压一侧延伸，从而使受压区面积减小，受压边缘的压应变逐步增大。最后当受压边混凝土达到其极限压应变时，受压区混凝土被压碎而导致构件最终破坏。这类构件的混凝土压碎区一般都不太长，破坏时受拉区形成一条较宽的主裂缝。只要受压区相对高度不致过小，混凝土保护层不是太厚，即受压钢筋不是过分靠近中和轴，而且受压钢筋的强度也不是太高，则在混凝土开始压碎时，受压钢筋一般都能达到屈服强度。

在上述破坏过程中，关键的破坏特征是受拉钢筋首先达到屈服，然后受压钢筋也能达到屈服，最后由于受压区混凝土压碎而导致构件破坏，这种破坏形态在破坏前有明显的预兆，属于塑性破坏。图 2-12 (a)。

2. 小偏心受压柱的破坏形态

当构件截面中轴向压力的偏心距较小或很小，或虽然偏心距较大，但配置过多的受拉钢筋时，构件就发生这类形式的破坏。

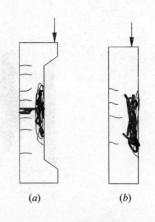

图 2-12　偏心受压柱的破坏形态
(a) 大偏心受压破坏形态；
(b) 小偏心受压破坏形态

当偏心距较小，或偏心距虽然较大，但受拉钢筋配置较多时，截面可能处于大部分受压而少部分受拉状态。当荷载增加到一定程度时，受拉边缘混凝土将达到其极限拉应变，从而沿构件受拉边一定间隔将出现垂直于构件轴线的裂缝。在构件破坏时，中和轴距受拉钢筋较近，钢筋中的拉应力较小，受拉钢筋达不到屈服强度，因此也不可能形成明显的主拉裂缝。构件的破坏是由受压区混凝土的压碎所引起的，而且压碎区的长度往往较大。当柱内配置的箍筋较少时，还可能在混凝土压碎前在受压区内出现较长的纵向裂缝。在混凝土压碎时，受压一侧的纵向钢筋只要强度不是过高，受压钢筋压应力一般都能达到屈服强度。这种情况下的构件典型破坏状况如图 2-12 (b)。

小偏心受压情况所共有的关键性破坏特征是，构件的破坏是由受压区混凝土的压碎所引起的。破坏时，压应力较大一侧的受压钢筋的压应力一般都能达到屈服强度，而另一侧的钢筋不论受拉还是受压，其应力一般都达不到屈服强度。构件在破坏前变形不会急剧增长，但受压区垂直裂缝不断发展，破坏时没有明显预兆，属脆性破坏。具有这类特征的破坏形态也统称为"受压破坏"。

在"受拉破坏"和"受压破坏"之间存在着一种界限状态，称为"界限破坏"。它不仅有横向主裂缝，而且比较明显。它在受拉钢筋应力达到屈服的同时，受压混凝土出现纵向裂缝并被压碎。在界限破坏时，混凝土压碎区段的大小比"受拉破坏（大偏心受压破坏）"情况时的大，比"受压破坏（小偏心受压破坏）"情况时的要小。

四、受扭构件的破坏形态

钢筋混凝土构件的扭转可以分为两类，即平衡扭转和协调扭转。若构件中的扭矩由荷载直接引起，其值可由平衡条件直接求出，此类扭转称为平衡扭转，如砌体结构中支撑悬臂板的雨篷梁。若扭转是由相邻构件的位移受到该构件的约束而引起该构件的扭转，这种扭矩值需结合变形协调条件才能求出，这类扭转称为协调扭转。如框架边梁受到次梁负弯矩的作用在边梁引起的扭转。如图 2-13 所示。

构件在扭矩作用下将产生剪应力和相应的主拉应力，当主拉应力超过混凝土的抗拉强度时，构件便会开裂，因此需要配置抗扭钢筋来提高构件的受扭承载力。

钢筋混凝土纯扭构件的试验表明，配筋对提高构件开裂扭矩的作用不大，但配筋的数量及形式对构件的极限扭矩有很大的影响，构件的受扭破坏形态和极限扭矩随配筋数量的不同而变化。

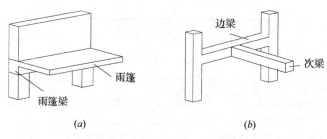

图 2-13 平衡扭转和协调扭转
(a) 平衡扭转；(b) 协调扭转

如果抗扭钢筋配得过少或过稀，裂缝一出现，钢筋很快屈服，配筋对破坏扭矩的影响不大，构件的破坏扭矩和开裂扭矩非常接近，这种破坏过程迅速而突然，属于脆性破坏，也称为少筋破坏。

当配筋数量过多，受扭构件在破坏前的螺旋裂缝会更多更密，这时构件由于混凝土被压碎而破坏，破坏时箍筋和纵筋均未屈服。这种破坏与受弯构件的超筋梁类似，破坏时钢筋的强度没有得到充分利用，属于脆性破坏，也称为超筋破坏。少筋破坏和超筋破坏均呈脆性，所以在设计中应予避免。

由于抗扭钢筋由纵筋和箍筋两部分组成，纵筋和箍筋的配筋比例对构件的受扭承载力也有影响。当抗扭箍筋配置相对抗扭纵筋较少时，构件破坏时箍筋屈服而纵筋可能达不到屈服强度；反之，当抗扭纵筋配置相对抗扭箍筋较少时，构件破坏时纵筋屈服而箍筋可能达不到屈服强度；这种破坏称为部分超筋破坏。部分超筋构件的延性比适筋构件要差一些，但还不是完全超筋，在设计中允许使用，只是不够经济。

第三节 钢筋混凝土结构的缺陷

混凝土因其材质、浇筑、使用条件及环境等多方面的因素影响，会形成各种缺陷。混凝土缺陷会不同程度地影响结构的外观、强度、刚度、耐久性等。混凝土缺陷按其严重性分一般缺陷和严重缺陷；按种类分有露筋、蜂窝、孔洞、夹渣、疏松、裂缝、连接部位缺陷、外形缺陷、外表缺陷等。

一、钢筋混凝土缺陷的表现

混凝土缺陷的种类及其表现如表 2-9 所示。

混凝土缺陷的种类及其表现　　　　　表 2-9

名称	现象	严重缺陷	一般缺陷
露筋	构件内钢筋未被混凝土包裹而外露	纵向受力钢筋有露筋	其他钢筋有少量露筋
蜂窝	混凝土表面缺少水泥沙浆而形成石子外露	构件主要受力部位有蜂窝	其他部位有少量蜂窝
孔洞	混凝土中孔穴深度和长度均超过保护层厚度	构件主要受力部位有孔洞	其他部位有少量孔洞

续表

名称	现　象	严重缺陷	一般缺陷
夹渣	混凝土中夹有杂物且深度超过保护层厚度	构件主要受力部位有夹渣	其他部位有少量夹渣
疏松	混凝土中局部不密实	构件主要受力部位有疏松	其他部位有少量疏松
裂缝	缝隙从混凝土表面延伸至混凝土内部	构件主要受力部位有影响结构性能或使用功能的裂缝	其他部位有少量不影响结构性能或使用功能的裂缝
连接部位缺陷	构件连接处混凝土缺陷及连接钢筋、连接件松动	连接部位有影响结构传力性能的缺陷	连接部位有基本不影响结构传力性能的缺陷
外形缺陷	缺棱掉角，棱角不直，翘曲不平，飞边凸肋等	清水混凝土构件有影响使用功能或装饰效果的外形缺陷	其他混凝土构件有不影响使用功能的外形缺陷
外表缺陷	构件表面麻面、掉皮、起砂、沾污等	具有重要装饰效果的清水混凝土构件有外表缺陷	其他混凝土构件有不影响使用功能的外表缺陷

二、混凝土缺陷的原因分析

混凝土缺陷形成的原因很多，较复杂。但归纳起来不外乎人的原因、材料的原因、机械的原因、方法的原因和环境的原因。对人（Man）、材（Material）、机（Machine）、法（Method）、环（Environment）简称4M1E的控制是预防混凝土缺陷保证施工质量的关键。

1. 露筋

产生的主要原因是浇筑混凝土时没有钢筋保护层的保证措施，或钢筋保护层垫块位移，钢筋紧贴模板，以致钢筋保护层厚度不足或钢筋裸露在外。有时也因混凝土振捣不密实或木模板湿润不够，吸水过多造成掉角而露筋或者构件在使用过程中由于钢筋锈蚀，其体积膨胀，使混凝土保护层裂开或剥落而引起。

2. 蜂窝

这种现象主要是由于混凝土配合比的材料计量不准确（砂、石）过多，或搅拌不均匀，造成砂浆与石子分离，或浇筑方法不对，或混凝土欠振或模板严重漏浆等原因引起。

3. 孔洞

主要原因是混凝土配合比计量不准确，或搅拌不均匀、振捣不密实，砂浆、石子严重分离，石子没有砂浆包裹而引起。

4. 夹渣

主要原因是浇筑混凝土之前，模板上的杂物（如纸渣、木皮等）没有清理或清理不完全，在浇筑混凝土后夹在混凝土上而引起。

5. 疏松

这种现象的主要原因是混凝土配合比材料计量不准确，搅拌不均匀，欠振或漏振等原因引起。

6. 连接部位缺陷

这种缺陷产生的主要原因是混凝土连接处没有按有关要求进行处理或处理不彻底引起，如施工缝处产生收缩裂缝，柱子与楼面接触不良，柱脚烂根等。也有可能是由于施工不认真如振捣不密实等原因引起。如在施工缝处进行新混凝土浇筑之时应待原混凝土的强度不小于1.2MPa方可进行，在浇筑混凝土之前，应除去混凝土施工缝表面的水泥薄膜，松动的石子和软弱的混凝土层。并冲洗干净使混凝土充分湿润，但不得积水。混凝土施工之时，施工缝处宜先铺一层厚度为10～15mm的水泥浆或与混凝土成分相同的水泥砂浆，并加以精心施工，确保新老混凝土结合紧密。

7. 外形缺陷

这类缺陷形成的主要原因是在混凝土施工过程模板变形或拆模过程中不小心或使用过程中撞击混凝土使混凝土形成棱角不直或缺棱掉角等外形的缺陷。

8. 外表缺陷

这类缺陷形成的主要原因是模板漏刷隔离剂、混凝土配合比材料计量不准确、混凝土养护不好、混凝土的强度不足或在使用过程中混凝土表面磨损严重等原因所致。

三、钢筋混凝土裂缝及形成原因

钢筋混凝土结构裂缝形成的原因很多，如荷载裂缝、温度裂缝、收缩裂缝、腐蚀裂缝、施工裂缝、沉降裂缝、张拉裂缝、振动裂缝等。

1. 荷载裂缝

结构在荷载作用下变形过大而产生的裂缝。一般出现在构件的受拉区域、受剪区域或振动严重等部位。其产生的主要原因是结构设计或施工错误、或使用过程中荷载太大、承载力不足等。

2. 温度裂缝

由大气温度变化、周围环境高温的影响、大体积混凝土施工时产生的水化热等因素造成。温度的变化使混凝土产生收缩和膨胀，形成温度应力，当温度应力超过混凝土的抗拉强度时就会产生裂缝。

3. 混凝收缩引起的裂缝

混凝土浇筑之后，水泥与水要发生水化作用，凝胶体本身的体积要缩小，称为凝缩；浇筑之后，混凝土内多余的水分要散失，特别是养护不及时，表面水分散失太快，容易产生干缩，形成干缩裂缝。混凝土中水泥用量超多、水灰比越大、骨料颗粒越小、骨料弹性模量越低、施工过程中混凝土欠振、过振或养护不及时、不周到等都会使混凝土产生较大收缩而引起收缩裂缝。

4. 张拉裂缝

预应力构件内由于张拉应力而引起的裂缝。其产生的主要原因是：预应力放张后，构件表面及端头局部受力不均或受到附加应力时，而产生的斜向、横向、端头等裂缝。

5. 沉降裂缝

因现浇结构、或砌体结构或地基产生过大的不均匀沉降而使结构或构件产生的裂缝。如平卧法生产的预制构件因侧向刚度差，在其侧面产生沉降裂缝；模板刚度不足、支撑间距大、支撑松动、拆模太早等都有可能产生沉降裂缝。

6. 腐蚀裂缝

因混凝土、钢筋的腐蚀产生的裂缝。由于钢筋混凝土中钢筋锈蚀，铁锈体积是铁基体积的2～4倍，所产生的体积膨胀应力导致混凝土保护层开裂甚至剥落。

这类裂缝的产生要经历钢筋从氧化膜的破坏到钢筋的轻度锈蚀到锈蚀膨胀的量变到质

变过程。此过程的长短要视构件所处环境及对构件的维护与保养等情况而定。对于梁和柱，早期可见的迹象通常是在梁角部、柱角部沿纵筋方向的混凝土表面产生微小裂缝。这种裂缝的出现表明膨胀的铁锈产生的应力已使混凝土产生裂缝。如不采取维修措施，钢筋的锈蚀加剧，裂缝开展的速度加快。严重时，梁、柱角部的混凝土剥落，锈蚀的钢筋外露。

施工、振动裂缝是现浇或预制构件时在制作、运输、吊装等过程中未按设计要求或施工程序进行而使混凝土构件产生裂缝。如混凝土浇筑前木模没有充分润湿、混凝土施工缝处理欠佳的后遗裂缝、结构构件运输、吊装时构件振动太大等。

四、影响混凝土耐久性的主要因素及原因分析

混凝土结构的耐久性是指在设计工作的年限内，在正常维护的情况下，必须满足正常使用的功能要求，而不需进行维修和加固。

混凝土结构耐久性设计，主要根据结构所处的环境类别和设计工作年限进行，同时要考虑对材料的要求。耐久性难以用公式表达，在我国是根据试验研究及工作经验采用满足耐久性规定的方法，根据影响耐久性的主要因素提出相应的对策。

影响混凝土耐久性的主要因素分为内因和外因两个方面。内部因素主要指混凝土的强度、密实度、水灰比、抗渗性、抗冻性、水泥品种、水泥用量、氯离子、碱含量、钢筋的混凝土保护层厚度等。外部因素主要有混凝土施工质量、结构使用的环境条件如温度、湿度、二氧化碳浓度、侵蚀性介质及超载使用、人为破坏等。其中，混凝土的碳化及钢筋锈蚀是影响混凝土耐久性的最主要的综合因素。主要原因分析如下。

1. 混凝土碳化的原因分析

混凝土的碳化是指环境中的二氧化碳 CO_2 和水 H_2O 通过混凝土的孔隙扩散到混凝土内部与氢氧化钙 $Ca(OH)_2$ 发生化学反应，生成碳酸钙 $CaCO_3$ 和水，使混凝土的碱度降低（pH 值降低）的现象。其化学反应方程式如下：

$$Ca(OH)_2 + CO_2 + nH_2O = CaCO_3 + (n+1)H_2O$$

碳化对混凝土的作用利少弊多，由于混凝土的碳化，使混凝土中的钢筋失去碱性保护而锈蚀，碳化收缩会使混凝土产生微细裂缝，使混凝土强度降低。碳化对混凝土的性能也有一些有利的影响，表层混凝土碳化生成的碳酸钙，可填充水泥石的孔隙，提高表层密实性，对防止有害介质的侵入可起到一定的缓冲作用。

影响混凝土碳化的主要因素有：

（1）水泥品种。使用普通硅酸盐水泥比使用早强硅酸盐水泥碳化速度稍快些，使用掺混合材料的水泥则比普通硅酸盐水泥碳化要快些。

（2）水灰比。水灰比越小，碳化速度越慢。

（3）环境条件。二氧化碳 CO_2 浓度越高、相对湿度为 50%～70%的环境或处于干湿交替的环境中混凝土构件的碳化速度就越快。

2. 钢筋腐（锈）蚀原因分析

新浇筑混凝土中含有大量的氢氧化钙 $Ca(OH)_2$，混凝土中孔隙中水呈碱性。在碱性溶液的作用下，钢筋表面生成能阻止钢筋锈蚀的 Fe_2O_3 和 Fe_3O_4，称为氧化膜（钝化膜）。氧化膜的形成体现了混凝土对钢筋的保护作用。但是，如果钢筋表面的氧化膜受到破坏，破坏部位的钢筋即由钝态转这为活态，铁离子与混凝土中的氧气、水等发生反应，逐渐将钢筋氧化成铁锈。

钢筋腐蚀分为化学腐蚀和电化学腐蚀。

(1) 化学腐蚀

化学腐蚀是指钢筋与周围介质（氧气、二氧化碳、二氧化硫和水等）直接发生化学作用，生成疏松的氧化物而引起的腐蚀。在干燥的环境中化学腐蚀速度较慢，但在干湿交替的环境中腐蚀速度大大加快。

(2) 电化学腐蚀

钢材是由不同的晶体组织构成，并含有杂质，由于这些成分的电极电位不同，当有电解质溶液存在时，就在钢材表面形成许多微小的局部原电池。整个电化学腐蚀过程如下：

阳极区：$Fe = Fe^{2+} + 2e$

阴极区：$2H_2O + 2e + \frac{1}{2}O_2 = 2OH^- + H_2O$

溶液区：$Fe^{2+} + 2OH^- = Fe(OH)_2$

$4Fe(OH)_2 + O_2 + 2H_2O = 4Fe(OH)_3$

水是弱电解质溶液，但溶有 CO_2 的水则成为有效的电解质溶液，从而加速电化学腐蚀过程。钢筋在大气中的腐蚀，实际上，是化学腐蚀和电化学腐蚀共同作用的结果，但以电化学腐蚀为主。

钢筋腐蚀不仅使钢筋的有效面积减少，还会产生局部的锈坑，引起应力集中，腐蚀显著降低钢筋的强度、塑性、韧性等力学性能。

3. 混凝土的抗渗性

混凝土的抗渗性，是指混凝土抵抗水、油、腐蚀性液体等渗透作用的能力。它对混凝土的耐久性起着重要作用，因为环境中的各种腐蚀性介质只有通过渗透才能进入混凝土内部产生破坏作用。

4. 混凝土的抗冻性

是指混凝土在含水时抵抗冻融循环作用而不破坏的能力。混凝土在充分吸水以致饱和的情况下，在气温很低时混凝土内的饱和水会结冰膨胀，当膨胀应力超过其抗压强度时，混凝土则会胀裂。反复冻融则会使裂缝不断扩展，导致混凝土强度降低直至破坏。

5. 混凝土的碱—骨料反应

碱-骨料反应，即混凝土骨料中的某些活性物质与混凝土孔隙中的碱溶液发生化学反应的现象。碱-骨料反应有三种类型：碱-氧化硅反应、碱-硅酸盐反应、碱-碳酸盐反应。

碱骨料反应中形成的碱-硅酸盐凝胶等物质吸收水分膨胀，从而使混凝土开裂、剥落、钢筋锈蚀。碱-骨料反应必须具备两个条件，即① 水泥中含碱量高，② 骨料中有活性成分。

综上所述为保证混凝土的耐久性，应从影响混凝土耐久性的内因和外因出发，从设计、施工和使用全过程综合治理。如确保混凝土各种材料的质量，合理设计混凝土强度等级和混凝土配合比，规定水泥最少用量和水灰比的最大值，控制氯盐的使用量；施工质量全因素（4M1E）控制，全过程控制，防治混凝土的各种缺陷，掺混凝土外加剂（如减水剂）提高混凝土性能，加强混凝土振捣和养护提高混凝土的强度、密实性、抗渗性、抗冻性、确保混凝土的保护层厚度等；加强维护，合理使用，不任意开洞、挖槽，不超载，防腐蚀，经常检查混凝土的缺陷情况，对于有缺陷的混凝土构件及时维修、加固补强等。

第四节 钢筋混凝土结构缺陷的检查

为了做好混凝土结构构件的维修工作，必须对使用中的构件进行定期或不定期的检查，以便及时掌握结构的实际工作状态以及损坏的部位、种类、危害程度及发展变化，据以判断损坏对结构强度和耐久性的影响，并采取相应的维修加固措施。

混凝土缺陷的检查方法可分为目测法和实测法。目测法主要是在调查了解有关质量问题的总体情况（如结构的使用年限、结构的损害部位、结构使用环境等）以后，通过"看、摸、敲、照"等方法检查混凝土缺陷。

看，就是用眼睛检查。如看结构或构件的损坏范围、破坏程度等，初步判断属于何种缺陷及其程度。

摸，就是手感检查。如检查连接部位是否松动，混凝土起砂是否严重等。

敲，就是通过敲击进行声感检查。如通过用小锤敲击混凝土表面，判断混凝土是否密实、是否空鼓、孔洞情况等。

照，就是对于光线较暗或难以看到的部位，采用镜子反射或灯光照射的方法进行检查。

实测法就是通过使用量测仪器检查混凝土缺陷的技术。分非破损（或微破损）检测法和破损检测法。非破损检测就是在不破坏结构构件材料结构、不影响结构整体工作性能和不危及结构安全的情况下，利用和依据物理学的力、声、电、磁和射线等的原理、技术和方法，测定与结构材料有关的各种物理量，并以此推定钢筋混凝土结构构件的强度和检查其内部缺陷的技术。为结构维修和加固提供数据。

非破损检测混凝土强度的方法，是以硬化混凝土的某些物理量与混凝土强度之间的相关性为基本依据，在不损伤结构混凝土的情况下，测量混凝土的某些物理特性如混凝土的回弹值、声速在混凝土内的传播速度等，并按相关关系推出混凝土的强度。主要方法有回弹法、超声法和超声-回弹综合法。

微破损检测混凝土强度的方法，是以在不影响结构承载力的情况下，在结构构件上直接进行局部的试验，或直接取样，由试验所得数据，推断结构构件的混凝土强度。目前，用得较多的有钻芯法和拔出法。

非破损检测混凝土内部缺陷的方法，用以测定结构在施工过程中因浇筑、成型、养护等原因造成的混凝土蜂窝、孔洞、裂缝、保护层厚度不足等缺陷，以及结构在使用过程中因腐蚀、火灾等非受力因素造成的混凝土损伤。目前，应用较广泛的是超声脉冲法探测混凝土结构的内部缺陷。

非破损检测技术的最大优点是可在结构构件上直接进行全面检测，可以比较真实地反映构件材料在检测时的强度，可以在不破坏结构和不影响使用性能的条件下检测混凝土结构内部有关材料的质量信息。

一、回弹法检测混凝土强度

1948年瑞士斯密特（E. Schmidt）发明了回弹仪。用回弹仪弹击混凝土表面，由仪器重锤回弹能量的变化，反映混凝土的弹性和塑性性质，通过测量混凝土的表面硬度来推测其抗压强度称为回弹法。回弹法是混凝土结构现场检测中常用的一种非破损检测方法。

（一）回弹法的基本原理

回弹法的基本原理是使用回弹仪的弹击拉簧驱动仪器内的弹击重锤，通过中心导杆，弹击混凝土的表面，并测得重锤反弹的距离，以反弹距离与弹簧初始长度之比为回弹值 R，由回弹值 R 与混凝土强度的相关关系来推定混凝土强度。回弹法原理如图 2-14。回弹值可用下式计算：

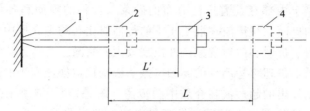

图 2-14　回弹法的基本原理
1—弹击杆；2—重锤弹击时的位置；3—重锤回跳最远位置；4—重锤发射时位置

$$R = \frac{L'}{L} \times 100\% \tag{2-14}$$

式中　R——回弹值；

L——弹击弹簧的初始拉伸长度；

L'——重锤反弹位置或重锤回弹时弹簧的拉伸长度。

（二）回弹法检测混凝土强度的影响因素

1．回弹仪测试角度的影响

回弹仪在非水平方向测试时，由于重力作用使测试结果与水平方向不同，这时应根据回弹仪轴线与水平方向的角度 α 对回弹值进行修正。

2．混凝土不同浇筑面的影响

混凝土不同的浇筑面有不同的状况，由于混凝土的分层泌水现象，构件底部石子较多，回弹值偏高。表层因泌水，水灰比略大，面层疏松，使回弹值偏低。所以测试时要尽量选择构件浇筑的侧面，如不能满足，应按不同测试面对回弹值进行修正。

3．龄期和碳化的影响

已硬化的混凝土表面受到空气中二氧化碳的作用，使混凝土中的水泥经水化游离出的氢氧化钙逐渐变化，生成硬度较高的碳酸钙，这就是混凝土的碳化现象。随着混凝土硬化龄期的增长，表面产生碳化现象后，使表面硬度随着碳化深度的增加逐渐增大（这对混凝土强度的影响不大），这样使回弹值与强度的增加速率不等，从而显著影响了 $f_{cu}^c - R_m$ 的相关关系，对于碳化后的混凝土直接采用回弹值来推定混凝土强度时，必然会产生误差。用回弹法测定混凝土强度时，必须量测和考虑碳化深度的影响。

4．养护方法和温度的影响

对相同强度等级的混凝土，自然养护的回弹值高于标准养护的回弹值，这主要是混凝土含水率不同使强度发展不同，表面硬度也不同。混凝土表面湿度愈大，回弹值愈低。目前尚未找到精度符合要求的不同湿度的修正系数，因此在现场检测时，应尽可能采用干燥状态的混凝土进行测试，以减小湿度对回弹值的影响。

回弹法检测混凝土抗压强度可参考《回弹法检测混凝土抗压强度技术规程》(JGJ/T 23—2001)。

二、超声法检测混凝土强度

结构混凝土的抗压强度 f_{cu} 与超声波在混凝土中的传播速度之间的相关关系是超声脉冲检测混凝土强度方法的基础。

（一）超声法检测混凝土强度的原理

混凝土是各向异性的多相复合材料，在受力状态下，呈现出不断演变的弹性—黏性—塑性性质。由于混凝土内部存在着广泛分布的砂浆与骨料的界面和各种缺陷（微裂、蜂窝、孔洞等）形成的界面，超声波在混凝土中的传播要比在均匀介质中复杂得多，超声波在传播中会产生反射、折射和散射现象，并出现较大的衰减。

超声波脉冲实质上是超声检测仪的高频电振荡激励仪器换能器中的压电晶体，由压电效应产生的机械振动发出的超声波在介质中的传播（图2-15）。混凝土强度愈高，相应超声波波速愈大，通过试验可建立混凝土强度与声速的关系曲线（$f_{cu}^c - v$ 曲线）或经验公式。目前常用的相关关系表达式有幂函数方程：

$$f_{cu}^c = A v^B \qquad (2-15)$$

式中　f_{cu}^c——混凝土强度换算值；

　　　v——超声波在混凝土中传播速度；

　　　A、B——常数项。

（二）超声法的检测技术和测区选择

混凝土超声波检测系统的组成如图 2-15 所示。

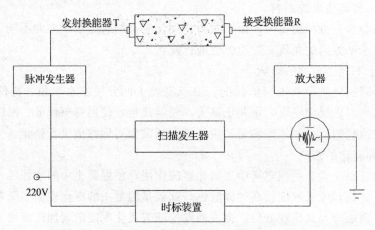

图 2-15　混凝土超声波检测系统

当单个构件检测时，要求不少于 10 个测区，测区面积为 200mm×200mm。如果对同批构件按抽样检测，抽样数应不少于同批构件数的 30%，且不少于 4 个。每个构件测区数不少于 10 个。

测区应布置在构件混凝土浇筑方向的侧面；测区的间距不宜大于 2m；测区宜避开钢筋密集区和预埋铁件；测试面应清洁平整、干燥，无缺陷和无饰面层，如有杂物粉尘应清除；测区应标明编号。

为了使构件混凝土检测条件和方法尽可能与建立率定曲线时的条件、方法一致，每个测区内应在相对测试面上对应布置三个（或五个）测点，相对面上对应的发射和接收换能器应在同一轴线上，使每对测点的测距最短。测试时必须保持换能器与被测混凝土表面有良好的耦合，以减少声能的反射损失。

测区声波传播速度

$$\upsilon_i = \frac{L}{t_{mi}} \quad (2\text{-}16)$$

$$t_{mi} = \frac{t_1 + t_2 + t_3}{3} \quad (2\text{-}17)$$

式中　υ_i——第 i 测区声速值，km/s；

t_{mi}——第 i 测区平均声时值，μs；

L——超声测距，mm

t_1、t_2、t_3——测区中 3 个测点的声时值。

当在试件混凝土的浇筑顶面或底面测试时，声速值应作修正：

$$\upsilon_a = \beta \upsilon$$

υ_a——修正后的测区声速值，km/s；

β——超声测试面修正系数。在混凝土浇筑顶面及底面测试时，$\beta=1.034$；在混凝土侧面测试时，$\beta=1$。

由试验量测的声速，按 $f_{cu}^c - \upsilon$ 曲线求得混凝土的强度换算值。

混凝土的强度和超声波传播速度间的定量关系受到混凝土的原材料性质及配合比的影响。影响因素有骨料的品种、粒径的大小、水泥的品种、用水量和水灰比、混凝土的龄期、测试时试件的温度和含水率等。鉴于混凝土强度与超声波传播速度的相应关系随各种技术条件的不同而变化，所以，对于各种类型的混凝土不可能有统一的 $f_{cu}^c - \upsilon$ 曲线，只有考虑各种因素和条件建立各种专门曲线，在使用时才能得到比较满意的精度。

最后，根据各测区超声波速度检测值，按率定的 $f_{cu}^c - \upsilon$ 曲线取得对应测区的混凝土强度值，并推定结构混凝土的强度。

三、超声—回弹综合法检测混凝土强度

结构混凝土强度的综合法检测，就是采用两种或两种以上的单一方法或参数（力学的、物理的或声学的等）联合测试混凝土的强度。由于综合法比单一方法测试误差小，因此在混凝土的质量控制与检测中的应用得到重视。

超声-回弹综合法是建立在超声波传播速度和回弹值与混凝土抗压强度之间相互关系的基础上，以超声波速度和回弹值综合反映混凝土抗压强度的一种非破损检测方法。

（一）超声-回弹综合法的工作原理

超声法和回弹法都是以混凝土材料的应力应变行为与强度的关系为依据的。超声波在混凝土材料中的传播速度反映了材料的弹性性质。由于超声波穿透被检测的材料，因此它反映了混凝土内部构造的有关信息。回弹法的回弹值反映了混凝土的弹性性质，同时在一定程度上也反映了混凝土的塑性性质，但它只能确切反映混凝土表层约 3cm 左右厚度的状态。当采用超声和回弹综合法时，就既能反映混凝土的弹性，又能反映混凝土的塑性；既能反映混凝土的表层状态，又能反映混凝土的内部构造。这样可以由表及里、较为确切地反映混凝土的强度。

采用超声-回弹综合法检测混凝土强度，能对混凝土的某些物理参量在采用超声法或回弹法单一测量时产生的影响得到相互补偿。如在综合法中碳化因素可不予修正，原因是

碳化深度较大的混凝土，由于其龄期较长而其含水量相应降低，以致使超声波速稍有下降，因此在综合关系中可以抵消回弹上升所造成的影响。所以，用综合法的 $f_{cu}^c - v - R_m$ 关系推算混凝土强度时，不需测量碳化深度和考虑它所造成的影响。试验证明，超声-回弹综合法的测量精度优于超声或回弹的单一方法，减少了量测误差。

在超声回弹综合检测时，结构或构件上每一测区的混凝土强度是根据该区实测的超声波声速 v 及回弹平均值 R_m，按事先建立的 $f_{cu}^c - v - R_m$ 关系曲线推定的，其中曲面型方程比较符合 $f_{cu}^c - v - R_m$ 三者之间的相关性，误差较小，公式如下：

$$f_{cu}^c = A v^B R_m^C \tag{2-18}$$

式中　f_{cu}^c——混凝土强度换算值；

　　　v——超声波在混凝土中的传播速度；

　　　R_m——测区平均间隔值；

A、B、C——常数项，可用最小二乘法确定。

（二）超声—回弹综合法的检测技术

超声—回弹综合法检测混凝土强度技术，实质上就是超声法和回弹法两种单一测强方法的综合测试，因此应严格遵照《超声—回弹综合法检测混凝土强度技术规程》的要求进行。

回弹值的量测与计算与《回弹法检测混凝土抗压强度技术规程》（JGJ/T 23—2001）的规定相同，但不需测量混凝土的碳化深度。

超声传播速度的量测与计算应符合超声法检测混凝土强度的规定。超声—回弹综合法要求超声的测点应布置在同一测区的回弹值的测试面上，但测量声速的换能器的安装位置不宜与回弹仪的弹击测点相重叠，测点布置如图 2-16 所示。结构或构件的每一测区内，宜先进行回弹测试，然后进行超声测试。同时要注意，只有同一个测区内所测得的回弹值和声速值才能作为推算该测区混凝土强度的综合参数，不同测区的测量值不得混用。

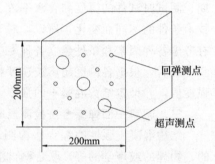

图 2-16　超声-回弹综合法测点布置图

（三）结构或构件混凝土强度的推定

（1）结构或构件第 i 个测区的混凝土强度换算值 f_{cu}^c 应按检测修正后的回弹值及修正后的声速值，优先采用专用或地区的测强曲线推定。当无该类测强曲线时，经验证后也可按《超声-回弹综合法检测混凝土强度技术规程》（CECS 02：88）的规定确定。

（2）当结构所用材料与制定的测强曲线所用材料有较大差异时，需用同条件试块或从结构构件测区钻取的混凝土芯样进行修正，此时，得到的测区混凝土强度换算值应乘以修正系数。修正系数可按《规程》（CECS 02：88）规定进行计算。

最后，结构或构件混凝土强度的推定值 f_{cu}^c 可按《规程》（CECS 02：88）所列条件确定。

四、钻芯法检测混凝土强度

钻芯法试验是使用专用的取芯钻机，从被检测的结构或构件上直接钻取圆柱形的混凝土芯样，并根据芯样的抗压试验由抗压强度推定混凝土的立方抗压强度。它不需要建立混凝土的某种物理量与强度之间的换算关系，被认为是一种较为直观可靠的检测混凝土强度的方法。由于需要从结构构件上取样,对原结构有局部损伤,所以这是一种能反映被试结构混凝土实际状态的现场检测的局部破损试验方法。

1. 芯样钻取及加工的技术要求

(1) 钻取芯样的钻孔取芯机是带有人造金刚石的薄壁空心圆形钻头的专用机具,如图3-23所示,由电动机驱动,从被测试件上直接截取与空心筒形钻头内径相同的圆柱形混凝土芯样。

(2) 钻芯法检测适用于混凝土强度等级大于C10的结构。

(3) 钻取芯样应在结构或构件受力较小的部位和混凝土强度质量具有代表性的部位,应避开主筋、预埋件和管线的位置,并尽量避开其他钢筋。如与其他非破损检测方法综合测定混凝土强度时,应在同一测区钻取芯样。

(4) 钻取芯样前,应事先探明钢筋的位置,芯样试件内不应含有钢筋,特别是不允许有与芯样轴线平行的纵向钢筋,以免影响芯样强度。如不能满足,则每个芯样内最多只允许含有二根直径小于10mm的钢筋,且钢筋应与芯样轴线基本垂直并不得露出端面。

(5) 单个构件检测时,每个构件的钻芯数量不应少于3个;对于较小的构件,钻芯数量可取2个。对构件的局部区域进行检测时,取芯位置和数量可由已知质量薄弱部位的大小决定,检测结果仅代表取芯位置处的混凝土质量,不能据此对整个构件及结构的混凝土强度作出总体评价。

(6) 钻取的芯样直径一般不宜小于骨料最大粒径的3倍,在任何情况下不得小于骨料最大粒径的2倍。钻取芯样的薄壁钻头内径为100mm或150mm,芯样抗压试件的高度和直径之比应在1～2的范围内。

(7) 为防止芯样端面不平整导致应力集中和实测强度偏低,芯样端面必须进行加工,可在磨平机上磨平,也可用水泥砂浆(或水泥净浆)或硫磺胶泥(或硫磺)等材料在专用补平装置上补平。

2. 芯样抗压试验和混凝土强度推定

芯样试件宜在与被检测结构或构件混凝土干湿度基本一致的条件下进行抗压试验。如结构工作条件比较干燥,芯样在受压前应在室内自然干燥3d,以自然干燥状态进行试验。如结构工作条件比较潮湿,则芯样应在20±5℃的清水中浸泡40～48h,从水中取出后进行试验。

芯样试件的混凝土强度换算值按下式计算:

$$f_{cu}^c = a \frac{4F}{\pi d^2} \tag{2-19}$$

式中 f_{cu}^c——芯样试件混凝土强度换算值(MPa),精确至0.1MPa;

F——芯样试件抗压试验测得的最大压力(N);

d——芯样试件平均直径(mm);

a——不同高径比的芯样试件混凝土换算强度的修正系数,按表2-10选用。

大量试验实践证明,以直径100mm或150mm,高径比$h/d=1$的圆柱体芯样试件的抗压测试值,其与边长为150mm的立方体试块强度基本上是一致的,因此可直接作为混凝土的强度换算值。

芯样试件混凝土换算强度的修正系数　　　　　表 2-10

高径比 h/d	1.0	1.1	1.2	1.3	1.4	1.5	1.6	1.7	1.8	1.9	2.0
系数 a	1.00	1.04	1.07	1.10	1.13	1.15	1.17	1.19	1.21	1.22	1.24

由于结构或构件在外力作用下，混凝土的破坏一般都是首先出现在最薄弱的区域，因此钻芯法规程规定，对于单个构件或单个构件的局部区域，取芯样试件混凝土换算强度中的最小值 $f_{cu,min}^c$ 作为代表值推定结构的混凝土强度。

钻孔取芯后结构上留下的孔洞必须及时进行修补，一般情况下，修补后构件的承载能力仍可能低于未钻孔前的承载能力，所以，钻芯法不宜普遍使用，更不宜在一个受力区域内集中钻孔取芯。

五、拔出法检测混凝土强度

拔出法试验是用一金属锚固件预埋入未硬化的混凝土浇筑构件内，或是在已经硬化的混凝土构件上钻孔埋入一金属锚固件，然后测试锚固件从硬化混凝土中被拔出时的拉力，并由此推算混凝土的抗压强度，这也是一种局部破损检测混凝土强度的试验方法。有预埋拔出法和后装拔出法两种。

（一）预埋拔出法

在浇筑混凝土前，在混凝土表层以下一定距离预先埋入一金属锚固件，待混凝土硬化以后，通过拔出仪对锚固件施加拔力，使混凝土沿着一个与轴线成 2α 角度的圆锥面破裂而被拔出，根据专用的测强曲线，由拔出力推定混凝土的抗压强度，称为预埋拔出法，或称其为 LOK 试验。这类试验的可靠性相当好，尤其适用于现场作为混凝土质量控制的检测手段。由于必须事先做好计划，在结构构件内预埋金属锚固件，不能像其他现场检测方法那样随时可在硬化混凝土上进行检测，使用上有一定的局限性。

（二）后装拔出法

在结构构件的硬化混凝土表面通过专用的钻孔机、磨槽机进行钻孔、磨槽和嵌入锚固件后，进行拔出试验检测混凝土强度，称为后装拔出法，或称 CAPO 试验。这种方法在硬化的新旧混凝土的各种结构或构件上均可使用。特别是当现场结构缺少混凝土强度的有关试验资料时，它是针对预埋法的不足并在预埋法基础上发展起来的现场混凝土强度检测的一种方法。由于它的适应性较强，检测结果可靠性较高，已获得国际国内的广泛承认。

六、混凝土内部缺陷的检测

混凝土结构在施工和使用过程中，由于技术管理不善和施工疏忽等原因，会因浇捣不密实造成混凝土内部存在疏松、蜂窝以及孔洞。结构在作用过程中，由于环境温湿度影响和受力作用产生开裂，以及由于化学侵蚀、冻害和火灾等引起损伤，会不同程度地影响材料的力学性能和结构的整体工作，危及结构正常使用，降低承载能力和耐久性。在工程施工验收、事故处理和已建建筑可靠性鉴定工作中，为对结构进行加固补强和维修，应及时进行混凝土缺陷和损伤的检测。

（一）混凝土裂缝的检测

裂缝宽度通常用读数显微镜测量，它由光学透镜和游标刻度组成。还可以用印有不同宽度线条的裂缝标尺与裂缝对比来确定裂缝宽度。当裂缝用肉眼可见时，其宽度可用最小刻度为 0.02mm 或 0.05mm 的读数放大镜测量。裂缝长可用尺量检查。裂缝深度可用薄铁片插入裂缝内部粗略检查。

1. 浅裂缝的检测

对于结构混凝土开裂深度小于或等于 500mm 的裂缝，超声检测可采用平测法或斜测法进行检测。在需要检测的裂缝中不允许有积水或泥浆。当结构或构件中有主钢筋穿过裂缝且与两个换能器的连线大致平时，布置测点应使两个换能器的连线与该钢筋轴线至少相距 1.5 倍的裂缝预计深度，以减少量测误差。

（1）单面平测法

被测结构的裂缝所在部位只有一个表面可供超声检测时，可以采用单面平测法进行浅裂缝的检测。平测时应在裂缝的被测部位，以不同的测距，按跨缝和不跨缝布置测点（布置测点时应避开钢筋的影响）进行检测。

1）不跨缝的声时测量

将发射换能器（T）和接受换能器（R）置于裂缝附近同一侧，以两个换能器内边缘间距（l'）等于 100，150，200，250（mm）……分别读取声时值（t_i）绘制"时-距"坐标图，如图 2-17 所示。

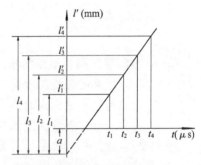

图 2-17 单面平测时-距坐标

或用回归分析的方法求出声时与测距之间的回归直线方程

$$l'_i = a + bt_i \tag{2-20}$$

每测点超声波实际传播距离 l_i 为：

$$l_i = l'_i + |a| \tag{2-21}$$

式中 l_i——第 i 点的超声波实际传播距离，mm；

l'_i——第 i 点的 R、T 换能器内边缘距离，mm；

a——"时-距"图中 l' 轴的截距或回归方程的常数项，mm。

不跨缝时的声速值为：

$$v = \frac{l'_n - l'_1}{t'_n - t_1} \quad (km/s) \tag{2-22}$$

或

$$v = b \quad (km/s) \tag{2-23}$$

式中 v——超声波声速值，km/s；

l'_n、l'_1——第 n 点和第 1 点的测距，mm；

t'_n、t_1——第 n 点和第 1 点读取的声时值，μs；

b——回归系数。

2）跨缝的声时测量

如下图 2-18 所示，将 T 和 R 换能器分别置于以裂缝为对称的两侧，l' 取 100、150、200mm……，分别读取声时值 t^c_i，同时观察首波相位的变化。

3）平测法检测裂缝深度

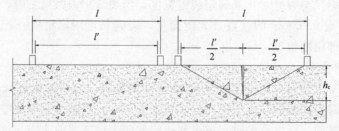

图 2-18 单面平测法检测裂缝深度示意图

深度按下式计算：

$$h_{ci} = \frac{l_i}{2} \cdot \sqrt{\left(\frac{t_i^\circ v}{l_i}\right)^2 - 1} \tag{2-24}$$

$$m_{hc} = \frac{1}{n} \cdot \sum_{i=1}^{n} h_{ci} \tag{2-25}$$

式中　l_i——不跨缝平测时第点的超声波实际传播距离，mm；

　　　h_{ci}——第点计算的裂缝深度值，mm；

　　　t_i°——第点跨缝平测的声时值，μs；

　　　m_{hc}——各测点计算裂缝深度的平均值，mm；

　　　n——测点数。

4）裂缝深度的确定

跨缝测量中，当在某测距发现首波反相时，可用该测距及其两个相邻测距的测量值，按（2-23）式计算 h_{ci} 值，取此三点 h_{ci} 的平均值作为该裂缝的深度值（h_c）。

若跨缝测量中如难发现首相反相，则以不同的测距按（2-23）式和（2-24）式计算 h_{ci} 及其平均值 m_{hc}。将各测距 l_i' 与 m_{hc} 相比较，凡测距 l_i' 小于 m_{hc} 和大于 $3m_{hc}$，应剔除该组数据，然后，取余下 h_{ci} 的平均值作为该裂缝的深度值（h_c）。

（2）双面斜测法

1）钢筋混凝土的梁、板、柱等构件都有两个相互平行的测试表面，可采用双面穿透斜测法进行裂缝深度的检测。如图 2-19 所示，将 T 和 R 换能器分别置于两测试面对应测点 1，2，3……的位置，读取相应的声时值 t_i、波幅值 A_i 和主频率值 f_i。

2）裂缝深度的判定：当 T、R 两个换能器连线通过裂缝时，超声波在裂缝的界面上产生很大的衰减，接收到的首波信号很微弱，波幅和频率明显降低。对比各测点信号，由波幅、声时和主频率的突变，可以判定裂缝的深度以及是否在平面方向贯通。

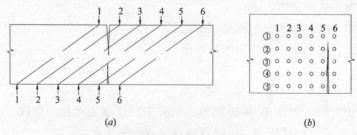

图 2-19 双面斜测法检测裂缝深度示意图
（a）平面图；（b）立面图

2. 深裂缝检测

对于在大体积混凝土中预计深度在500mm以上的深裂缝，当采用单画平测法或双面斜测法都有困难时，可采用钻孔法探测，如图2-20。

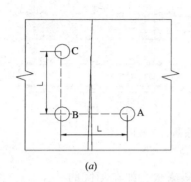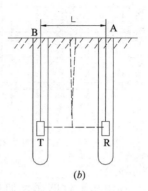

图 2-20 钻孔法检测裂缝深度
(a) 平面图 (C 为比较孔); (b) 立面图

在被测裂缝两侧钻取测试孔，两个对应测试孔的间距宜为 2000mm 左右，其轴线应保持平行，孔径应比换能器的直径大 5～10mm，孔深应至少大于裂缝预计深度 600～800mm，孔中粉末碎屑应清理干净。

钻孔法检测裂缝应选用频率为 20～60kHz 的径向振动式换能器，并在其接线上作出等距离标志，一般间隔为 100～500mm。

测试前向测孔中灌注清水，作为耦合介质，将发射换能器 T 和接收换能器 R 分别置入裂缝两侧的对应孔中，以相同高程等距（100～400mm）地，自上至下同步移动，在不同的深度上进行对测，逐点读取声时和波幅数据，绘制换能器的深度（h）和对应波幅值（A）的 h-A 坐标图，如图 2-21 所示。波幅值随换能器下降的深度逐渐增大，波幅达到最大并基本稳定的对应深度，便是裂缝深度（h_c）。

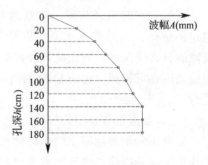

图 2-21 裂缝深度和波幅值的 h-A 坐标图

测试时可在混凝土裂缝测孔的一侧另钻一个孔距相同但深度较浅的比较孔见图2-20 (a)。能过 B、C 两孔测试同样测距下无裂缝混凝土的声学参数，供对比判别使用。

（二）混凝土内部空洞缺陷的检测

超声检测混凝土内部的不密实区域或空洞的原理，是根据各测点的声时（或声速）、波幅或频率值的相对变化，确定异常测点的坐标位置，从而判定缺陷的范围。

1. 测试方法
（1）对测法

当结构具有两对互相平行的测试面时可采用对测法。在测区的两对相互平行的测试面上，分别画出间距为 200～300mm 的网格，确定出测点的位置（见图2-22）。

（2）斜测法

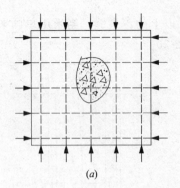
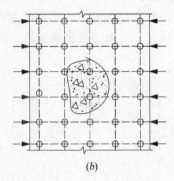

图 2-22 对测法测点布置图
(a) 平面图；(b) 立面图

对于只有一对相互平行的测试面可采用斜测法。即在测区的两个相互平行的测试面上，分别画出交叉测试和两组测点位置（图 2-23）。

（3）钻孔法

当结构测试距离较大时，可在测区的适当部位钻出平行于结构侧面的测试孔，直径范围为 45～50mm，其深度视测试需要决定。

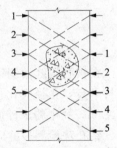

2. 数据处理与缺陷的判定

图 2-23 斜测法示意图

根据测试时记录的每一测点的声时、波幅、频率和测距值，通过数据处理作为缺陷判定的依据。当某些测点出现声时延长、声能被吸收和散射、波幅降低、高频部分明显衰减的异常情况时，对比同条件混凝土的声学参量，确定混凝土内部存在不密实区域和空洞的范围，可按照《超声法检测混凝土缺陷技术规程》（CECS21：2000）的具体规定进行。

（三）混凝土表层损伤检测

混凝土和钢筋混凝土结构构件在施工和使用过程中，其表面层会在物理或化学等因素的作用下受到损伤。物理因素主要有火灾、高温和冰冻，而化学因素有酸、碱或盐类的侵蚀。其表面损伤的厚度可用超声法进行检测。

检测表面损伤厚度时，应根据结构损伤的情况和外观质量选取有代表性的部位布置测区。构件被测表面应平整并处于自然干燥状态，且无裂缝和饰面层。本方法测试结果宜作局部破损验证。

1. 测试方法

表面损伤层超声法检测宜选用频率较低的厚度振动式换能器。检测时，将发射换能器 T 在测试表面 A 点耦合好后保持不动，接收换能器 R 依次耦合在间距为 30mm 的测点号为 1、2、3……的各点的位置上，如图 2-24 所示。并测读相应的声时值 t_1、t_2、t_3……，及两个换能器内边缘之间的距离 l_1、l_2、l_3……。每一测区的的测点数不得少于 6 个，当损伤较厚时应适当增加测点数。如构件的损伤层厚度不均匀时，应适应增加测位数量。

2. 数据处理及判断

(1) 求损伤和未损伤混凝土的回归直线方程

用各测点声时值 t_i 及相应测距值 l_i，绘制损伤层检测"时-距"坐标图，如图 2-25 所示。由于混凝土损伤后使超声波传播速度变化，因此在"时-距"坐标图上出现转折点，该点前、后分别表示损伤和未损伤混凝土的 l 和 t 相关直线。用回归分析的方法分别求出损伤和未损伤混凝土 l 与 t 的回归直线方程：

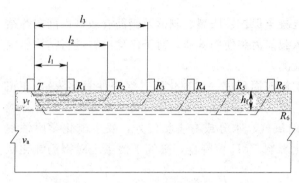

图 2-24 检测混凝土损伤层厚度示意图　　图 2-25 损伤层检测"时-距"图

损伤混凝土　　　　　　　　$l_f = a_1 + b_1 t_f$ 　　　　(2-26)
未损伤混凝土　　　　　　　$l_a = a_2 + b_2 t_a$ 　　　　(2-27)

式中　l_f——拐点（转折点）前各测点的测距，mm，对应于图 2-25 中的 l_1、l_2、l_3；

t_f——对应于图 2-24 中 l_1、l_2、l_3 的声时值（μs），t_1、t_2、t_3；

l_a——拐点（转折点）后各测点的测距，mm，对应于图 2-25 中的 l_4、l_5、l_6；

t_a——对应于图 2-25 中 l_4、l_5、l_6 的声时值（μs），t_4、t_5、t_6；

a_1、b_1、a_2、b_2——回归系数，图 2-25 中损伤和未损伤混凝土直线方程的截距（a）和斜率（b）。

(2) 混凝土损伤层厚度按下式计算：

$$l_0 = \frac{a_1 b_2 - a_2 b_1}{b_2 - b_1} \quad (2-28)$$

$$h_f = \frac{l_0}{2} \cdot \sqrt{\frac{b_2 - b_1}{b_2 + b_1}} \quad (2-29)$$

式中　l_0——拐点（转折点）对应的测距；

h_f——混凝土损伤层厚度。

(四) 混凝土内部钢筋位置和钢筋锈蚀的检测

1. 混凝土内部钢筋位置的检测

对已建混凝土结构作可靠性诊断和对新建混凝土结构施工质量进行鉴定时，要求确定钢筋位置、布筋情况，正确测量钢筋的混凝土保护层厚度和估测钢筋的直径。当采用钻芯法检测混凝土强度时，为在取芯部位避开钢筋，也需作钢筋位置的检测。

钢筋测试仪是利用电磁感应原理进行检测的。混凝土是带弱磁性的材料，而结构内配置的钢筋是带有强磁性的。混凝土中原来是均匀磁场，当配置钢筋后，就会使磁力线集中于沿钢筋的方向。检测时，钢筋测试仪的探头接触结构混凝土表面，探头中的线圈通过交流电,线圈周围就产生交流磁场。该磁场中由于有钢筋存在,线圈中产生感应电压。该感应电压的变化值是钢筋与探头的距离和钢筋直径的函数。钢筋愈靠近探头、钢筋直径愈大时,感应强度变化也愈大。

电磁感应法比较适用于配筋稀疏与距离混凝土表面较近(即保护层厚度不太大)的钢筋检测。钢筋布置在同一平面或在不同平面内距离较大时,才能取得比较满意的结果。图2-26为钢筋测试仪原理图。

2. 混凝土内部钢筋锈蚀的检测

已建结构钢筋的锈蚀是导致钢筋的混凝土保护层胀裂、剥落及钢筋有效截面削弱等结构破坏现象的主要原因,直接影响结构承载能力和使用寿命。对于已建结构进行结构鉴定和可靠性检测时,必须对钢筋锈蚀进行检测。

混凝土是碱性材料,在混凝土中的钢筋四周形成一层钝化膜(保护性氧化膜),在正常状态下对钢筋提供了良好的保护条件,使之免受腐蚀。若由于混凝土质量差、工作环境恶劣等因素使结构产生各种裂缝,就会使氧气、水分或有害物侵入,发生电化学腐蚀现象,造成钢筋锈蚀。另外,混凝土受碳化影响,pH值降低,破坏了混凝土对钢筋钝化状态,也会使之发生锈蚀。

混凝土中钢筋的锈蚀是一个电化学的过程。钢筋因锈蚀而在表面有腐蚀电流存在,使电位发生变化。检测时采用有铜-硫酸铜作为参考电极的半电池探头的钢筋锈蚀测量仪(图2-27),用半电池电位法测量钢筋表面与探头之间的电位差,利用钢筋锈蚀程度与测量电位间建立的一定关系,由电位高低变化的规律,可以判断钢筋锈蚀的可能性及其锈蚀程度。试验证明:负电位数值愈高,钢筋锈蚀程度愈严重。

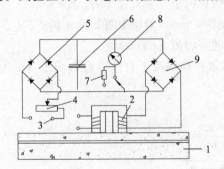
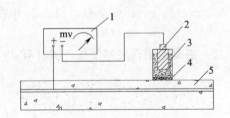

图 2-26 钢筋测试仪原理图　　　　　图 2-27 钢筋锈蚀测量仪原理图
1—试件;2—探头;3—平衡电源;4—可变电阻;　　1—毫伏表;2—铜棒电极;3—硫酸铜饱和溶液;
5—平衡整流器;6—电解电容;7—分档电阻;　　　4—多孔接头;5—混凝土中钢筋
8—电流表;9—整流器

第五节　钢筋混凝土结构的维修与加固

一、钢筋混凝土结构麻面、蜂窝、孔洞维修

(一)表面抹浆修补

对不影响结构受力安全的混凝土表面的缺陷,如麻面、蜂窝、露筋、小块脱落或轻微腐蚀等。一般可采用水泥砂浆或环氧树脂配合剂进行修补。修补的目的是为了预防缺陷

扩大以及防止钢筋锈蚀，防止渗漏，增强美观。修补时先清除缺陷处的松动部分，修补的表面用钢丝刷刷净，再用压力水冲洗润湿，抹上水泥浆结合层，最后用1：2或1：2.5的水泥砂浆抹平。

如用环氧树脂配合剂修补，将修补部分清理干净，干燥后，先刷一层环氧黏结剂，再抹上环氧胶泥。当缺陷较深或系垂直面时，则应分层涂抹，以免挂淌。对局部露筋部分，除锈后，涂刷环氧黏结剂，再用环氧胶泥修补。

（二）局部填补混凝土

对混凝土中较大的蜂窝、孔洞、破损、露筋、腐蚀等，查清范围后，可通过嵌填新混凝土或环氧树脂配合剂的方法，消除局部缺陷，恢复结构材料功能。如缺陷对结构的承载能力有影响，修理时应采取临时的支撑加固措施和卸荷措施。

1. 基层和结合面的处理

先清除混凝土缺陷部位的软弱、松散的薄弱层和松动的石子等，要注意的是，在剔凿孔洞处疏松的混凝土和突出的石子时，孔洞的顶面要凿成斜面，避免形成死角。再将结合面凿毛，对缺陷区内钢筋进行检查，如锈蚀或发生面层脱落、损伤等现象，应作好除锈、局部焊补钢筋补强。

2. 嵌填新混凝土

用压力水将结合面冲洗干净，在充分润湿状态下（保持湿润72h后），先抹上水泥浆一层，再嵌填比原混凝土高一级的细石混凝土，边嵌边分层捣实。为减小收缩变形，应尽量采用干硬性混凝土，水灰比控制在0.5以内。必要时，可掺入水泥用量万分之一的铝粉或8%～10%微膨胀剂 UEA 等。修补处嵌填密实后，最后采用原浆抹压另用水泥砂浆抹平。

（三）环氧砂浆或环氧混凝土修补

缺陷部分也可用环氧砂浆或环氧混凝土进行局部修补，其优点是强度高，干硬快。首先，对修补的基层进行处理，结合面处理干净并干燥后，用丙酮或二甲苯擦洗，先涂刷环氧黏结剂一层，再用环氧砂浆填补，尽量用力抹压。如修补缺陷较深时，可分多次填补抹压。如修补的体积较大时，可用拌有细石粒的环氧混凝土进行填补，操作时，要用力压紧，并敲拍密实，直至表面出现一定的浆液为止。填补满实后，表面再涂刷环氧黏结剂一层。

（四）水泥压浆法修补

对影响结构安全的大蜂窝或孔洞，可采取不清除其薄弱层而用水泥压浆的方法补强，以防清除大蜂窝或孔洞时结构遭到较大的削弱。首先对混凝土的缺陷进行仔细检查，对较薄构件，可用小锤敲击，从声音中判断缺陷的范围；对较厚构件，可灌水或用压力水检查；有条件的可用超声波仪器检测混凝土缺陷。对大体积混凝土，可采用钻孔检查的方法。通过检查后，用水或压缩空气清洗缝隙，或用钢丝刷清除粉屑石渣，然后保持润湿，将压浆嘴埋入混凝土压浆孔并用1：2.5砂浆固定，如图2-28所示。

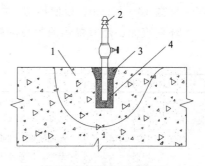

图2-28 压浆嘴的埋设
1—有缺陷混凝土；2—压浆嘴；
3—水泥砂浆；4—快凝砂浆

压浆嘴管径为φ25mm，压浆孔位置、数量和深度，应根据蜂窝、孔洞大小和浆液扩散范围确定，一般孔数不少于两个，即一个压浆孔，一个排水（气）孔。水泥浆液的水灰比一般为0.7～1.1。根据施工要求，必要时可掺入一定数量的水玻璃溶液作为促凝剂，水玻璃掺量为水泥用量的1%～3%，水玻璃溶液的浓度为30～40波美度，徐徐加入拌好的水泥浆中，搅拌均匀后使用。灌浆压力粗缝宜用0.15～0.3MPa，细缝宜用0.2～0.5MPa。

二、钢筋混凝土裂缝维修

混凝土结构或构件裂缝，有的破坏结构的整体性，降低构件的刚度，影响结构的承载能力；有的虽然对结构的承载能力影响不大，但会引起钢筋锈蚀，影响结构的耐久性等。因此，应根据裂缝性质、大小、结构受力情况、使用要求等进行维修。

（一）表面修补法

表面修补法适用于，对承载能力无影响的表面及深进裂缝，以及大面积细裂缝防渗、漏水的处理。

1. 表面涂抹水泥砂浆

用钢丝刷等工具清除混凝土表面的灰尘、油污，并将裂缝附近的混凝土表面凿毛，或沿裂缝（深进的）凿成深15～20mm、宽150～200mm的凹槽，清理干净并洒水润湿，先刷水泥净浆一道，然后用1:1～1:2的水泥砂浆分2～3层抹压，总厚度控制在10～20mm左右，用铁抹子压实抹光。有防水要求时，应用水泥净浆（厚2mm），和1:2.5的水泥砂浆（厚4～5mm）交替抹压4～5层刚性防水层。也可在水泥砂浆中掺入水泥用量的1%～3%的氯化铁防水粉，可以起到促凝和提高防水效果。抹光后的砂浆应覆盖塑料薄膜保湿养护，并用支撑模板顶紧加压。

2. 表面涂抹环氧胶泥或环氧粘贴玻璃布

涂抹环氧胶泥前，先将裂缝附近80～100mm宽度范围内的灰尘、浮渣等用压缩空气吹干净，或用钢丝刷、砂纸、毛刷清除干净并洗净，油污可用二甲苯或丙酮擦洗干净。如表面潮湿，应用喷灯烘烤干燥、预热，以保证环氧胶泥与混凝土粘结良好；如基层难以干燥，则用环氧煤焦油胶泥（涂料）涂抹。较宽的裂缝应用刮刀填塞环氧胶泥。涂抹时，用毛刷或刮板均匀醮取胶泥，并涂抹在裂缝表面。

采用环氧粘贴玻璃布方法时，玻璃布使用前应在碱水中沸煮30～60min，再用清水漂清并凉干，以除去油蜡，保证粘贴牢靠。一般粘贴1～2层玻璃布，第二层布的周边应比第一层宽10～15mm，以便压边。

环氧胶泥、环氧煤焦油胶泥的技术性能及配合比及原材料性能如表2-11、表2-12。

原材料技术性能 表2-11

材料名称	规格性能
环氧树脂	E—44（6101号），淡黄至棕黄色黏稠透明液体，比重1.1，环氧树酯值0.41～0.47，软化点14～22℃
邻苯二甲酸二丁酯	无色液体，比重1.05，沸点335℃，酯含量99.5%
二甲苯	无色，比重0.86，沸点138.5℃
乙二胺	无色，比重0.9，沸点117℃
煤焦油	含水量不大于0.4%
粉料（滑石粉或水泥）	细度200目

环氧浆液、腻子、胶泥的配合比及技术性能　　　　　　　表 2-12

材料名称	重量配合比						技术性能		备 注
	环氧树脂(g)	煤焦油(g)	邻苯二甲酸二丁酯(mL)	二甲苯(mL)	乙二胺(mL)	粉料(g)	与混凝土黏结强度(MPa)	抗拉强度(MPa)	
环氧浆液	100		10	40～50	8～12		2.7～3.0	5.0	注浆用
环氧腻子	100		10		10～12	50～100	2.7～5.0	5.0	固定灌浆嘴、封闭裂缝用
环氧胶泥	100		10	30～40	8～12	25～45			涂面和粘贴玻璃布
环氧煤焦油胶泥	100/100	100/50	5/5	50/25	12/12	100/100			潮湿基层涂面和粘贴玻璃布用

注：1. 二甲苯、二乙胺、粉料的掺量可按气温及施工操作的具体情况适当调整。
　　2. 环氧煤焦油胶泥配合比，分子用于底层，分母用于面层。

3. 表面凿槽嵌补

沿混凝土裂缝凿一条深槽，形状及尺寸如图 2-29 所示。其中"V"形槽适于一般裂缝的治理，"U"形槽用于渗水裂缝的治理。槽内嵌水泥砂浆或环氧胶泥、聚氯乙烯胶泥、沥青油膏等，表面作砂浆保护层。其构造如下图 2-30 所示。

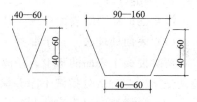

图 2-29　凿槽形状及尺寸

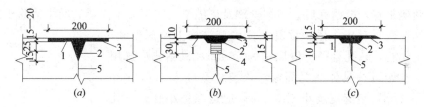

图 2-30　表面凿槽嵌补裂缝的构造处理
（a）一般处理；（b）、（c）渗水裂缝处理
1—水泥净浆；2—1∶2 水泥砂浆或环氧胶泥；
3—1∶2.5 水泥砂浆或防水砂浆；4—聚氯乙烯胶泥或沥青油膏；5—裂缝

槽内混凝土面应修理平整并清洗干净，不平处用水泥砂浆填补。保持槽内干燥，否则，应先导渗、烘干，待槽内干燥后再进行嵌补。环氧煤焦油胶泥，可在潮湿情况下进行嵌补，但不能有淌水现象。嵌补前，先用素水泥浆，或稀胶泥在基层刷一道，再用抹子或刮刀将砂浆（或环氧胶泥或聚氯乙烯胶泥）嵌入槽内压实，再用 1∶2.5 水泥砂浆抹平压光，在侧面或顶面嵌填时，应使用封膏托板（做成凸字形，表面钉铁皮）逐段嵌托并压紧，待凝固后再将托板去掉。

（二）内部修补法

内部修补系将裂缝构成一个密闭性的空腔，有控制的预留进出口，利用压浆泵将胶结料压入裂缝中，由于其凝结、硬化而起到补缝作用，以恢复结构的整体性。此方法适用于对结构整体性有影响，或有防水、防渗要求的裂缝修补。常用的灌浆材料有水泥和化学材料，可按裂缝的性质、宽度以及施工的具体情况选用。一般对宽度较大的裂缝（如宽度大于 1mm），采用环氧树脂类浆液不经济时，可采用微膨胀水泥浆液灌浆；宽度较小的裂缝，或较大的温度收缩裂缝，宜采用化学灌浆。

化学灌浆与水泥灌浆相比，具有可灌性好，能控制凝结时间，以及具有较高的黏结强度和一定的弹性，恢复结构整体性的效果较好等优点。适于各种情况下的裂缝修补，及防渗、堵漏处理。

灌浆材料应根据裂缝的性质、缝宽和干燥情况选用。常用的灌浆材料有环氧树脂浆液（能修补 0.2mm 以上的干燥裂缝）、甲凝（能修补 0.03～0.1mm 的干燥裂缝）、丙凝（用于渗水裂缝的修补、堵水和止漏，能灌 0.1mm 以下的细裂缝）等。环氧树脂浆液具有化学材料较单一，易于购买，施工操作方便，黏结强度高，成本低等优点，应用最广。

灌浆操作主要施工工序如下：

裂缝处理 → 埋设灌浆嘴（管）→ 封缝 → 密封检查 → 配制浆液 → 灌浆 → 封孔 → 检查

1. 裂缝处理

灌浆前应对裂缝表面处理，其方法主要有三类。

（1）表面处理法　对于混凝土构件上较细的裂缝（小于 0.3mm），可用钢丝刷等工具，清除混凝土表面的灰尘、浮渣等，然后再用毛刷等工具蘸甲苯、酒精等有机溶剂将裂缝两侧 20～30mm 处擦洗干净并保持干燥。

（2）凿槽法　对于构件上较宽的裂缝（大于 0.3mm），应沿裂缝用钢钎或风镐凿成"V"型槽，槽宽度及深度可根据裂缝深度及有利于封缝确定。凿槽时，先沿裂缝打开，然后，向两侧加宽，凿槽完后，用钢丝刷及压缩空气将混凝土碎屑、粉尘清除干净。

（3）钻孔法　对于大体积混凝土或大型结构上的深裂缝，可在裂缝上钻孔，钻孔直径一般风钻为 56mm，机钻孔应选用最小孔径。孔距可按具体情况而定，若裂缝宽度大于 0.5mm 孔距可为 2～3m，裂缝宽度小于 0.5mm 应适当缩小孔距。孔深穿超过裂缝面 0.5m 以上。对于走向不规则的裂缝，除钻骑缝孔外需加钻斜孔，以扩大灌浆通路。钻孔后应清除孔内的碎屑、粉尘。钻孔示意图如图 2-31 所示。

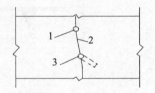

图 2-31　钻孔示意图
1—骑缝孔；2—裂缝；3—斜孔

2. 埋设灌浆嘴（管）

采用表面灌浆处理或凿成"V"型槽的裂缝，可采用灌浆嘴施灌，钻孔宜用灌浆管施灌。灌浆嘴用 $\phi12$ 薄钢管制成，一端带有丝扣以连接活接头，布设灌浆嘴的位置应选在裂缝较宽处，纵横裂缝交错处，裂缝端部，以及裂缝贯通处设置，贯通裂缝应在两面交错设置，其间距当裂缝宽度小于 1mm 时为 350～500mm，当裂缝宽度大于 1mm 时为 500～1000mm。埋设灌浆嘴时，先在其底盘抹上一层厚 1～2mm 环氧腻子，将灌浆嘴骑在裂缝中间，贴于裂缝压浆部位。钻孔灌浆管可在孔内埋设铁管。操作时要注意防止堵塞裂缝。

3. 封缝及压气试漏

封缝应根据不同的裂缝情况及灌浆要求确定。其方法有三类。

（1）环氧树酯胶泥封缝。对于不凿槽的裂缝，可用环氧树酯胶泥封缝。先在裂缝两侧宽20～30mm涂刷一层环氧树脂基液,然后抹一层厚1mm左右,宽20～30mm的环氧树脂胶泥。抹环氧胶泥时,应防止产生小气孔的气泡,保证封闭可靠。

(2) 粘贴玻璃丝布封缝。先在裂缝两侧80～100mm处,涂刷一层环氧树脂基液,然后将已除去润滑剂的玻璃丝布沿裂缝表面从一端向另一端粘贴密实。不得有气泡或皱纹,可根据情况贴1～3层。

(3) 水泥砂浆封缝。对凿成"V"型槽的裂缝,可用水泥砂浆或早强砂浆进行封缝。可先在"V"型槽两侧刷一层厚1～2mm的环氧树酯浆液,再用水泥砂浆封闭。

裂缝封闭后,应进行压气试漏,以检查封缝效果。试漏应待砂浆或环氧胶泥有一定强度后进行,试气时,气压保持0.2～0.4MPa,垂直缝从下往上,水平缝从一端向另一端。在封闭带上及灌浆嘴四周涂抹肥皂水检查,如发现泡沫,表示漏气,应再次封闭。

4. 配制浆液

按设计要求配制好浆液。环氧树脂浆液是由环氧树脂(胶结剂)、邻苯二甲酸二丁酯(增塑剂)、二甲苯(稀释剂)、乙二胺(固化剂)及粉料(填充剂)等配制而成。配制时先将环氧树酯、邻苯二甲酸二丁酯、二甲苯按比例称量,放置在容器内,于20～40℃条件下混合均匀,然后加入乙二胺搅拌均匀即可使用。参考表2-10。

5. 灌浆及封孔

灌浆机具、器具及管子在灌浆前应进行检查,运行正常时方可使用。接通管路,打开所有灌浆嘴阀门,用压缩空气将孔道及裂缝吹干净。

根据裂缝区域的大小,可采用单孔灌浆或分区群孔灌浆。在一条缝上可由下而上,由一端到另一端进行。将配好的浆液注入压浆罐内,旋紧灌口,先将活头接在第一个灌浆嘴上,随后开动空压机(化学灌浆气压一般为0.2MPa,水泥灌浆为0.4～0.8MPa)进行送气,压力应逐渐升高(不能骤然加压),即可将浆液压入裂缝中。待浆液顺次从邻近灌浆嘴喷出后,即用透明软皮管或小木塞将第一个灌浆孔封闭。然后按同样的方法依次灌注其他嘴孔。灌浆停止的标志为吸浆率小于0.1L/min,再继续压注几分钟即可停止灌浆。灌浆完毕,应及时拆除管道并清洗干净(化学灌浆应用丙酮清洗)。待缝内浆液达到初凝而不外流时,可拆下灌浆嘴,再用环氧树脂胶泥或掺入水泥的浆液将灌浆嘴处抹平封口。灌浆结束后应检查灌浆质量,发现缺陷应及时补救。

施工时应确保安全,操作人员要带口罩,以防中毒。在缺乏灌浆泵时,较宽的平、立面裂缝也可用手压泵或兽医用注射器进行。灌浆工艺流程及设备如图2-32所示。

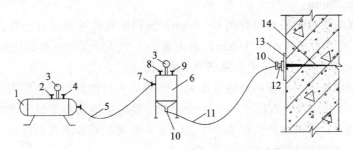

图2-32 灌浆工艺流程及设备

1—空气压缩机;2—调压阀;3—压力表;4—送气阀;5—高压风管;6—压浆泵;7—进气嘴;
8—进浆灌口;9—出气阀;10—铜活接头;11—高压塑料透明管;12—灌浆嘴;13—环氧封闭带;14—裂缝

（三）钢筋混凝土构件沿筋裂缝的修补

钢筋混凝土构件一旦产生微细沿筋裂缝，则钢筋锈蚀和裂缝扩展速度加快，维修的难度和费用也会明显增加，所以对于已开始出现沿筋裂缝的钢筋混凝土构件，应及时治理维修。维修时可根据裂缝宽度采取以下相应措施。

对于缝宽 $\delta \leqslant 0.2mm$ 的微细沿筋裂缝，可采用聚合物水泥浆涂刷于裂缝表面，涂覆宽度为 20～30mm。

对于 $0.2mm < \delta \leqslant 2mm$ 的沿筋裂缝，可采用凿槽填充法修补，即沿裂缝将混凝土开凿成 U 形或 V 形槽，凿槽应凿至钢筋，完全露出钢筋锈蚀部位，彻底除锈，在钢筋表面涂刷复合水泥浆或环氧树脂胶，然后在槽面上涂一层环氧树脂浆液，以增强界面的黏结力，再嵌填水泥砂浆或环氧砂浆。

当缝宽 $\delta > 2mm$ 或出现因钢筋锈胀而造成混凝土保护层剥落的状况，则应剔除已碳化的混凝土保护层，清除钢筋锈皮，然后浇灌新混凝土，强度等级应比旧混凝土提高一级。必须确保钢筋被新的及未碳化的混凝土包裹，并使新旧混凝土有良好的粘结。

在对裂缝的修补过程中应注意以下几点：第一，当受力主筋因锈蚀而断面损失大于 6% 时，应进行承载力验算，以确定是否需要对主筋补强；第二，在清除已碳化的混凝土保护层时，应周密考虑构件的承载情况，必要时对构件作好支顶、卸载，以确保施工安全和结构安全；第三，对于因承载能力不足而产生裂缝的钢筋混凝土构件，除了对裂缝进行修补外，还应采取相应的加固措施，以确保结构构件的安全可靠。

三、钢筋混凝土结构的加固

钢筋混凝土结构的加固方法有加大截面加固法、外包钢加固法、黏钢加固法、碳纤维布加固法、预应力加固法、改变结构传力途径加固法等多种。

（一）加大截面加固法

采取增大混凝土构件的截面面积，以提高其承载能力和满足正常使用要求。这种加固方法，广泛用于钢筋混凝土板、梁、柱构件的加固。

采用加大截面加固钢筋混凝土构件时，必须按照《混凝土结构设计规范》（GB 50010—2002）的基本规定并考虑新混凝土与原结构构件协同工作，对加固构件承载力进行计算并满足以下构造要求。

（1）新浇混凝土的最小厚度，加固板时不应小于 40mm；加固梁柱时不应小于 60mm，当采用喷射混凝土或有技术措施保证浇筑层质量时可以减少为 50mm。石子的最大粒径不宜大于 20mm。

（2）加固板的受力钢筋直径宜用 6～8mm；加固梁柱的纵向受力钢筋直径，对于梁不宜小于 12mm，对于柱不宜小于 14mm，最大直径不宜大于 25mm；封闭式箍筋直径不宜小于 8mm，U 形箍筋直径宜与原有箍筋直径相同。

（3）当采用增加主筋面积的加固方法时，加固的受力钢筋与原构件的受力钢筋间的净距不小于 20mm，并应采用直径不小于 20mm 的短筋将原钢筋和新钢筋焊接连接，以保证新老钢筋协同受力。焊接短筋长度不小于 5d（d 为新增纵筋和原有纵筋直径的较小值）且不小于 120mm，短筋的间距不应大于 500mm。

（4）当用混凝土围套进行加固时，应设置封闭箍筋；当用单侧或双侧加固时，应设置 U 形箍筋。U 形箍筋应焊在原有箍筋上，其焊接质量应符合施工规范的要求。U 形箍筋也可采用结构胶锚固或环氧树脂砂浆锚固于梁、柱钻孔内,当采用预埋铆钉(短筋)或直接锚固时,锚孔直径应比锚钉(钢筋)直径大4mm,与构件边缘的距离不应小于3d且不小于40mm,锚固深度应大于10d。

(5) 梁的纵向加固受力钢筋的两端应可靠锚固,柱的纵向加固受力钢筋的下端应伸入基础并满足锚固要求,上端应穿过楼板与上柱柱脚连接或在屋面板处封顶锚固。

加固施工时,在受力钢筋施焊前应采取卸荷或支顶措施,将原构件表面凿毛或打成深度不小于6mm、间距不大于200mm的沟槽,并将原有混凝土表面冲洗干净,浇注混凝土前刷水泥浆等界面剂,以利新旧混凝土的黏结。

1. 板的加固补强

(1) 在整体现浇板上做分离式补强

在原有钢筋混凝土板上面另做一层钢筋混凝土板的补强方法,如图2-33(a)所示。这两层板是分离的(如旧板浇过沥青或有大量油污,新、老混凝土不能很好的结合),每块板的恒载由各自承担,活载由两块板共同承担。

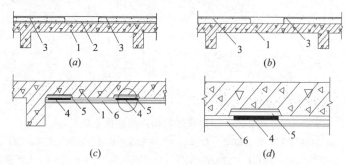

图2-33 楼板加固示意图

(a) 板上分离式补强;(b) 板上整体式补强;(c) 板下整体式补强;(d) 局部放大图
1—原钢筋混凝土板;2—板上新受力钢筋;3—支座处负弯矩钢筋;
4—与新、老钢筋焊接的短钢筋;5—原钢筋混凝土板底受力钢筋;6—新加补强钢筋

(2) 在整体现浇板上做整体式补强

原有的钢筋混凝土板面,经过处理,再浇一层钢筋混凝土板,使两层板合二为一,成为一个新的整体的补强方法。如图2-33(b)所示。

(3) 在整体现浇板下做整体式补强

在整体现浇板的下面凿去下部受力钢筋的部分保护层,焊上短钢筋,再将新加钢筋与短钢筋焊接,然后在楼板的下面做一层细石混凝土或水泥砂浆,使新老钢筋混凝土成为整体的补强方法。如图2-33(c)、(d)所示。

2. 梁的加固补强

(1) 增大主筋面积加固

在梁的下面剥去原钢筋的混凝土保护层,焊上短纵筋(新、老纵向受力钢筋的间距较大时用短斜筋)可以不同程度地提高梁的抗弯能力与抗剪能力,并减小挠度。如图2-34所示。

(2) 钢筋混凝土套加固

当采用钢筋混凝土套加固时,新加受力纵筋两端应有可靠的锚固。对于连续梁,或框架边支座，新加纵向受力钢筋可以穿过柱（或墙）加节点锚固板或用结构胶锚固。对类似于简支梁的受弯构件，荷载作用下主要是受弯，跨中弯矩最大，可以把新增受力钢筋的两端弯折后，再将两端与原纵向受力钢筋焊接。梁的新加门形箍筋、U形箍筋与原构件的连接可采用与原箍筋焊接、钻孔锚固等方法。如图2-35所示。

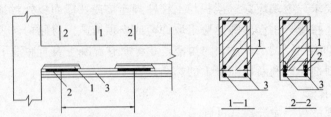

图 2-34　增大主筋面积加固法示意图
1—钢筋混凝土梁原受力纵筋；2—焊接短筋；3—新增受力纵筋

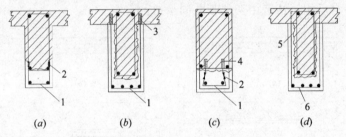

图 2-35　新加箍筋与构件的连接方法
（a）U型箍与原箍筋焊接；（b）钻孔锚固U型箍；（c）U型箍与锚钉（短筋）焊接；（d）封闭箍筋连接
1—U型钢筋；2—焊接；3—结构胶锚固；4—锚钉；5—表面凿毛；6—封闭箍筋

3. 柱子加固

采用加大截面加固法进行柱子补强，可根据具体情况在原柱的一侧、两侧或四周加大混凝土截面，其示意图如图2-36所示。

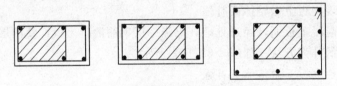

图 2-36　柱子增大截面加固示意图

4. 施工要点

（1）加固施工时若对构件进行完全卸载，则加固后的构件是两次成型的一次受力构件；若加固过程中不能对构件进行完全卸载，则加固后的构件是两次成型的二次受力构件。因此在进行加固施工时应尽可能对构件卸去荷载后进行。

（2）必须保证新旧混凝土具有较高的结合强度。原有梁、柱结合面风化酥松层、碳化锈裂层、油污等必须凿除清理，直至露出结实基层。然后将表面进行粗糙处理，柱子凹凸不平度不小于4mm，梁的凹凸不平度不小于6mm，并每隔一定距离，在原构件上凿出凹槽，形成混凝土剪力键，然后用水冲洗干净。

（3）钻孔、打洞等施工过程中要避免损伤钢筋，钢筋施焊前要除锈，施焊时应分区、分段、分层进行，以保证焊接质量和减小原受力钢筋的热变形。

（4）由于新旧混凝土结合强度较低，为提高新旧混凝土的结合强度，应在原混凝土的表面刷界面剂（YJ）、水泥浆、乳胶水泥浆或环氧树脂胶等，然后用微膨胀混凝土浇灌密实。

（5）加强新浇混凝土的养护。

（二）外包钢加固法

在混凝土构件四周包以型钢的加固方法。适用于使用上不允许增大混凝土截面尺寸，而又需要大幅度提高承载力的混凝土构件的加固。图 2-37 为钢筋混凝土框架的外包钢加固示意图。

钢筋混凝土梁柱外包型钢加固，当以乳胶水泥粘贴或以环氧树脂化学灌浆等方法黏结时，称为湿式外包钢加固。钢筋混凝土柱采用外包型钢加固，当型钢与原柱间无任何连结，或虽填塞有水泥砂浆仍不能确保结合面剪力有效传递时，称为干式外包钢加固。

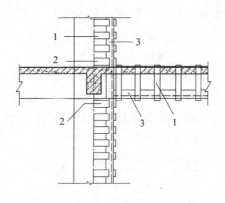

图 2-37 钢筋混凝土框架的外包钢加固示意图
1—扁钢箍；2—加强型钢箍；3—角钢

1. 采用外包钢加固时，必须满足以下构造规定。

（1）外包角钢厚度不应小于 3mm，也不宜大于 8mm；角钢边长，对于梁，不宜小于 50mm，柱不宜小于 75mm，对于桁架，不宜小于 50mm。沿梁、柱轴线应用扁钢箍或钢筋箍与角钢焊接。扁钢箍截面不应小于 25mm×3mm，其间距不宜大于 $20r$（r 为单根角钢截面的最小回转半径），也不宜大于 500mm。钢筋箍直径不应小于 10mm，间距不宜大于 300mm。在节点区，其间距应适当减小。

（2）外包型钢两端应有可靠的连接和锚固措施，以保证外包钢有效的发挥作用。对柱下端应视柱端弯矩大小伸至基础顶面或锚固于基础，对于中间楼层，加固角钢应穿过楼板，角钢上端应伸至加固层的上一层上端板底或屋顶板底。

（3）当采用环氧树脂化学灌浆外包钢加固时，扁钢箍应紧贴混凝土表面，并与角钢平焊连接。当采用乳胶水泥浆粘贴外包钢加固时，扁钢箍可焊于角钢外面。

（4）采用外包钢加固混凝土构件时，钢材表面宜抹厚 25mm 的水泥砂浆保护层或在钢材表面刷涂防锈漆。

2. 施工要点

（1）加固施工时，应先将混凝土构件表面打磨粗糙、平整，四角磨出小圆角；角钢粘贴面清洗干净，去锈、打磨。

（2）当采用干式外包钢加固时，角钢和构件之间用 1∶2 水泥砂浆填实，用夹具夹紧角钢后施焊。

（3）当采用乳胶水泥粘贴（湿式）外包钢加固时，应在处理好的构件及角钢的预定粘结面上，抹上乳胶水泥，厚约 3～5mm，乳胶（聚醋酸乳液）含量为水泥用量的 5%～10%，立即将角钢粘贴上，用夹具沿 X、Y 两个方向将角钢夹紧后分段交错施焊，整个焊接应在胶浆初凝前完成。

(4)当采用环氧树脂化学灌浆（湿式）外包钢加固时，首先在洁净的混凝土表面刷环氧树脂浆一薄层，然后将已除锈清洗、打磨过的角钢、扁钢缀板卡贴于预定结合面上，经校准后，将缀板与角钢焊牢（平焊或剖口焊），用环氧胶泥将型钢架全部构件边缘缝隙封闭补严，留出排气孔，并在有利灌浆处粘贴灌浆嘴，间距2～3m。待胶泥有一定强度后，压气试漏，合格后即以0.2～0.4MPa的压力将环氧树脂浆从灌浆嘴压入。当排气孔出现浆液后，停止加压，用环氧胶泥封堵排气孔，再以较低压力维持10min以上方可停止灌浆，用环氧胶泥封孔。灌浆后不应再对型钢进行捶击、移动、焊接。

（三）粘钢加固法

粘钢加固是用黏结剂（建筑结构胶）将钢板粘贴到构件需要加固的部位，以提高混凝土构件承载力的一种加固方法。图2-38表示受弯构件正截面受拉区加固，图2-39表示构件斜截面受剪承载力不足的加固。

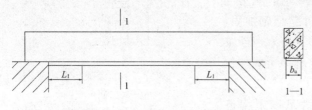

图2-38 正截面受拉区黏钢加固示意图

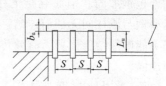

图2-39 受剪箍板锚固示意图

1. 构造要求

粘钢加固法适用于承受静力作用的一般受弯及受拉构件，其混凝土强度等级不应低于C15。该加固法以环境温度不超过60℃，相对湿度不大于70%及无化学腐蚀为使用条件。粘结钢板所用的黏结剂为JGN胶。加固时必须确保粘结钢板在加固点外的锚固长度符合设计要求，并且，对于受拉区不得小于$200t$（t为钢板厚度），也不得小于600mm；对于受压区，不得小于$150t$，也不得小于500mm。若无法满足上述要求，可在钢板端部锚固区粘贴U形箍板等措施。加固用粘贴钢板Q235（俗称A3钢）或16Mn为宜，其厚度以2～6mm为宜，见表2-13。

粘贴钢板加固的钢板最佳厚度 表2-13

混凝土强度等级	<C20	C20～C35	>C35
钢板厚度（mm）	2～3	3～4	4～6

2. 施工要点

黏钢加固施工的流程为：被粘混凝土和钢板表面处理——对加固构件卸荷，同时配制黏结剂——在混凝土表面和钢板表面涂胶——粘贴——用支撑固定或用夹具加压——固化——卸支撑、检验——抹水泥砂浆保护。

（1）黏结剂的配制

目前各种结构加固用黏结剂（JGN）基本上为甲、乙两组分，在使用前要进行现场质量检验，合格后方可使用。使用时按说明书规定于现场临时配制。注意由于胶的时限性较强，调制前还应进行现场试配，根据当时当地气温条件及存放时间长短作适当调整，选择各项力学指标均为最优的配比，按选定的配比称取甲、乙两组分，分别先后倒入无油污的干净容器,用搅拌机按同一方向搅拌至色泽完全均匀为止,注意避免雨水、杂物等进入容器,搅拌。

(2) 涂黏结剂与粘贴钢板

黏结剂配制好后,用抹刀同时涂抹在已处理好的混凝土表面和钢板贴合面,为使黏结剂能充分浸润、渗透、扩散黏附于结合面,宜先用少量黏结剂于结合面来回刮抹数遍,再添抹1~3mm(中间厚边缘薄),然后将钢板粘贴于预定位置,如果是立面粘贴,为防止流淌,可加一层脱腊玻璃丝布。粘好钢板后,用手锤沿粘贴面轻轻敲击钢板,如无空洞声,表明已密实,否则,应剥下钢板,补胶重粘。

(3) 固定加压

粘好钢板后,立即用卡具,支撑或胀管螺栓等固定,并适当加压以使黏结剂液刚从钢板边缘挤出为度。胀管螺栓一般兼作钢板的永久锚固措施,于固定钢板时拧紧。

(4) 折卸夹具或支撑

黏结剂(如JGN等)在常温下固化,如保持在20℃以上,24小时后即可拆除夹具或支撑,3天后即可受力使用,若气温低于15℃,应采用人工加温,一般用红外线灯加热。固化期不能对钢板有任何扰动。

(5) 检验

检查钢板边缘溢胶色泽、硬化程度,用小锤敲击钢板检验其有效粘贴面积,锚固区有效粘贴面积不应小于90%,非锚固区不少于70%。

(6) 防腐处理

外部粘贴钢板加固的钢板,应按设计要求进行防腐处理(涂刷防锈漆或抹水泥砂浆)。

(四) 碳纤维布加固法

碳纤维布加固法是用粘贴树脂将碳纤维布粘贴到混凝土构件的相关部位,以提高混凝土构件承载力的一种加固方法。碳纤维布作为高性能结构加固材料在国外土木及水工工程中已得到广泛应用。碳纤维布加固技术在我国起步晚,但发展迅速。碳纤维布加固技术所涉及的材料主要有两种:碳纤维布和粘贴树脂。

碳纤维布所用的碳纤维增强材料即碳纤维丝的生产是通过氧化有机聚合物纤维,如聚丙烯硝胺纤维,只留下碳素材料,其碳原子沿原有纤维长度排列整齐而形成碳素纤维。每根碳纤维丝由3000~12000个碳原子丝以绞线或麻绳的方式排列而成,其粗细仅相当于人的一根头发丝。用碳纤维材料制成的碳纤维布的抗拉强度为普通建筑用钢板材强度的十几倍,而比重仅为钢材的1/4,是一种高强轻质的高性能材料。

结构加固用的粘贴树脂通常选用环氧基类,该类树脂的力学性能指标可满足使用要求,耐久性好,长期受力性能优良,易于施工。图2-40为粘贴碳纤维布示意图。

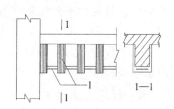

图2-40 碳纤维布加固示意图
1—碳纤维布

碳纤维布加固施工的流程为:混凝土构件表面处理(清洗、打磨、修补)——涂敷基底树脂并用腻子找平构件表面——涂抹树脂——铺贴碳纤维布——涂表面树脂层——抹水泥砂浆保护层。

(1) 施工准备

对拟补强加固构件的混凝土表面及其处理方法,基底树脂的涂敷。碳纤维布的粘贴、养护、表面整饰以及节点等情况进行充分研究和设计,并对使用材料配套树脂、机具做好准备工作。施工前应对粘贴部位混凝土的表层含水率及所处环境温度进行测量。若混凝土表层含水率＞4%或环境温度＜5℃,则应采取措施,在达到要求后,方可施工。施工前应按设计图纸,在加固部位放线定位。

(2) 表面处理

应清除被加固构件表面疏松部分,至露出混凝土结构层。若有裂缝,应先行修补。然后,用修补材料将表层修复平整,并保证混凝土保护层厚度不小于15mm。

粘贴部位的混凝土,若其表面坚实,除去浮浆层和油污等杂质,并打磨平整,直至露出集料新面,且平整度应达到5mm/m;构件转角粘贴处应打磨成圆弧状,圆弧半径应不小于20mm。表面打磨后,应用强力吹风器或吸尘器将表面粉尘彻底清除。

(3) 涂刷基底树脂

基底树脂的作用是加强碳纤维布与混凝土表面的黏结力,这对于加固效果的充分发挥非常重要。按产品说明书规定的比例将甲、乙两组分充分搅拌均匀后,应用滚筒刷或特制的毛刷均匀涂布在已用丙酮擦净的混凝土表面,调好的底胶应在规定的时间内用完。当指触干燥后方可进入下一工序。

(4) 碳纤维布粘贴

按设计要求的尺寸裁剪碳纤维布,裁剪后的布宽度不宜小于150mm,且不应小于100mm。

黏结剂(黏浸胶)的配制,应按黏结剂供应厂商提供的配比和工艺要求进行,且应有专人负责。调胶使用的工具应为低速搅拌器,搅拌应均匀,无气泡产生,并应防止灰尘等杂质混入。调制浸润树脂后,均匀涂抹于构件表面所要粘贴的部位,胶层厚度＜2mm,但不宜过薄。涂抹浸润树脂后,应在规定的时间内将已按设计要求的尺寸裁剪好的碳纤维布迅速粘到位。粘贴碳纤维布,用特制的滚筒沿碳纤维布受力方向多次滚压挤出气泡,以使碳纤维布与混凝土表面紧密黏结,同时,使黏结剂充分渗入纤维之间的缝隙内。多层粘贴时,逐层重复上述步骤,但应在指触干燥后立即进行下一层的粘贴。如超过60min,则应等12h后,再行涂刷黏结剂粘贴下一层。最后,在碳纤维布表面再涂抹一层黏结剂,上覆塑料薄膜(并用木模板压紧碳纤维布)。至少8h以后,去除塑料薄膜,在碳纤维布表面涂抹一层基底树脂。待基底树脂指触干燥后,外抹水泥砂浆做面层保护。

碳纤维为导电材料,施工时应使其远离电气设备及电源,或采取可靠保护措施。各种黏结剂应在其说明书规定的环境温度中密封储存,远离火源,避免日光直射。黏结剂的配制应在室内进行,其操作环境及施工现场,均应保持良好通风。施工人员应带防护面罩、手套并着工作服。各种黏结剂材料不得污染生活水源,废弃物不得倒入下水道,应按环保要求集中处理。

(五) 预应力加固法

即采用外加预应力的钢拉杆(分水平拉杆、下撑式拉杆和组合式拉杆三种)或撑杆,对混凝土结构进行加固的方法。

采用预应力拉杆加固时,其预加应力的施工方法宜根据工程条件和需加预应力的大小选定。预应力较大时宜用机张法或电热法;预应力较小(在15kN以下),则宜用横向张拉法。加固所用的拉杆材料，当加固的张拉力较小（一般在150kN以下）时，可选用两根直径为12～30mm的Ⅰ级钢筋；当加固的预应力较大时，可采用Ⅱ级钢筋；当用预应力拉杆加固屋架时，可用Ⅱ级、Ⅲ级钢筋、碳素钢丝、钢铰线等高强度钢材。图2-41预应力下撑式拉杆对梁加固示意图。其构造是通过设置在梁两端的钢板托套锚固预应力拉杆，用设在梁底跨中的拉紧螺栓（直径不小于16mm）沿横向张紧钢拉杆建立预应力。

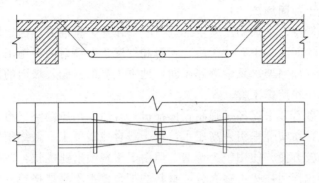

图2-41 预应力下撑式拉杆对梁加固示意图

图2-42所示为采用预应力撑杆对钢筋混凝土柱的加固。预应力撑杆所用角钢的截面不应小于50mm×50mm×5mm，缀板厚度不得小于6mm，其宽度不得小于80mm，拉紧螺栓的直径不小于16mm，施工时通过拧紧在弯折处的拉紧螺栓（即横向张拉）建立预应力。

（六）改变结构传力途径加固法

根据原有结构体系的客观条件，通过一些技术措施，改变结构的传力途径，减少被加固构件的荷载效应的加固方法。如增设支点加固法、增设构件加固法、卸载加固法等。

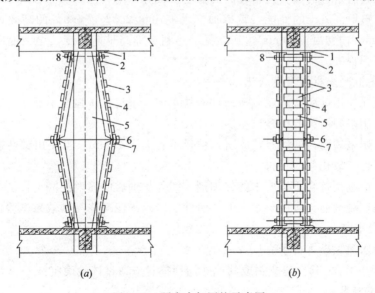

图2-42 预应力加固柱示意图
(a) 施加预应力前；(b) 施加预应力后
1—传力角钢；2—传力钢板；3—缀板；4—补强角钢；
5—被加固柱子；6—拉紧螺栓；7—垫板；8—安装用螺栓

增设支点法是在梁、板等构件增设支点,在柱子、屋架之间增设支撑,以减小结构的计算跨度和变形,提高其承载力的加固方法。按支撑结构的受力性能分为刚性支点加固法和弹性支点加固法两种。在刚性支点加固法中,新增支点的变形相比被加固构件的变形小很多,可以近似认为不动支点。如在一加固梁的中间设一根支撑柱子,该柱子通过受压将荷载传给基础。在弹性支点加固法中,新增支点的变形较大,不能忽略不计。如在一根被加固梁的中间沿垂直方向设一根梁,该新加梁通过受弯将荷载传递到两端的支撑上。

四、喷射混凝土加固施工

喷射混凝土的特点,是采用压缩空气进行喷射作业,将混凝土的运输和浇灌结合在同一个工序内完成。喷射混凝土有"干法"喷射和"湿法"喷射两种施工方法。一般大量用于大跨度空间结构(如网架、悬索等)屋面、地下工程的衬砌、坡面的护坡、大型构筑物的补强、矿山以及一些特殊工程。

干法喷射就是砂石和水泥经过强制式搅拌机拌合后,用压缩空气将干性混合料送入管道,再送到喷嘴里,在喷嘴里引入高压水,与干料合成混凝土,最终喷射到建筑物或构筑物上。干法施工比较方便,使用较为普遍;但由于干料喷射速度快,在喷嘴中与水拌合的时间短,水泥的水化作用往往不够充分,材料的配合比也不易严格控制。

湿法喷射就是在搅拌机中按一定配合比搅拌成混凝土混合料后,再由喷射机通过胶管从喷嘴中喷出,在喷嘴不再加水。湿法施工由于预先加水搅拌,水泥的水化作用比较充分,因此与干法施工相比,混凝土强度的增长速度可提高约100%,粉尘浓度减少约50%~80%,材料回弹减少约50%,节约压缩空气约30%~60%。但湿法施工的设备比较复杂,水泥用量较大,也不宜用于基面渗水量大的地方。

喷射混凝土中由于水泥颗粒与粗骨料互相撞击,连续挤压,因而可采用较小的水灰比,使混凝土具有足够的密实性、较高的强度和较好的耐久性。

为了改善喷射混凝土的性能,常掺加占水泥用量2.5%~4.0%的高效速凝剂,一般可使水泥在3min内初凝,10min达到终凝,有利于提高早期强度,增大混凝土喷射层的厚度,减少回弹损失。

(一)喷射混凝土材料及配合比

水泥:优先使用硅酸盐水泥或普通硅酸盐水泥,水泥抗压强度不低于32.5MPa。

砂:应选用坚硬耐久的中砂或粗砂。

石:应选用坚硬耐久的卵石或碎石,粒径不宜大于15mm,当使用碱性速凝剂时,不得使用含有活性二氧化硅的石材。

外加剂:应选用符合质量要求的外加剂,掺外加剂后的喷射混凝土性能必须满足设计要求。在使用速凝剂前,应做与水泥的相溶性实验及水泥净浆凝结效果试验,初凝不应大于5min,终凝不应大于10min。

配合比为水泥:砂:石子=1:2:1.5~2

水灰比为0.4~0.45,速凝剂或其他外加剂掺量应通过试验确定。

(二)施工要求

(1)原材料要求严格过筛,认真清石子,保持砂含水率6%~8%,当垂直向上喷射时,宜掺入水泥用量的2.5%~4%的速凝剂。

(2)干拌合料应搅拌均匀,随拌随用。无速凝剂掺入的拌合料,存放时间不应超过

2h；掺入速凝的拌合料其停放时间不得超过 20min。

（3）施工前应按设计要求在拟加固的结构表面清除松酥的混凝土或抹灰层，喷射前用高压风或水清洗干净，并保持湿润。

（4）当喷嘴至受喷面的距离为 0.8～1.0m，喷嘴垂于受喷面时，回弹少且混凝土硬化后强度高。但当穿过钢筋喷射时，则应稍偏一个小角度，以便获得良好的握裹效果和便于排出回弹物。喷嘴应按螺旋形轨迹移动，喷射混凝土用水压力不得低于是 0.15MPa。喷射层应力求做到厚度准确、均匀，表面平整，不出现流淌和干斑。

（5）适宜的一次喷射厚度如表 2-14 所示。

喷射混凝土一次喷射厚度 表 2-14

方　向	一次喷射厚度（mm）	
	加速凝剂	不加速凝剂
向　上	50～70	30～50
向　下	100～150	100～150
平	70～100	60～70

（6）喷射时，应先喷射裂缝、孔洞处后喷射一般的补强面。对于喷射裂缝、孔洞或配制钢筋的结构面，喷嘴与受喷面的距离宜缩小为 300～700mm，以确保质量。

（7）分层喷射时，后一层喷射应在前一层喷射的混凝土终凝后进行。若终凝1h后进行喷射时，应先用风水清洗喷层表面。

（8）回弹物应及时予以清除，不能使之聚集在结构物内。收集的回弹物不能放入下批料中使用；洗净后可重新使用，但掺入量不宜大于新砂石的 30%。

（9）当喷射表面自然平整过于粗糙时，可在混凝土初凝后，用刮刀将模板或基线以外的材料刮掉，然后喷浆或抹浆找平。

（10）喷射混凝土水泥用量多，砂率高，具有粗糙的表面，为减小混凝土收缩，良好的养护十分重要，一般在混凝土终凝后两小时开始养护，养护时间不少于 14d。

第六节　案　例

案例 2-1　　　　回弹法检测结构混凝土强度的试验实例

某办公楼二楼面设计混凝土强度等级为 C20，自然养护龄期为三个月。由于试块缺乏代表性，要求检测楼板混凝土的实际强度。并以此检测结果作为补强依据。

采用回弹法检测混凝土强度。共布置 10 个测区。采用 ZC_3—A 型回弹仪垂直向上测试楼板底面回弹值，每一测区弹击 16 点，并测量测区炭化深度。

一、测试记录

各测区回弹值原始记录及测区平均回弹值和平均炭化深度值，见测试原始记录表 2-15。

回弹法测试原始记录表　　　　　　　　表 2-15

单位工程名称：
构件名称及编号：二楼楼板

编号		回弹值																平均回弹值 R_{ma}	碳化深度 d_m (mm)
构件	测区	1	2	3	4	5	6	7	8	9	10	11	12	13	14	15	16		
楼板	1	~~38~~	~~38~~	38	35	37	~~32~~	38	~~32~~	~~31~~	35	33	37	38	36	~~39~~	38	36.5	2.5
	2	~~40~~	~~44~~	36	32	36	32	36	~~38~~	35	32	~~31~~	36	32	~~28~~	32	36	34.3	1.5
	3	~~35~~	~~35~~	~~35~~	38	37	37	38	36	39	36	38	~~50~~	37	~~40~~	~~50~~	37	37.3	3.0
	4	38	36	~~35~~	~~36~~	~~42~~	37	~~38~~	37	~~38~~	37	37	36	36	35	36	~~35~~	36.6	2.5
	5	41	~~43~~	36	38	34	42	40	38	~~48~~	38	~~32~~	~~34~~	~~34~~	34	35	~~42~~	37.6	3.0
	6	38	~~40~~	36	37	~~34~~	35	36	~~37~~	34	35	34	37	~~33~~	~~32~~	~~43~~		36.5	2.5
	7	36	~~33~~	35	~~37~~	~~37~~	36	36	~~37~~	34	35	34	37	36	~~34~~	~~34~~		35.6	2.0
	8	~~32~~	~~33~~	37	36	~~38~~	34	~~38~~	36	~~38~~	35	34	35	35	35	35		35.6	2.0
	9	~~32~~	35	~~34~~	36	36	36	~~38~~	34	35	35	~~33~~	~~36~~	35	~~38~~	36	35	35.2	2.0
	10	44	34	~~44~~	~~44~~	~~44~~	38	40	36	35	44	36	~~30~~	38	~~32~~	38	~~32~~	38.3	3.0

测面状态	侧面、表面、<u>底面</u>、风干、潮湿、<u>光洁</u>、粗糙	回弹仪	型号	ZC_3—A	回弹仪检测证号	
			编号	2000041357		
测试角度	水平、<u>向上</u>、向下		率定值	80	测试人员上岗证号	

测试：　　　　记录：　　　　计算：　　　　　　测试日期：　　年　月　日

二、数据整理与计算

1. 回弹值的修正

测试回弹值时，是垂直向上测试楼板底面，因而测试数据需进行角度和测试面的修正。

(1) 按《回弹法检测混凝土抗压强度技术规程》(JGJ/T 23—2001) 的规定，进行非水平方向检测时回弹值修正：

$$R_m = R_{ma} + R_{a\alpha}$$

(2) 按《规程》进行不同浇筑面检测时回弹值修正

$$R_m = R_m^b + R_a^b$$

(3) 按《规程》附录测区混凝土强度换算表，由平均值 R_m 及平均炭化深度 d_m 求得测区混凝土强度换算值。

2. 按《规程》计算楼板混凝土强度平均值 $m_{f_{cu}}^c = 19.7$ MPa；强度标准差 $S_{f_{cu}}^c = 1.16$ MPa。

3. 由于是按单个构件进行检测，所以楼板混凝土强度以测区最小强度换算值为其推定值，即

$$f_{cu,e} = f_{cu,min}^c = 18.0 \text{MPa}$$

以上数据整理与计算见表 2-16。

结构或构件试样混凝土强度计算表　　　　　表 2-16

项目		测区号	1	2	3	4	5	6	7	8	9	10
回弹值	测区平均回弹值 R_{ma}		36.5	34.3	37.3	36.6	37.6	36.5	35.6	35.6	35.2	38.3
	角度修正值 R_{aa}		-4.4	-4.6	-4.3	-4.4	-4.3	-4.4	-4.5	4.5	-4.5	-4.2
	角度修正后值 R_m^b		32.1	29.7	33.0	32.2	33.3	32.1	31.1	31.1	30.7	34.1
	浇筑面修正值 R_a^b		-1.8	-2.0	-1.7	-1.8	-1.7	-1.8	-1.9	-1.9	-1.9	-1.6
	浇筑面修正后值 R_m		30.3	27.7	31.5	30.4	31.6	30.3	29.2	29.2	28.8	32.5
碳化深度值 d_m			2.5	1.5	3.0	2.5	3.0	2.5	2.0	2.0	2.0	3.0
测区强度值 $f_{cu,i}^c$			19.7	18.1	20.6	19.8	20.7	19.7	19.0	19.0	18.5	22.0
强度计算（MPa） $n=10$			$m_{f_{cu}^c}=19.7$					$f_{cu,e}=f_{cu,min}^c=18.0$				
			$S_{f_{cu}^c}=1.16$					$f_{cu,e}=m_{f_{cu}^c}-1.645S_{f_{cu}^c}=18.1$				
			$f_{cu,min}^c=18.1$									
强度推定值 $f_{cu,e}$			$f_{cu,e}=18$（MPa）									
测区强度换算表名称			规程		地区		专用		备　　注			

案例 2-2　　　　　裂缝深度检测

某工程共有十多个柱墩，混凝土强度等级为 C35 的素混凝土，其中，2 号、3 号、4 号、5 号柱墩在海拔 347.7～349.4 标高处各产生 1～2 条宽 0.3～0.7mm 的环向裂缝，该标高处柱墩直径约为 3.6m，以 3 号柱墩为例，介绍单面平测法检测裂缝深度的过程。

一、测量方法和测量数据

因该裂缝所处的部位的断面尺寸较大，故采用单面平测法检测，沿柱墩四周布置四个测试部位，每个部位分别布置过缝与不过缝测点 7 个，测距 l' 等于 100、200、300、400、500、600、700mm。如图 2-43 所示。各测点的声时值测完后，再将 T、R 换能器分别耦合于裂缝两侧（$l'=60$mm），发现首波向上，在保持换能器与混凝土表面耦合良好的状态下，将 T、R 换能器缓缓向外滑动，同时观察首波相位变化情况。当换能器滑动到某一位置时，首波反转向下时，再反复调节 T、R 换能器的距离，直到首波刚好明显向下为止。测量两个换能器内边缘的距离 l' 并存储波形。最后再将两换能器向内侧滑动至首波明显向上为止，量其测距 l' 并存储波形。此过程应尽量将信号放大。1 号测位的量测数据如表 2-17 所示。

1 号测位单面平测裂缝数据　　　　　表 2-17

测距 l'（mm）	100	200	300	400	500	600	700
过缝 t_i^0（μs）	46.7	68.5	87.9	119.1	134.8	157.6	179.7
不过缝 t_i（μs）	30.1	50.5	70.1	98.8	113.7	140.5	162.1

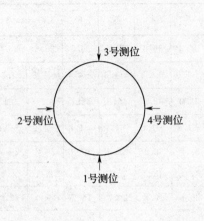
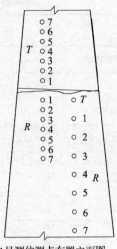

测位布置平面图 　　1号测位测点布置立面图

图 2-43　3号柱墩裂缝平测示意图

二、数据处理

1. 用 Excel 求回归方程

将表 2-17 的数据输入 Excel 电子表格处理如下：

1号测位单面平测数据处理　　　　　　　表 2-18

编号	t_i^0	t_i	l'_i	t_i^2	$t_i l'_i$	l_i	h_{ci}
1	46.70	30.10	100.00	906.01	3010.00	128.63	83.28
2	68.50	50.50	200.00	2550.25	10100.00	228.63	103.71
3	87.90	70.10	300.00	4914.01	21030.00	328.63	110.58
4	119.10	98.80	400.00	9761.44	39520.00	428.63	161.51
5	134.80	113.70	500.00	12927.69	56850.00	528.63	149.65
6	157.60	140.50	600.00	19740.25	84300.00	628.63	165.26
7	179.70	162.10	700.00	26276.41	113470.00	728.63	176.71
总和	794.30	665.80	2800.00	77076.06	328280.00	3000.44	950.70
平均值	113.47	95.11	400.00	11010.87	46897.14	428.63	135.81
b	4.51		回归方程		$l'_i = -28.63 + 4.51 t_i$		
a	−28.63						

2. 求各点裂缝深度

$$h_{ci} = \frac{l_i}{2} \cdot \sqrt{\left(\frac{t_i^0 \cdot b}{l_i}\right)^2 - 1}$$

由上回归方程：$l'_i = -28.63 + 4.51 t_i$ 知 $a = 28.63$，$b = 4.51$。

则　　$h_{c1} = \frac{l_1}{2} \cdot \sqrt{\left(\frac{t_1^0 \times b}{l_1}\right)^2 - 1} = \frac{128.63}{2} \sqrt{\left(\frac{46.7 \times 4.51}{128.63}\right)^2 - 1} = 83.28$ （mm）

同理可计算其他裂缝深度值

$h_{c2}=103.71$; $h_{c3}=110.58$; $h_{c4}=161.51$; $h_{c5}=149.65$; $h_{c6}=165.26$; $h_{c7}=176.71$; $m_{h_c}=135.81$。

检测时,在 100~150mm 处出现反相波,用两种方法评定裂缝深度

(1) 取前三点 h_{ci} 的平均值

$$h_c = (83.28+103.71+110.58)/3 = 99.2 \text{ (mm)}$$

(2) 剔除 h_{c1}、h_{c5}、h_{c6}、h_{c7} 后再求平均值作为该测位的裂缝深度

$$h_c = (103.71+110.58+161.51)/3 = 125.3 \text{ (mm)}$$

最后取两种计算结果的平均值作为该测位的裂缝深度

$$h_c = (99.2+125.3)/2 = 112.3 \text{ (mm)}$$

经钻芯验证,此测位裂缝实际深度为 116mm。

案例 2-3 碳纤维布加固混凝土空心楼板

某住宅楼采用预应力钢筋混凝土空心楼板,在使用过程中发现楼板出现横向裂缝并有发展的趋势,为此对住宅进行了检测并加固。检测报告分析,由于在多年使用过程中骨料压缩以及部分用户使用荷载过大等原因导致空心板产生 0.2~0.4mm 裂缝,必须对现有楼板进行加固。

一、加固方案选择

碳纤维复合材料加固技术是近年来兴起的一项新型加固技术,将其与粘钢坚固方案进行比较,优势较为明显:

(1) 强度高、重量极轻,几乎不增加结构的货载。

(2) 耐腐蚀,抗老化。

(3) 施工工艺简单,对现场条件要求低,工人可在施工过程中直接看到粘贴质量,以便及时补修。

(4) 碳纤维加固安全可靠。

(5) 碳纤维布上刷涂界面剂后可直接实施抹灰作业。

(6) 碳纤维材料是单向受力,与所加固预制板的受力方式相吻合,科学合理。

二、加固设计

根据现场检测结果,预制空心板的各项力学性能指标均能满足原设计要求,现场观察到裂缝处部分钢筋已锈蚀,影响板的安全性,且楼板裂缝有进一步扩大的趋势,故采取图 2-44 所示的加固措施,以确保安全使用,且只对出现裂缝的楼板进行加固。100mm×0.167mm 碳纤维布布置在楼板的长向以加强楼板的受力性能,100mm×0.111mm 碳纤维布粘贴在板的横向裂缝处,以封闭板裂缝,防止钢筋进一步锈蚀。

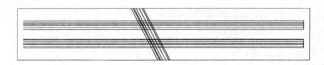

图 2-44 预应力混凝土空心板纤维布粘贴图

三、加固施工

1. 表面处理

（1）混凝土表面如出现剥落蜂窝腐蚀等应予以剔除，对于较大面积的劣质层，在剔除后用聚合物水泥砂浆进行修复。

（2）裂缝部位应先进行封闭处理。

（3）去除混凝土表面的浮浆油污等杂质，用混凝土角磨机、砂轮等打磨平整。

（4）用吹风机将混凝土表面吹洗干净并保持干燥。

（5）用脱脂棉蘸丙酮擦拭表面。

2. 涂底胶

（1）按比例将主剂与固化剂先后置于容器中，用搅拌器搅拌均匀。根据现场实际气温决定用量，并严格控制使用时间。

（2）用滚刷或毛刷将胶均匀涂抹于混凝土构件表面，厚度≤4mm。不得漏刷或有流淌、气泡，等胶固化后（以指触感干燥为宜，一般不小于2h），再进行下一道工序。

3. 用整平胶料找平

（1）对混凝土表面不平部位，用刮刀嵌刮整平胶料修补填平，尽量减少高差。

（2）整平胶料固化后（以手指触感干燥为宜，一般不小于2h）方可进行下一道工序。

4. 粘贴碳纤维布

（1）按设计要求的尺寸裁剪碳纤维布。

（2）配置、搅拌粘贴胶，用滚刷均匀涂抹于所粘贴部位，拐角部位适当多涂抹一些。

（3）用特制光滑碌筒在碳纤维布表面沿受力方向反复滚压至胶料渗出碳纤维布外表面。

（4）在最外一层碳纤维布的外表面均匀涂抹一层胶料。干燥后做水泥砂浆保护层。

加固结果表明，碳纤维布与混凝土之间的粘结良好，结构胶与碳纤维布或混凝土之间无剥落现象，原结构上的裂缝不再发展。

复习思考题

1. 钢筋混凝土结构的主要优缺点有哪些？
2. 什么是混凝土的立方体抗压强度？轴心抗压强度？
3. 什么是混凝土的弹性模量？
4. 什么叫徐变？影响混凝土徐变的主要因素有哪些？
5. 混凝土的收缩与哪些因素有关？防止混凝土收缩裂缝的主要因素有哪些？
6. 混凝土结构基本设计原则是什么？
7. 受弯矩形梁的正截面破坏形态如何？
8. 受弯矩形梁的斜截面破坏形态如何？
9. 有腹筋矩形梁与无腹筋矩形梁沿斜截面破坏形态各有什么特点？
10. 轴心受压短柱和轴心受压长柱的破坏形态如何？
11. 什么叫平衡扭转？什么叫协调扭转？
12. 受扭构件的破坏形态如何？
13. 影响混凝土碳化的主要原因有哪些？
14. 影响钢筋锈蚀的主要因素有哪些？
15. 试述回弹法检测混凝土强度的原理。
16. 如何布置回弹结构或构件的测区？

17. 如何测量回弹值？如何测量碳化深度？
18. 回弹法检测混凝土其强度值如何推定？
19. 试述超声法检测混凝土强度的原理。
20. 试述超声—回弹综合法检测混凝土强度的原理。
21. 试述拔出法检测混凝土强度的原理。
22. 如何用单面平测法检测混凝土裂缝深度？
23. 如何用双面斜测法检测混凝土裂缝深度？
24. 混凝土深裂缝如何检测？
25. 如何用表面修补法进行混凝土裂缝的维修？
26. 试述用环氧树酯灌浆修补混凝土裂缝的施工方法。
27. 试述混凝土板的加固方法。
28. 试述混凝土梁的加固方法。
29. 试述混凝土柱子的加固方法。
30. 试述喷射混凝土的施工要求。

第三章 砖砌体结构及维修

第一节 概　　述

砌体结构是指以普通烧结黏土砖、多孔砖、中小型砌块、料石、毛石等材料并用砂浆为黏结材料砌筑而成的结构。

混合结构通常指竖向承重构件（如墙、柱）为砌体，而水平结构构件（如梁、板、屋架）采用钢筋混凝土或型钢制作的结构。当墙体采用砖或砌块砌筑，楼板（屋面板）采用钢筋混凝土构件时，就是我们习惯上所说的砖混结构，多用于多层住宅、教学楼、办公楼等建筑中。

一、砌体结构的发展概况

砌体结构是指砖砌体、砌块砌体、石砌体建造的结构总称。这些砌体是将黏土砖、各种砌块或石块等块体用砂浆砌筑而成的。由于过去大量应用的是砖砌体和石砌体，所以习惯上称为砖石结构。

砖砌体结构由于采用的是地方材料，相对于钢筋混凝土结构，可以降低工程造价。砖砌体结构的另外一个特点是其抗压强度远大于抗拉、抗剪强度，即使砌体强度不是太高，也能够具有较高的结构承载能力，因此特别适用于受压为主的构件。正是由于以上特点，砌体结构在我国目前的建筑工程中得到了广泛的应用，不但广泛应用于一般工业与民用建筑，而且在高塔、烟囱、挡墙、桥梁等工程中也有广泛的应用。据有关部门统计，在20世纪90年代末，全国基本建设中采用砌体作为墙体材料的占90%以上。

砌体结构同时也存在一些缺点，与其他材料结构相比，砌体的强度低，因而必须采用较大截面的墙、柱构件，体积大、自重大、材料用量多，运输量也随之增加；砂浆与砌块之间的黏结力较弱，因此砌体结构的抗拉、抗剪强度较低，结构抗震性能也较差，使砌体结构的应用受到限制；砌体结构的施工主要采用手工方式，劳动强度高，生产效率低；烧制黏土砖要毁坏大量的耕地，使人与土地的矛盾更加突出，政府已经出台相关政策进行了限制，2003年全国已有160多个城市列入禁用黏土砖的范围。

为了使砌体结构适应新形势下的要求，目前我国正在逐渐淘汰实心黏土砖，应用烧结多孔砖（竖向孔洞的孔心砖）和烧结空心砖（水平孔洞的空心砖）等作为砌体的主要材料，前者用于承重砌体，后者用于框架填充墙和非承重隔墙。

利用工业废料（煤矸石、粉煤灰等）烧制的砌块，近几年发展较快，也是砖瓦工业的发展方向。

以硅质材料和石灰为主要原料经蒸压而成的实心砖统称为硅酸盐砖，例如蒸压灰砂砖、蒸压粉煤灰砖、炉渣砖、矿渣砖等，均属于"利废"的产品，其中蒸压灰砂砖、蒸压粉煤灰砖的强度指标已经列入新修订的砌体结构设计规范。

混凝土小型砌块的使用已有百余年的历史，特别是在改革开放以后，其应用范围迅速扩大，由承重向保温以及与装饰相结合等多方向发展。

混凝土小砌块是新型建材，事实证明它是替代黏土砖最有竞争力的墙体材料，特别是1997年全国混凝土小型砌块应用技术研讨会以后，小砌块的应用进入了新的发展阶段，国家建材局将它列为重点发展产品，各方面的研究和应用加快了步伐，各地也创造了不少成功的经验。

二、块体材料

砌体结构用的块体材料一般分成天然石材和人工砖石两大类。人工砖石有经过焙烧的烧结普通砖、烧结多孔砖以及不经过焙烧的硅酸盐砖、混凝土小型空心砖块、轻骨料混凝土砌块等。

1. 烧结普通砖

以黏土、页岩、煤矸石、粉煤灰为主要原料，经过焙烧而成的实心和孔洞率不大于15%的砖称为烧结普通砖。其中实心黏土砖是主要品种，是目前应用最广泛的块体材料。其他非黏土原料制成的砖的生产和推广应用，既能利用工业废料，又保护土地资源，是砖瓦工业发展的方向。例如，烧结页岩砖、烧结煤矸石砖、烧结粉煤灰砖等。

烧结普通砖具有全国统一的规格，其尺寸为 240mm×115mm×53mm。具有这种尺寸的通称"标准砖"。

2. 非烧结硅酸盐砖

以硅质材料和石灰为主要原料压制成坯并经高压釜蒸汽养生而成的实心砖统称硅酸盐砖，常用的有蒸压灰砂砖、蒸压粉煤灰砖、炉渣砖、矿渣砖等。其规格尺寸与实心黏土砖相同。

蒸压灰砂砖是以石英砂和石灰为主要原料，也可加入着色剂或掺合料，经坯料制备，压制成型，蒸压养护而成的。用料中石英砂约占 80%～90%，石灰约占 10%～20%。色泽一般为灰白色。这种砖不能用于温度长期超过 200℃、受急冷急热或有酸性介质侵蚀的部位。

蒸压粉煤灰砖又称烟灰砖，是以粉煤灰为主要原料，掺配一定比例的石灰、石膏或其他碱性激发剂，再加入一定量的炉渣或水淬矿渣作骨料，经加水搅拌、消化、轮碾、压制成型、高压蒸汽养护而成的砖。这种砖的抗冻性、长期强度稳定性以及防水性能等均不及黏土砖，可用于一般建筑。

炉渣砖又称煤渣砖，是以炉渣为主要原料，掺配适量的石灰、石膏或其他碱性激发剂，经加水搅拌、消化、轮碾和蒸压养护而成。这种砖的耐热温度可达 300℃，能基本满足一般建筑的使用要求。

矿渣砖是以未经水淬处理的高炉矿渣为主要原料，掺配一定比例的石灰、粉煤灰或煤渣，经过原料制备、搅拌、消化、轮碾、半干压成型以及蒸汽养护等工序制成的。

以上各种硅酸盐砖均不需焙烧，这类砖不宜用于砌筑炉壁、烟囱之类承受高温的砌体。

尚应指出，制成标准砖尺寸的混凝土砖也属于硅酸盐砖。目前南方一些地方，如湖北、贵州等地常以此砖代替强度等级大于 MU7.5 的烧结普通砖。

3. 烧结多孔砖

为了减轻墙体自重，改善砖砌体的技术经济指标，近期以来我国部分地区生产应用了具有不同孔洞形状和不同孔洞率的黏土空心砖。这种砖自重较小，保温隔热性能有了进一步改善，砖的厚度较大，抗弯抗剪能力较强，而且节省砂浆。应该指出，黏土砖生产与农田争地的矛盾日益尖锐，所以，作为近期节土的重要措施，大力推广应用黏土空心砖受到了各方面的重视。

黏土空心砖按其孔洞方向分为竖孔和水平孔两大类，前者用于承重，现在称为烧结多孔砖，后者用于框架填充墙或非承重隔墙，现在称为烧结空心砖。

4. 混凝土砌块

砌块是比标准砖尺寸大的块体，用之砌筑砌体可以减轻劳动量和加快施工进度。制作砌块的材料有许多品种：南方地区多用普通混凝土做成空心砌块以解决黏土砖与农田争地的矛盾；北方寒冷地区则多利用浮石、火山灰、陶粒等轻骨料做成轻骨料混凝土空心砌块，既能保温又能承重，是比较理想的节能墙体材料；此外，利用工业废料加工生产的各种砌块，如粉煤灰砌块、煤矸石砌块、炉渣混凝土砌块、加气混凝土砌块等也因地制宜地得到应用，既能代替黏土砖，又能减少环境污染。

5. 天然石材

天然石材，当重力密度大于 $18kN/m^3$ 的称为重石（花岗岩、砂岩、石灰石等），重力密度小于 $18kN/m^3$ 的称为轻石（凝灰岩、贝壳灰岩等）。重石材由于强度大，抗冻性、抗水性、抗气性均较好，故通常用于建筑物的基础、挡土墙等。

天然石材分为料石和毛石两种。料石按其加工后外形规则程度又分为细料石、半细料石、粗料石和毛料石。毛石是指形状不规则，中部厚度不小于 200mm 的块石。

三、块体及砂浆的选择

砌体结构材料应根据以下几方面进行选择。

（1）砌体材料大多是地方材料，应符合"因地制宜，就地取材"的原则，选用当地性能良好的块体材料和砂浆。

（2）不但考虑受力需要，而且要考虑材料的耐久性问题。应保证砌体在长期使用过程中具有足够的强度和正常使用的性能。对于北方寒冷地区，块体必须满足抗冻性的要求，以保证在多次冻融循环之后块体不至于剥蚀和强度降低。

（3）应考虑施工队伍的技术条件和设备情况，而且应方便施工。对于多层房屋，上面几层受力较小可以选用强度等级较低的材料，下面几层则应用较高的强度等级，但也不应变化过多，以免造成施工麻烦并容易搞错。特别是同一层的砌体除十分必要外，不宜采用不同强度等级的材料。

（4）应考虑建筑物的使用性质和所处的环境因素。

对五层及五层以上房屋的外墙，潮湿房间墙，以及受振动或层高大于 6m 的墙、柱所用材料的最低强度等级如下：砖—MU10、砌块—MU7.5、石材—MU30、砂浆—M5。

对地面以下或防潮层以下的砌体，所用材料的最低强度等级应符合表 3-1 的规定。

地面以下或防潮层以下的砌体所用材料的最低强度等级　　　　表 3-1

基土的潮湿程度	黏土砖		混凝土砌块	石材	水泥砂浆
	严寒地区	一般地区			
稍潮湿的	MU10	MU10	MU7.5	MU30	M5
很潮湿的	MU15	MU10	MU7.5	MU30	M7.5
含水饱和的	MU20	MU15	MU10	MU40	M10

地面以下或防潮层以下的砌体，不宜采用多孔砖。当采用混凝土小型空心砌块砌体时，其孔洞应采用强度等级不低于 C20 的混凝土灌实。在地面以下或防潮层以下采用各种硅酸盐材料及其他材料制作的块体时，应根据相应材料标准的规定选用。

四、砌体分类

砌体分为无筋砌体和配筋砌体两大类。根据块体的不同，纳入新规范的无筋砌体有砖砌体、砌块砌体和石砌体。在砌体中配有钢筋或钢筋混凝土的称为配筋砌体。

砌体之所以能成为整体承受荷载，除了靠砂浆使块体粘结之外，还需要使块体在砌体中合理排列，也即上、下皮层块体必须互相搭砌，并避免出现过长的竖向通缝。因为竖向连通的灰缝将砌体分割成彼此无联系或联系很弱的几个部分，则不能相互传递压力和其他内力，不利于砌体整体受力，进而削弱甚至破坏建筑物的整体工作。

1. 砖砌体

砖砌体通常用作承重外墙、内墙、砖柱、围护墙及隔墙。墙体的厚度是根据强度和稳定的要求来确定的。对于房屋的外墙，还须要满足保温、隔热和不透风的要求。北方寒冷地区的外墙厚度往往是由保温条件确定的，但在截面较小受力较大的部位（如多层房屋的窗间墙）还需进行强度校核。

砖墙砌体按照砖的搭砌方式，常用的有一顺一丁、梅花丁（即同一皮层内，丁顺间砌）和三顺一丁砌法。

烧结普通砖和硅酸盐砖实心砌体的墙厚可为 240、370、490、620 及 740mm 等。有时为了节约建筑材料，墙厚可不按半砖进位而采取 1/4 砖。因此，有些砖必须侧砌而构成 180、300mm 和 420mm 等厚度，试验表明，这种墙的强度是完全符合要求的。

对实心砖柱，用砍砖办法有可能做到严格的搭砌，完全消除竖向通缝，但由于砍砖不易整齐，往往只顾及外侧尺寸，内部难以形成密实的砂浆块，反倒降低砌体的受力性能。在不砍砖的情况下可以采用图 3-1 所示的砌法，所示砖柱为 490 mm×490 mm 方柱，以标准砖平砌，依次按（a）、（b）、（c）、（d）搭砌方式循环砌筑，其竖向通缝均未超过 3 皮层，又有比较好的搭缝。而如果仅仅采用图 3-1 中（b）、（c）交替砌筑，则柱的四周虽有良好搭缝，而与中心部分却无联系，这就是所谓的包心砌法，其承载力将大大降低。因此施工规范明确规定，禁止采用包心砌法。

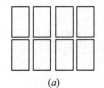 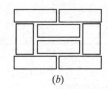 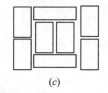 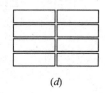

(a)　　　　　　(b)　　　　　　(c)　　　　　　(d)

图 3-1　砖柱组砌方式

(a) 第一皮（层）砖；(b) 第二皮砖；(c) 第三皮砖；(d) 第四皮砖

目前国内有几种应用较多的多孔砖规格，可砌成 90、180、190、240、290mm 及 390mm 厚的多孔砖墙。

2. 砌块砌体

目前我国应用较多的砌块砌体主要是混凝土小型空心砌块砌体。

和砖砌体一样，砌块砌体也应分皮层错缝搭砌。小型砌块上、下皮层搭砌长度不得小于 90mm。

混凝土小型空心砌块由于块小便于手工砌筑，在使用上比较灵活，而且可以利用其孔洞做成配筋芯柱，解决抗震要求。

砌筑空心砌块时，一般应对孔，使上、下皮层砌块的肋对齐以利于传力。如果不得不错孔砌筑时，则砌体的抗压强度应按规定给予降低。

3. 石砌体

石砌体是由天然石材和砂浆或由天然石材和混凝土砌筑而成，它可分为料石砌体、毛石砌体和毛石混凝土砌体（图 3-2）在石材产地充分利用这一天然资源比较经济，应用较为广泛。石砌体可用作一般民用房屋的承重墙柱和基础。料石砌体还用于建造拱桥、坝和涵洞等构筑物。毛石混凝土砌体方法比较简单，它是在预先立好的模板内交替地铺设混凝土层和毛石层。毛石混凝土砌体通常用作一般房屋和构筑物的基础。

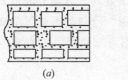

图 3-2 石砌体的几种类型
（a）料石砌体；（b）毛石砌体；（c）毛石混凝土砌体

4．配筋砌体

为了提高砌体的强度或当构件截面尺寸受到限制时，可在砌体内配置适量的钢筋或钢筋混凝土，这就是配筋砌体。

我国已经得到较多应用的有网状配筋砖砌体和组合砖砌体。前者将钢筋网配在砌体水平灰缝内见图 3-3（a），后者是在砌体预留的竖向凹槽内配置纵向钢筋，再浇灌混凝土或砂浆面层构成的如图 3-3（b），也可认为是外包式组合砖砌体。

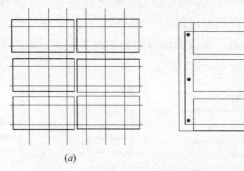

图 3-3 配筋砖砌体的型式
（a）水平钢筋网片；（b）凹槽内纵向钢筋

还有一种组合砖砌体是由砖砌体与钢筋混凝土构造柱所组成，因为柱是嵌入在砖墙之中，所以也可称为内嵌式组合砖砌体。工程实践表明，在砌体墙的纵横墙交接处及大洞口边缘，设置钢筋混凝土构造柱不但可以提高墙体的承载力，同时构造柱与房屋圈梁连接组成钢筋混凝土空间骨架，对增强房屋的变形能力和抗倒塌能力十分明显。这种墙体施工必须先砌墙，后浇注钢筋混凝土构造柱（图3-4）。砌体与构造柱连接面应按构造要求砌成马牙槎，以保证两者的共同工作性能。

在混凝土空心砌块的竖向孔洞中配置钢筋，在砌块横肋凹槽中配置水平钢筋，然后浇灌孔混凝土或在水平灰缝中配置水平钢筋，所形成的砌体称为配筋混凝土砌块砌体。由于这种墙体主要用于中高层或高层房屋中起剪力墙作用所以又叫配筋砌块剪力墙结构。这种结构受力性能类似于钢筋混凝土剪力墙，也可以认为是装配整体式的钢筋混凝土剪力墙。它的抗震性能好，但造价低于现浇钢筋混凝土剪力墙，不用黏土砖，在节土、节能、减少环境污染等方面均有积极意义，在我国有广泛推广使用的前景。

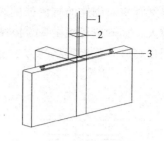

图 3-4 内嵌式组合砖砌墙体
1—纵向钢筋；2—箍筋；
3—水平拉结筋

第二节 砖砌体结构的耐久性破坏

一、砖砌体的破坏特征

（一）砌体轴向受压的破坏特征

1. 破坏特征

砌体的受压工作性能与单一匀质材料有明显的差别，由于砂浆铺砌不均匀等因素，块体的抗压强度不能充分发挥，使砌体的抗压强度一般均低于单个块体的抗压强度。为了正确了解砌体的受压工作性能，有必要介绍砖砌体轴心受压及破坏过程。

从多次的砖柱试验和房屋砌体破坏时的观察可以看到，砖砌体轴心受压破坏大致经历三个阶段。第一阶段是当砌体上加的荷载大约为破坏荷载的 50%～70% 时，砌体内的单块砖、缝出现裂缝，如图 3-5（a）所示，这个阶段的特点是如果停止加荷，则裂缝停止扩展。当继续加荷时，则裂缝将继续发展，而砌体逐渐转入第二阶段工作，见图 3-5（b），单块砖内的个别裂缝将连接起来形成贯通几皮砖的竖向裂缝。第二阶段的荷载约为破坏荷载的 80%～90%，其特点是如果荷载不再增加，裂缝仍将继续扩展。实际上因为房屋是在长期荷载作用之下，应认为这一阶段就是砌体的实际破坏阶段。如果荷载是短期作用，则加荷到砌体完全破坏的瞬间，可视为第三阶段，如图 3-5（c）所示。这时，砌体裂成互不相连的几个小立柱，最终因被压碎或丧失稳定而破坏。

2. 影响砌体抗压强度的主要因素

（1）块材的强度等级和块材的尺寸

块材的强度等级是影响砌体抗压强度的最主要因素。块体的抗压强度越高，其抗压、抗弯、抗拉能力越强，砌体的抗压强度也越高。试验表明，当砖的强度等级提高一倍，砌体的抗压强度可提高 50% 左右。

块材的截面高度对砌体的抗压强度也有较大影响，块材的截面高度越大，其截面的抗弯、抗剪、抗拉的能力越强，砌体的抗压强度越大。

（2）砂浆的强度等级和砂浆的和易性、保水性

砂浆的强度等级越高，不但砂浆自身的承载能力提高，而且受压后沿横向变形越小，可减小或避免砂浆对砖产生的水平拉力，在一定程度上可提高砌体的抗压强度。试验表明，砂浆的强度等级提高一倍，砌体的抗压强度可提高 20% 左右。由此也可看出，砂浆

的强度等级对砌体的抗压强度影响不如块材的影响大，且砂浆强度等级提高，水泥用量增加较大，如砂浆等级由 M5 提高到 M10，水泥用量增加 50%。为节约水泥用量，一般不宜用提高砂浆强度等级的方法来提高构件的承载力。

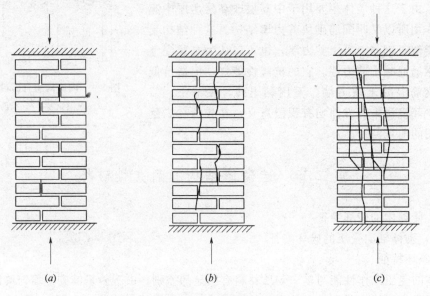

图 3-5 砖砌标准试件受压破坏过程
(a) 第一阶段；(b) 第二阶段；(c) 第三阶段

此外，砂浆的和易性及保水性越好，越容易铺砌均匀，从而减小块材的弯、剪应力，提高砌体的抗压强度。试验表明，纯水泥砂浆的保水性及和易性较差，由它所砌筑砌体的抗压强度降低 5%～15%，但也应注意砂浆的和易性过大，硬化后的受压横向变形较大，因此不能过多使用塑化剂。好的砂浆应既有较好的和易性，又具有较高的密实性。

(3) 砌筑质量的影响

砌体的砌筑质量对砌体的抗压强度影响很大。如砂浆层不饱满，则块材受力不均匀，砂浆层过厚，则横向变形过大，砂浆层过薄，不易铺砌均匀。砖的含水率过低，将过多吸收砂浆的水分，影响砌体的抗压强度；若砖的含水率过高，将影响砖与砂浆的黏结力。对砌体质量的影响因素由施工验收规范进行控制。

此外，砌体的龄期及受荷方式等，也将影响砌体的抗压强度。

(二) 砌体轴心受拉的破坏特征

砌体轴心受拉时，将会有以下三种破坏情况。

当力的作用方向平行于水平灰缝时，若块材强度较高，砂浆强度较低，将发生齿形破坏如图 3-6 (a) 所示；若块材强度较低，砂浆强度较高，将沿竖向灰缝及块材截面发生破坏如图 3-6 (b) 所示。

当力的作用方向垂直于水平灰缝时，将沿水平通缝破坏如图 3-6 (c) 所示。这种破坏，截面的抗拉强度主要靠砂浆的黏结力，其抗拉强度较低，设计时应避免砌体受此方向轴心拉力作用。

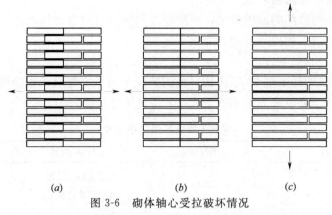

图 3-6　砌体轴心受拉破坏情况
(*a*) 齿形破坏；(*b*) 竖向破坏；(*c*) 水平通缝破坏

（三）砌体弯曲受拉的破坏特征形式

砌体弯曲受拉时有三种破坏特征。

当弯矩所产生的拉应力与水平灰缝平行时，可能发生沿齿缝破坏，见图 3-7 (*a*)，也可能沿块材和竖向灰缝破坏，见图 3-7 (*b*)，视块材和砂浆的相对强度高低而定。

当弯矩产生的拉应力与通缝垂直时，可能沿通缝发生破坏，如图 3-7 (*c*)。

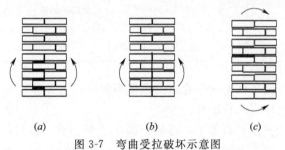

图 3-7　弯曲受拉破坏示意图
(*a*) 齿缝破坏；(*b*) 块体破坏；(*c*) 通缝破坏

（四）砌体受剪的破坏特征

在实际工程中，砌体的受剪破坏主要有：沿缝破坏，见图 3-8 (*a*) 和沿齿缝破坏，见图 3-8 (*b*) 两种情况。

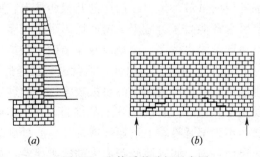

图 3-8　砌体受剪破坏示意图
(*a*) 沿水平缝破坏；(*b*) 沿齿缝斜向破坏

二、砖砌体的破坏原因

造成砖砌体结构破坏的原因很多,在房屋维修时要针对具体情况进行具体分析。

一般来讲,建筑工程质量事故分为以下几类:

1. 倒塌事故

上个世纪的50年代末至90年代初,我国曾发生过不少建筑工程倒塌事故,按其破坏的结构部位和性质,可以分为十一类。表3-2是其统计情况。

建筑工程倒塌情况统计表　　　　表3-2

倒塌事故类别	所占比例(%)	倒塌事故类别	所占比例(%)
一、地基基础破坏	2.0	1. 钢筋混凝土大梁	4.0
二、柱、墙破坏倒塌	22.3	2. 楼板、屋面板	3.2
1. 砖柱、墙	16.7	3. 木梁	0.8
2. 混凝土柱、墙	1.4	六、砖拱结构破坏倒塌	4.2
3. 木柱	0.2	七、悬臂结构破坏倒塌	9.6
4. 柱墙在施工中失稳	4.0	八、构筑物倒塌	5.0
三、框架结构破坏倒塌	1.6	九、模板工程倒塌	6.5
四、屋架破坏塌落	37.0	十、改建和使用不当倒塌	2.2
1. 钢筋混凝土屋架	9.4	1. 加层建筑	1.4
2. 木屋架和钢木屋架	11.5	2. 使用不当	0.8
3. 钢屋架	15.7	十一、其他局部倒塌	1.6
4. 悬索和折板	0.4	总计	100.0
五、梁、板破坏倒塌	8.0		

从表中可以看出,砖砌体结构在建筑的倒塌事故中约占五分之一,综合分析,引起砖砌体结构倒塌的原因有以下几种情况。

(1) 柱、墙的设计安全系数太小,再加上施工质量不好,造成的事故最多,最严重。按现行设计规范规定,受压砌体的强度安全系数不得小于2.30,而这些破坏的柱、墙,事后复核其安全系数,绝大多数都没有达到规定要求,一般只有0.8到2.0。如1977年四川宜宾县思波公社新建礼堂倒塌,就是支承楼厢的四根直径50cm圆形砖柱首先破坏造成的,事后复核柱顶安全系数只有0.92。造成死亡人数最多的湖南衡南县猪鬃厂加工车间倒塌事故,也是由于底层砖垛首先破坏造成,事后校算其安全系数只有0.65。门厅独立砖柱破坏较多,因上部各层的重量都集中在门厅的几根砖柱上,所受荷重很大,再加上门厅一般较高,砖柱增高后承载能力显著减少。窗间墙出事也较多,窗洞开得越大,窗间墙的承载能力就越小。空斗墙倒塌也较多,按规范空斗墙砌体的抗压强度一般只有实心墙的60%左右,而且空斗墙的施工质量也较难保证,这就进一步降低其承载能力。

(2) 柱、墙施工质量低劣,致使房屋倒塌的事故较多。有的砂浆强度太低,有的采用包心砌筑法,有的通缝长达十几皮砖,有的在柱上乱打洞,有的在墙上开槽等等。很多倒塌的砖柱,砖墙都成散状,不少都是沿着上下通缝或内外包心处破裂的。

(3) 一些跨度较大,层高较高,间隔墙间距离大的空旷建筑,如会议室、阅览室、礼堂等,因其砖柱、砖垛的承载能力有较大幅度降低而倒塌。砖柱、砖垛的承载能力是随着其高度的增加而减少的。另外在空旷建筑中,其计算高度又要大于其实际高度,这将进一步降低其承载能力。如辽宁某办公楼，系二层砖混结构，宽14m，长45m，于1958年因砖柱首先破坏而倒塌，压死7人，受伤几十人。1961年北京矿业学院主楼阅览室五层砖混结构和1984年陕西延长油矿综合楼二层砖混结构的倒塌，都是在空旷建筑中砖垛首先破坏而造成的。1980年以来，不少农村礼堂的倒塌，除屋架破坏以外，多数是与砖柱，砖垛在空旷建筑中承载能力大幅度降低有关。

（4）砖柱、砖垛在支承大梁的部位，设计未加梁垫，有的施工中未按设计要求做梁垫，造成柱顶、墙顶局部承压能力不够而被压碎，这在大梁较高的情况下更为突出，有许多倒塌的砖柱、砖垛上没有梁垫，更不要说按照规范进行梁垫的计算。

（5）未注意砖柱、砖垛高厚比的验算，导致墙体失稳。

2. 错位、偏差、变形事故

造成错位、偏差、变形事故的主要原因是测量放线错误、图纸设计错误、地基基础存在问题、施工工艺不良等。

3. 开裂事故

造成建筑结构开裂的原因很复杂，主要分为六大类：① 材料、半成品质量不良。② 构造不合理。③ 施工工艺不当。④ 荷载引起的应力和次应力太大。⑤ 地基变形。⑥ 温度变形等。

4. 建筑功能不良事故

建筑功能不良事故涉及面很宽，这些事故的原因比较简单，可以直接从有关施工手册中找到。

从以上对建筑工程质量事故的分析来看，引起建筑工程质量事故的原因很多，对于砖砌体破坏的原因可以归结为以下几方面：

（1）建筑结构设计不当；

（2）施工工艺不良；

（3）建筑物使用维护不当；

（4）不可抗力的影响。

第三节　砖砌体结构的裂缝

砌体出裂缝是非常普遍的质量事故之一。砌体轻微细小裂缝影响外观和使用功能，严重的裂缝影响砌体的承载力，甚至引起倒塌。在很多情况下裂缝的发生与发展往往是重大事故的先兆，所以对出现的裂缝必须认真分析，妥善处理。

一、温度差引起的裂缝

引起砖砌体裂缝的主要原因有温度收缩、地基不均匀沉降、承载力不足、地震、地基冻胀引起的裂缝及其他原因引起的裂缝。

热胀冷缩是绝大多数物体的基本物理性能，砌体也不例外。由于温度变化不均匀使砌体产生不均匀伸缩，或者砌体的伸缩受到不均匀的约束，则会引起砌体开裂。

常见的是砌体长度过长，砌体伸缩在上层大而在基础处小而引起开裂。故应按规范要求设置伸缩裂缝。图3-9绘出了一些因温度变化而引起的裂缝。

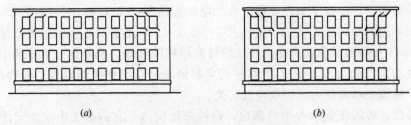

图 3-9 温度变化引起的裂缝
(a) 正八字裂缝;(b) 倒八字裂缝

二、地基不均匀沉降引起裂缝

地基发生不均匀沉降后,沉降大的砌体与沉降小的砌体产生相对位移,从而使砌体中产生附加的拉力或剪力,当这种附加内力超过砌体的强度时,砌体中便产生裂缝。这种裂缝往往与地面成45°左右夹角,上宽下窄斜缝朝向凹陷处(沉陷大的部位)。图 3-10 列举了一些常见的因地基不均匀沉降引起的裂缝。

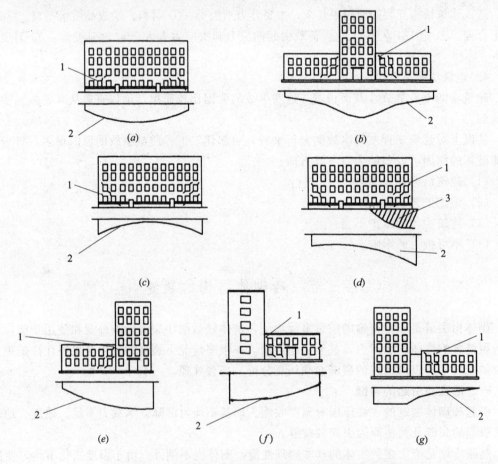

图 3-10 地基不均匀沉降分布曲线及建筑物裂缝示意图
(a) 建筑物地基两端较硬、中间较软的情况;(b) 建筑物高度不同时地基的情况;
(c) 建筑物地基两端较软、中间较硬的情况;(d) 建筑物一端地基较软、另一端较硬的情况;
(e)、(f)、(g) 相邻建筑物高差较大的情况
1—裂缝;2—沉降分布曲线;3—软弱土

三、承载力不足引起的裂缝

如果砌体的承载力不足,则在荷载作用下,将出现各种裂缝,以致出现压碎、断裂、崩塌等现象,使建筑物处于极不安全的状态。这类裂缝的出现,很可能导致结构失效,所以应注意观测,主要是观察裂缝宽度、长度随时间的发展情况,在观测的基础上认真分析原因,及时采取有效措施,以避免重大事故的发生。图 3-11 列举了一些典型的受力引起的裂缝。

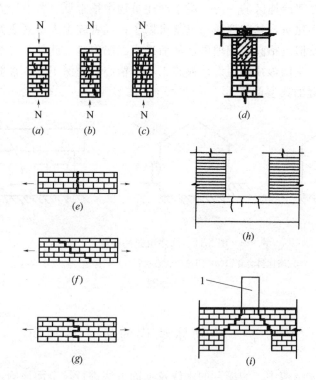

图 3-11 承载力不足产生的裂缝

(a) 受压第一阶段;(b) 受压第二阶段;(c) 受压第三阶段;(d) 梁下垂直裂缝;(e) 受拉产生垂直缝;
(f) 受拉产生斜缝;(g) 受拉产生齿形裂缝;(h) 窗下墙体裂缝;(i) 梁下墙体裂缝
1—大梁

四、地震作用引起的裂缝

与钢结构、钢筋混凝土结构相比,砌体结构的抗震性能是较差的。地震烈度为 6 度时,对砌体结构就有破坏性,对设计不合理或施工质量差的房屋就会引起裂缝。当遇到 7~8 度地震时,砌体结构的墙体大多会产生不同程度的裂缝,防震设计标准低的砌体房屋还会发生倒塌。

地震引起的墙体裂缝大多呈"X"型。这是由于墙体反复作用的剪力所引起的。除"X"形裂缝外,在地震作用下也会产生水平裂缝与垂直裂缝,特别是对内外墙咬槎不好的情况下,在内外墙交接处很容易产生竖直裂缝,甚至整个纵墙外倾或倒塌。

对砌体结构,要求在地震作用下不产生任何裂缝一般是做不到的。但设计和施工中采取一定措施,做到在地震作用下少开裂,不产生大的开裂,并做到"大震不倒"是可能的。

五、地基冻胀引起的裂缝

地基土上层温度降到 0℃ 以下时，冻胀性土中的水上部开始冻结，下部水由于毛细管作用不断上升在冻结层中形成冰晶，体积膨胀，向上隆起。隆起的程度与冻结层厚度及地下水位高低有关，一般隆起可达几毫米至几十毫米，其折算冻胀力可达 2×10^6 MPa，而且往往是不均匀的，建筑物的自重往往难以抗衡，因而建筑物的某一局部就被顶了起来，引起房屋开裂。

这类冻胀裂缝在寒冷地区的一、二层小型建筑物中很常见。若设计人员对冻胀危害性认识不足，认为是小建筑，基础埋浅一点就可以了；或者施工人员素质欠佳，遇到冻土很坚硬，难以开挖，就擅自抬高基础埋深，从而造成冻胀裂缝。此外，有些建筑物的附属结构，如门斗、台阶、花坛等往往因设计或施工不够精心，埋深不够，常造成冻胀裂缝。图 3-12 是一些冻胀裂缝的典型例子。

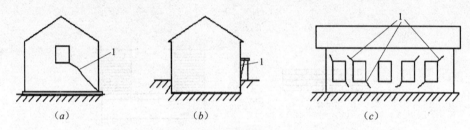

图 3-12　冻胀引起的裂缝
(a) 墙体斜裂缝；(b) 门斗处斜裂缝；(c) 墙体倒"八"字裂缝
1—裂缝

第四节　砖砌体结构的维修与加固

本节拟对砖砌体结构中"裂缝"的维修及加固方法进行较全面地阐述，对其他种类的质量事故，要将本书的内容有机地结合起来，进行综合分析，制订出合理的维修加固方案，以保证房屋的正常使用。

一、常见裂缝维修加固方法

（一）当裂缝较细、裂缝数量较少，但裂缝已基本稳定时，可采用灌浆加固方法。

对灌浆加固的强度，必要时可做试验。试验的方法是，用同样的材料做两个或四个试验砌体柱。分为两组，一组用压力机先压裂，再灌浆。然后对两组砌体柱作破坏试验，进行对比，如灌浆补强的砌体与原砌体强度基本相同，则认为补强合格。根据以往的试验表明，灌浆加固后的砌体可以达到甚至超过原砌体的强度。

灌浆用的材料有纯水泥浆、水泥砂浆、水玻璃砂浆或水泥石灰浆等，见表 3-3。在砌体修补中，可用纯水泥浆，因纯水泥浆的可灌性较好，可顺利地灌入贯通外露的孔隙，对于宽度为 3mm 左右的裂缝可以灌实。若裂缝宽度大于 5mm 时，可采用水泥砂浆。裂缝细小时，可采用压力灌浆。下面给出一些灌缝材料配合比，可供参考。表中稀浆一栏适用于 0.3～1mm 宽的裂缝；稠浆适用于 1～5mm 的裂缝；砂浆适用于宽度大于 5mm 的裂缝。

裂缝灌浆材料配合比　　　　　　　　　　　表 3-3

浆别	水泥	水	胶 结 料	砂
稀浆	1	0.9	0.2（107胶）	
	1	0.9	0.2（二元乳胶）	
	1	0.9	0.01～0.02（水玻璃）	
	1	1.2	0.06（聚醋酸乙稀）	
稠浆	1	0.6	0.2（107胶）	
	1	0.6	0.15（二元乳胶）	
	1	0.7	0.01～0.02（水玻璃）	
	1	0.74	0.055（聚醋酸乙稀）	
砂浆	1	0.6	0.2（107胶）	1
	1	0.6～0.7	0.15（二元乳胶）	1
	1	0.6	0.01（水玻璃）	1
	1	0.4～0.7	0.06（聚醋酸乙稀）	1

还有一种加氟硅酸钠的水玻璃砂浆用于灌较宽的裂缝，其配合比为：水玻璃：矿渣粉：砂为（1.15～1.5）：1：2，再加15%的纯度为90%的氟硅酸钠。

以纯水泥浆补强为例，其施工顺序为：

步骤一　清理裂缝，使裂缝的通道贯通，无堵塞；

步骤二　用加有促凝剂的1：2水泥砂浆嵌缝，以避免灌浆时，浆体外溢；

步骤三　用电钻或手锤在裂缝偏上端制成灌浆孔，或灌浆嘴；

步骤四　用1：10的稀水泥浆冲洗裂缝一遍，并检查裂缝通道的流通情况，同时将裂缝周边的砌体润湿；

步骤五　灌入3：7或2：8的纯水泥浆；

步骤六　将裂缝补强处局部养护，见图3-13。

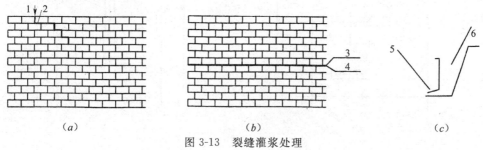

图 3-13　裂缝灌浆处理

(a) 斜裂缝处理；(b) 水平裂缝处理；(c) 水平裂缝灌浆铁皮工具（剖面）

1—灌入纯水泥浆；2—灌浆口；3—钢筋；4—水平裂缝；5—插入口；6—水泥浆注入口

施工时用压力灌浆。其顺序与上述相仿，但须增加：在嵌缝后，用0.2～0.25MPa（折合1.96～2.45kg/cm²）的压缩孔气检查通道泄漏程度，如泄漏太大，应补漏封闭。

对于水平的通长裂缝，可沿缝隙钻孔，做成销键，以加强两边砌体的共同作用。销键直径25mm，间距250～300mm，深度可以比墙厚小20～25mm。做完销键后再进行灌浆，灌浆方法同上。见图3-13（b），并在水平缝处的灰缝内配置2φ6的钢筋。如果缝隙较大

（1～5mm），可用图中（c）所示的镀锌铁皮制作的辅助灌浆工具灌浆（图示为水平灰缝的灌浆工具）；如果缝隙较小（<1mm），可用压力灌浆设备进行灌浆，此时应先清理裂缝，使之保证通畅，用电钻钻出灌浆孔，其他暴露在外表面的裂缝进行封闭处理，待封闭材料达到一定强度后，埋好灌浆嘴，进行灌浆施工。

（二）裂缝较宽但数量不多时，可在与裂缝相交的灰缝中，用高标号砂浆和细钢筋填缝，也可用块体嵌补法，即在裂缝两端及中部用钢筋混凝土楔子或扒锯加固。楔子或扒锯可与墙体等厚，或为墙体厚度的1/2或2/3。见图3-14。

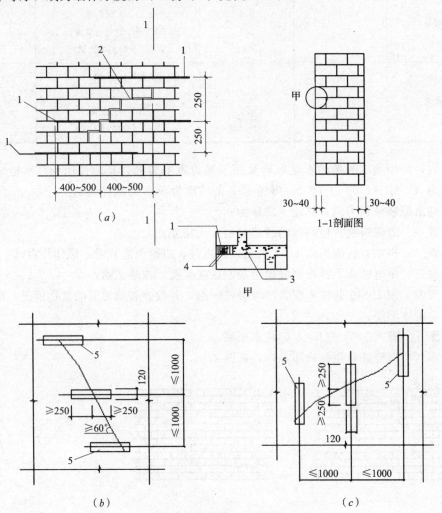

图3-14 裂缝加钢筋加固

(a) 钢筋加固；(b)、(c) 钢筋混凝土楔加固

1—钢筋（长800～1000mm）；2—裂缝；3—原有灰缝；

4—1:2水泥砂浆嵌缝；5—钢筋混凝土楔

（三）当裂缝较多时，可用局部钢筋网外抹M10水泥砂浆厚20mm，予以加固，如图3-15。图中"1"表示双向ϕ6@200钢筋网，"2"表示混凝土楔，尺寸为120mm×120mm×墙厚，"3"表示此处采用混凝土楔，尺寸为12mm×240mm×墙厚，两面附加2ϕ6钢筋，楔内伸出钢筋与钢筋网连接。钢筋网可用 $\phi6@100\sim300mm$（双向）或 $\phi4@100\sim200mm$（双向）。用混凝土楔子或膨胀螺栓固定于墙体上，楔子或螺栓间距500mm左右，应梅花形布置。施工前墙体抹灰应刮干净，抹水泥砂浆前应将砌体洇湿，抹水泥砂浆后应养护至少7天。

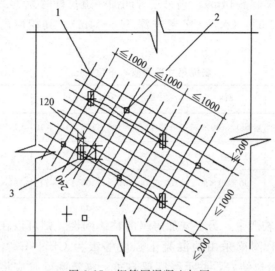

图 3-15 钢筋网混凝土加固
1—钢筋网；2—混凝土楔；3—混凝土楔

（四）墙体因受水平推力，不均匀沉降，温度变化引起伸缩等原因而发生外闪，墙体产生较大的裂缝或使外纵墙与内横墙拉结不良时，可用钢筋或型钢拉杆予以加固。做法参见图 3-16。

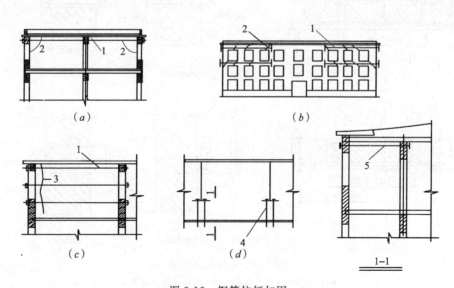

图 3-16 钢筋拉杆加固
(a)、(b) 斜裂缝加固；(c) 竖向裂缝加固；(d) 钢架拉杆加固
1—钢筋拉杆；2—斜裂缝位置；3—竖向裂缝；4—钢架拉杆；5—钢拉杆

如采用钢筋拉杆，宜通长拉结，并沿墙两边设置。较长的拉杆中间应加花篮螺丝，以便拧紧拉杆。拉杆接长时应采用焊接。露在墙外的拉杆或垫板螺帽，可适当作建筑处理。拉杆和垫板都要涂防锈漆。在拉结水平层处，可以增设外圈梁，以增强加固效果。钢筋的直径可采用如下：当一开间加一道拉杆时为 2ϕ6（房屋进深 5～7m），2ϕ8（房屋进深 8～10m），2ϕ20（房屋进深 11～14m）。当每三开间加一道拉杆时为 2ϕ22（房屋进深 5～7m），2ϕ25（房屋进深 8～10m），2ϕ28（房屋进深 11～14m）。其相应的垫板尺寸可按表 3-4 采用。

垫板尺寸选用表　单位：mm　　　　　　　　　　　　表 3-4

直径	ϕ16	ϕ18	ϕ20	ϕ22	ϕ25	ϕ28
角钢垫板	∠90×90×8	∠100×100×10	∠125×125×10	∠125×125×10	∠140×140×12	∠160×160×14
槽钢垫板	[100×48	[100×48	[120×53	[140×58	[160×58	[160×58
方形垫板	80×80×8	90×90×9	100×100×10	110×110×11	130×130×13	140×140×14

（五）墙体开裂比较严重，为了增加房屋的整体刚性，则可以在房屋墙体一侧或两侧增设钢筋混凝土圈梁。圈梁采用的混凝土强度等级为 C15～C20，截面至少 120mm×180mm，配筋必须与墙拉结好，并承受圈梁自重。浇筑圈梁时应将墙面凿毛、泅水，以加强黏结。具体做法见图 3-17。

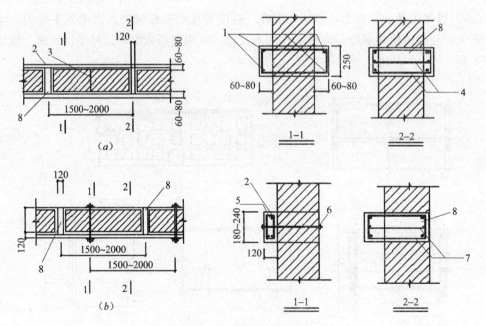

图 3-17　墙体增设圈梁
(a) 墙体两侧增设圈梁；(b) 墙体一侧增设圈梁
1—双侧圈梁主筋 4ϕ10；2—新增圈梁；3—原墙厚；
4—箍筋 2ϕ10（联结块）；5—单侧圈梁主筋 4ϕ10；
6—拉结钢筋、垫板及螺帽；7—箍筋 2ϕ10（联结块）；8—圈梁与墙体联结块

（六）对砌体过梁的裂缝，可采取增设钢筋 2φ6，填补高强度砂浆（M10 以上），或增加钢筋混凝土过梁的方法。详细做法见图 3-18。

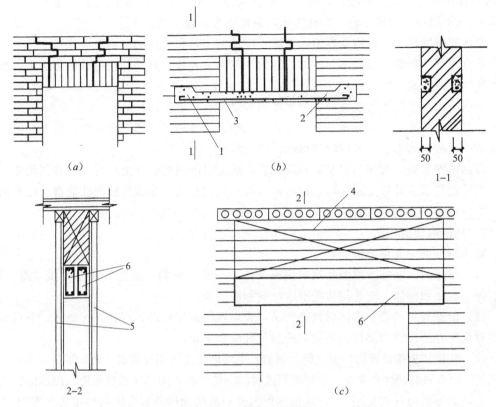

图 3-18 过梁裂缝加固
(a) 过梁裂缝；(b) 过梁裂缝加固；(c) 过梁拆除重砌
1—墙两侧凿槽；2—填 M10 水泥混合砂浆；3—2φ16 钢筋；
4—拆后重砌部分；5—换梁时的临时支撑；6—新增加钢筋混凝土过梁

二、砌体腐蚀的防治

砌体的腐蚀是指砌体受到外界环境因素的物理或化学作用而发生表面粉化、起皮、酥松与剥落等现象。

砌体腐蚀不仅影响建筑物的美观，还会削弱砌体截面的整体性，降低承载能力，严重时可能导致坍塌。但对一般房屋而言，抹灰面层起了一定防护作用，故除了某些化工厂及其邻近建筑物外，严重的腐蚀现象比较少见。

（一）砌体腐蚀的原因

引起砌体腐蚀的外因是外界环境因素的作用，内因是砌体材料的耐腐蚀性能不良，一般可从以下两方面进行具体分析。

1. 外界环境因素的物理作用

① 雨雪、洪水、风沙的冲刷作用。② 热胀冷缩、湿胀干缩及冻融作用。③ 高温作用。

当砌体的砌块材料组织较疏松、吸水率较大、强度较低时，砌体在上述因素作用下，便会发生腐蚀现象。

2. 腐蚀性介质的化学侵蚀作用

腐蚀介质有多种，按相态可分为：① 气相腐蚀性介质，如二氧化硫、氯气、酸雾等。② 液相腐蚀性介质，如硫酸、盐酸、硝酸等滴落于砌体上，或随冲洗水、地下水浸渍于砌体上。③ 固相腐蚀性介质，如硫酸铵、氯化钙等散落于墙面上。

砌体对腐蚀性介质的耐受能力，取决于砌体的用料和介质的性质。

掺有水泥的砂浆一般是不耐酸的，因为水泥的主要成分是钙和铝的碱性化合物，它们遇到酸性介质能起化学反应，生成能溶于水的盐类。至于碱性介质，除苛性碱（NaOH）外，一般当碱性介质浓度较低时，对水泥砂浆是没有严重腐蚀性的。

普通黏土砖的主要成分为二氧化硅和氧化铝，前者易溶于碱性介质中，后者易溶于酸性介质中，故普通黏土砖的耐酸和耐碱性能均较差。

石砌体的石料，大多为岩浆岩和沉积岩，前者耐酸碱腐蚀性能较好，后者则较差。

当采用粉煤灰硅酸盐砌块时，砌体耐冻融、高温和化学介质侵蚀的性能都是较差的。

（二）砌体腐蚀的防治

1. 砌体腐蚀的预防

砌体腐蚀的主要预防措施有：

（1）尽量消除或减少周围环境中侵蚀砌体的因素。例如，防止腐蚀性介质"跑、冒、滴、漏"而侵蚀砌体，防止砌体受雨水冲刷和浸泡等。

（2）根据外界环境对砌体的侵蚀情况，合理选用砌体材料。例如，在地面以下及高温或具有化学介质侵蚀的部位，不使用粉煤灰硅酸盐砌块。

（3）在砌体表面设置防护隔离层。例如，当墙面仅受气相介质腐蚀时，可采用水泥砂浆抹灰层；当有强腐蚀性介质时，选用耐腐蚀材料做防护层，隔绝腐蚀性介质对砌体的腐蚀。

常用的耐腐蚀材料见表3-5，应根据周围介质的腐蚀性质和房屋的使用要求选用。

常用耐腐蚀材料的性能　　　　　　表3-5

材料类别	材料名称	性　能
沥青类	沥青胶泥、沥青砂浆、沥青混凝土、碎石浇沥青	对硫酸、盐酸、硝酸和氢氧化钠有一定的耐腐蚀能力，但不能耐大多数有机溶液的侵蚀
水玻璃类	水玻璃胶泥、水玻璃砂浆等	机械强度和耐热性能好，耐酸性较好，但不能耐碱性介质腐蚀，收缩性大，抗渗耐水性较差
硫磺类	硫磺胶泥、硫磺砂浆、硫磺混凝土	抗渗性好，强度高，硬化快，能耐硫酸、盐酸的侵蚀，但脆性大，耐火性差，不能耐浓硝酸、强碱和丙酮等溶液侵蚀
树脂类	环氧树脂、酚醛树脂、不饱和聚酯树脂等的树脂胶泥或树脂砂浆。	环氧树脂能耐酸碱的腐蚀，且黏结强度高，酚醛树脂能耐酸但不能耐碱的腐蚀；不饱和聚酯树脂能耐酸、碱、盐的腐蚀
塑料类	聚氯乙烯卷材或块材	能耐一般中等浓度的酸、碱、盐的腐蚀，且机械强度较好，耐磨，重量小，不导电，但不能耐高温，易老化
陶瓷类	耐酸瓷砖 耐酸陶板 缸砖	除氢氟酸、热磷酸、熔融状态烧碱外，能耐一般酸、碱的腐蚀。需用耐腐蚀胶结料嵌缝
涂料类	过氯乙烯涂料、沥青漆、环氧树脂漆、酚醛树脂漆等	涂刷100～300μm厚涂层，可耐大气中酸、碱、盐雾和介质的侵蚀

2. 砌体腐蚀的维修

对已腐蚀砖墙的维修做法一般是先清除表面，后加固设防。

(1) 清除表面腐蚀层

可通过人工凿、铲、刷、洗，将表面腐蚀层清除干净。经清理后的墙面应呈微碱性，若呈酸性，可用石灰浆、氨水等碱性介质作中和处理，再用清水冲洗干净。

(2) 对墙面进行修复、加固，设置防护层

若墙面腐蚀深度不大，可在清除腐蚀层后，根据对墙面的防腐和使用要求设置防护层，例如抹水泥砂浆或耐腐砂浆，或用水泥砂浆抹平后加贴瓷砖或加刷耐腐涂料等。若墙体腐蚀深度较大，对承载力有严重影响时，应通过研究采取加固处理或拆除重砌。对于砌块墙，由于抗风化能力差而引起腐蚀时，宜在清除腐蚀层后，用 1∶3 水泥砂浆找平，待砂浆达到一定强度时，用射钉枪向墙上射钉，将 14 号钢丝网固定于墙面，最后抹以 1∶3 水泥砂浆。如图 3-19 所示。

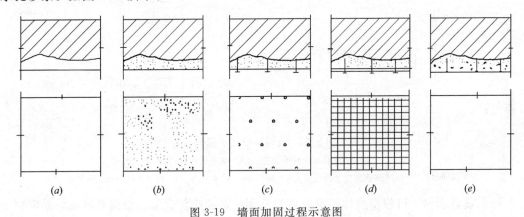

图 3-19 墙面加固过程示意图
(a) 凿平；(b) 找平；(c) 钉射钉；(d) 挂铁丝网；(e) 抹面

三、墙柱倾斜和弯曲变形的加固与矫正

墙柱倾斜和弯曲变形是砌体常见病害之一。由于倾斜或弯曲变形使墙柱轴线偏离了垂直位置，增大了偏心距，从而降低了墙柱的承载力，严重时将导致失稳而倒塌破坏。因此，在房屋维修中应特别注意对墙柱倾斜、变形的检查、观测与分析，查明原因，判明危害性，及时采取加固、矫正措施。

(一) 倾斜、变形原因

引起墙柱倾斜、变形的一般原因有下列几方面：

(1) 建造时遗留的缺陷。主要是砂浆过稀或砖块过湿，灰缝过厚或厚薄不匀，每日砌筑高度过大，新墙受到了较大的水平力或风力作用，冬季冻结法施工的措施采用不当等。

(2) 地基基础不均匀沉降引起房屋整体倾斜或局部墙柱变形。

(3) 墙柱的锚固与支承构造措施不当（如墙与楼盖的连接不符合要求等），致使墙柱高厚比过大，或所受压力偏心距增大，承载能力降低。

(4) 使用不当。如在墙柱上安设拉力较大的拉索，靠墙堆放较高的松散材料等。

(5) 其他。如水害、地震等。

(二) 加固修理措施

当墙柱砌体倾斜、变形不很严重时，可采取加固修理措施来保证其能继续安全、正常使用。常见加固修理方法有下列几种。

（1）在墙体倾斜或弯曲鼓凸一侧增设钢筋混凝土或砖扶壁柱，或在不影响房间使用的条件下增设间隔墙。采用砖砌扶壁柱或间隔墙时，新旧砌体之间应每隔3～5皮砖高用砖或混凝土加以拉结。采用钢筋混凝土扶壁柱时，纵向钢筋下端应锚固在增设的混凝土基础内。扶壁柱与墙的连接如图3-20所示。

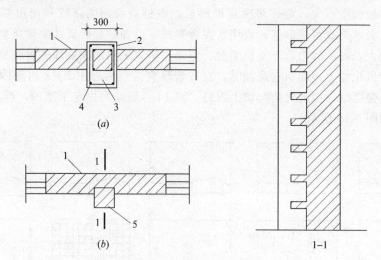

图3-20 增设扶壁柱示意图
（a）增设混凝土柱平面图；（b）增设砖柱平面图
1—窗间墙；2—新增钢筋混凝土扶壁柱；3—箍筋 $\phi 8$、砂浆填塞；4—竖筋 $6\phi 12$；5—砖扶壁柱

（2）设置套箍。可根据具体情况选用钢筋网抹灰或喷灰套箍、型钢套箍或钢筋混凝土套箍。

（3）用钢拉杆加固。对于弯曲鼓凸的墙体，可用扁钢、圆钢或角钢作拉杆，将变形墙体与完好墙体拉结为一体，以增强变形墙体的稳定性和防止墙体变形的继续发展。在拉杆伸出变形墙体的一端，应根据变形墙体的鼓凸情况，设置钢板、角钢或槽钢衬垫，如图3-21所示。

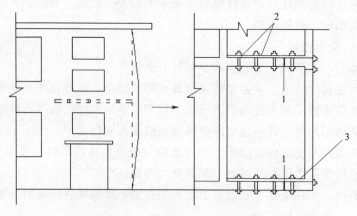

图3-21 墙体鼓凸变形的加固
1—裂缝；2—双侧扁钢拉杆；3—单侧扁钢拉杆

(4) 用钢筋混凝土外套框架加固。对于房屋不很严重的整体倾斜和局部倾斜，可考虑用钢筋混凝土外套框架进行加固。外套框架沿倾斜方向应具有足够的侧向刚度。

(5) 设置替代受力支柱。对于承受桁架、大梁等集中荷载作用的墙柱，可紧靠它设置木、钢、砖或钢筋混凝土柱，以承受桁架或大梁传来的荷载，使原有墙或柱全部或部分卸载。此法可用作临时加固或永久性加固。

(三) 墙柱倾斜的矫正

对于房屋中局部墙柱的倾斜，当砌体质量较好，表面平整，且倾斜已趋稳定时，可采取矫正措施予以复位。其方法步骤如下（图 3-22）。

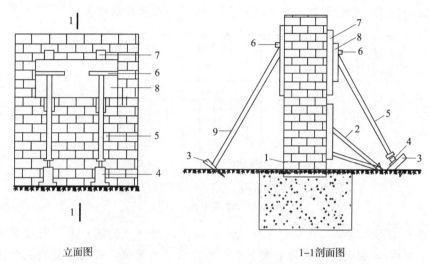

立面图　　　　　　　　　　　1-1 剖面图

图 3-22　砖墙整体矫正顶撑装置
1—掏出砂浆的灰缝；2—三角形木挡架；3—木桩；4—千斤顶；5—斜向压杆；
6—防滑木条；7—垂直木垫板；8—横向木垫板；9—保险支撑

1. 卸除墙柱负荷和上端的侧向约束，如用临时支撑托住屋架或大梁；清除靠墙堆载物等。

2. 在倾斜一侧安装矫正设施。在倾斜的一面地上打木桩"3"，安装千斤顶（与木桩间用木垫片垫好），将两个木板条"7"与木板"8"垂直钉牢，安装斜向压杆"5"，在斜向压杆"5"的顶端将木板条"6"与木板"8"钉牢。一般可沿倾斜墙段每隔 2～3m 设置一组顶撑装置。

3. 在倾斜反侧对应安设保险撑（图中的"9"），并在离地约 300mm 处将一条砌体水平灰缝掏空（图中的"1"处），填入较稀的水泥砂浆或混合砂浆。

4. 同时驱动每组矫正设施中的千斤顶，使墙体回复到垂直位置，然后在倾斜一侧出现的水平裂缝中塞进薄铁片，并用 1∶1 干硬性水泥砂浆填塞，待砂浆达到规定强度后，即可将原负荷重新加上，拆除顶撑装置和临时保险撑。

上述方法主要适用于高度不大的单层房屋中墙柱倾斜的矫正，尤其适宜于矫正倾斜的围墙。

第五节 砖砌体结构维修案例

案例 3-1

一、工程与事故概况

某职工宿舍为三层砖混结构,纵墙承重(如图 3-23 所示),一、二、三层层高分别为 3.3m、3.3m 和 3.2m。楼面为预制钢筋混凝土槽形板,支承在现浇钢筋混凝土横梁上。屋盖为双曲砖扁壳。承重墙为一砖厚,MU7.5 砖,用石灰砂浆砌筑。

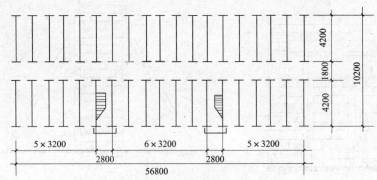

图 3-23 建筑平面示意图

当三楼砖墙尚未砌完,横墙也未砌筑时,在内纵墙(走道墙)上,发现裂缝若干条(如图 3-24 所示),裂缝的形状为上大下小,始于横梁支座处,并略呈垂直状向下延伸至离地坪面约 1m 处,长达 2m 多。裂缝宽度为 1~1.5mm。有两处裂缝略呈"八"字形向下延伸。外纵墙的梁支座下面,亦同样发现一些形状类似的裂缝,但不明显,也没有内纵墙那样普遍和严重。

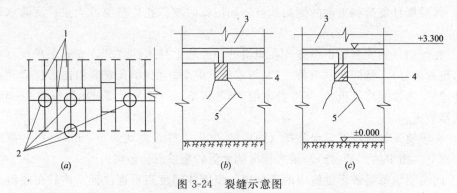

图 3-24 裂缝示意图
(a) 裂缝位置平面示意图;(b) 裂缝发展第一阶段;(c) 裂缝发展第二阶段
1—梁所在位置;2—裂缝位置;3—预制楼板;4—梁 250×450;5—裂缝

二、原因分析

本工程设计套用标准图,但是施工中将原要求砖墙用 M2.5 混合砂浆砌筑改为石灰砂浆砌筑。在现场检查中,灰缝中的砂浆很容易从缝中取出,砂浆的质地干且较松散,用手轻捏一下即碎。显而易见,这种砂浆的质量是很差的,如以石灰砂浆所能达到的最高标号

（1号，旧规范标号）考虑，砖标号为 MU7.5，其砌体的抗压计算强度为 7kgf/cm² （0.69MPa）。按照当时使用的规范，对龄期不足三个月的砌体，计算强度还应降低 15%，因此砌体的抗压计算强度仅为 5.95kgf/cm² （0.59MPa）。两者相比，砖砌体的抗压强度最大达到原设计的 50% 左右，而实际采用的砂浆标号还不到 4 号，因此其承载能力还要差。

在检查中还发现，施工中取消了原设计的梁支座处放置垫块（如图 3-25 所示），致使梁下砖砌体局部承压应力太高，这也是裂缝产生的重要原因。此外，砌筑质量低劣，如灰缝过厚、灰浆不饱满、不均匀，砌体组砌质量差等，也是产生裂缝的原因。

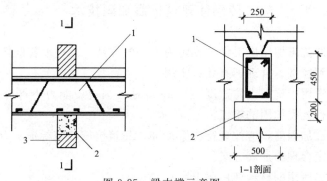

图 3-25 梁支撑示意图
1—梁；2—混凝土垫块；3—砖墙

三、裂缝处理

发现裂缝后随即暂缓施工，在裂缝处贴石膏饼进行观察。贴石膏饼后一个月，经检查裂缝已基本趋定。基础上作如下处理（如图 3-26 所示）。

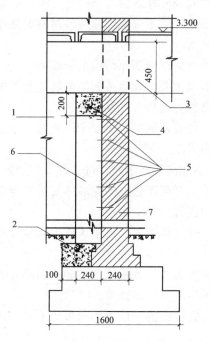

图 3-26 加固处理示意图
1—隔墙；2—加增混凝土基础；3—原混凝土梁；4—增加梁下混凝土垫块；
5—U形钢筋连接件、φ6 钢筋、砖柱均布 5 件；6—增砌砖扶壁柱 240mm×240mm；7—原内纵墙

首先在原基础上用 C15 混凝土将砖砌大放脚加大，加大部分的平面尺寸为 40cm×50cm，厚度为 24cm。然后在梁下紧贴原砖墙，增砌扶壁柱，扶壁柱与原来的墙体用 5 根 $\phi 6$ 钢筋拉结，对砖墙进行加固。扶壁柱为 24cm×24cm，采用 MU7.5 砖和 M5 水泥砂浆砌筑，砌筑时沿砖柱每隔五匹砖放置 $\phi 6$ "U" 形铁箍一道。最后在扶壁柱上、梁下加灌 C15 混凝土垫块，垫块尺寸为 24cm×25cm×20cm。

加固处理后，竣工交付使用一年多，没有发现新的裂缝和其他问题。

阅读材料　　砖砌体建筑抗震加固技术

对已有建筑的抗震加固应贯彻"预防为主"的方针，减轻地震破坏，减少损失，使建筑的抗震加固做到经济、合理、有效、实用。

本部分内容适用于抗震设防烈度为 6~9 度地区因抗震能力不符合设防要求而需要加固的现有建筑进行抗震加固的施工。

现有建筑抗震加固前，应按现行国家标准《建筑抗震鉴定标准》(GB 50023—95) 进行抗震鉴定，确定合理的加固方案。

一、抗震加固所用的材料使用要求

(1) 黏土砖的强度等级不应低于 MU7.5；粉煤灰中型实心砌块和混凝土中型空心砌块的强度等级不应低于 MU10，混凝土小型空心砌块的强度等级不应低于 MU5；砌体的砂浆强度等级不应低于 M2.5。

(2) 钢筋混凝土的混凝土的强度等级不应低于 C20，钢筋宜采用Ⅰ级或Ⅱ级钢。

(3) 钢材的型钢宜采用 Q235 钢。

(4) 加固所用材料的强度等级不应低于原构件材料的强度等级。

二、抗震加固施工的原则

(1) 施工时应采取避免或减少损伤原结构的措施。

(2) 施工中发现原结构或相关工程隐蔽部位的构造有严重缺陷时，应暂停施工，在会同加固设计单位采取有效措施处理后方可继续施工。

(3) 当可能出现倾斜、开裂或倒塌等不安全因素时，施工前应采取安全措施。

三、砖砌体建筑的加固方法

(一) 房屋抗震承载力不能满足要求时，可选择下列加固方法

(1) 拆砌或增设抗震墙：对强度过低的原墙体可拆除重砌；重砌和增设抗震墙的材料可采用砖或砌块，也可采用现浇钢筋混凝土。

(2) 修补和灌浆：对已开裂的墙体，可采用压力灌浆修补，对砌筑砂浆饱满度差或砌筑砂浆强度等级偏低的墙体，可用满墙灌浆加固。

修补后墙体的刚度和抗震能力，可按原砌筑砂浆强度等级计算；满墙灌浆加固后的墙体，可按原砌筑砂浆强度等级提高一级计算。

(3) 面层或板墙加固：在墙体的一侧或两侧采用水泥砂浆面层、钢筋网砂浆面层或现浇钢筋混凝土板墙加固。

(4) 外加柱加固：在墙体交接处采用现浇钢筋混凝土构造柱加固，柱应与圈梁、拉杆连成整体，或与现浇钢筋混凝土楼、屋盖可靠连接。

(5) 包角或镶边加固：在柱、墙角或门窗洞边用型钢或钢筋混凝土包角或镶边，柱、墙垛还可用现浇钢筋混凝土套加固。

(6) 支撑或支架加固：对刚度差的房屋，可增设型钢或钢筋混凝土的支撑或支架加固。

（二）房屋的整体性不能满足要求时，可选择下列加固方法

(1) 当墙体布置在平面内不闭合时，可增设墙段形成闭合，在开口处增设现浇钢筋混凝土框。

(2) 当纵横墙连接较差时，可采用钢拉杆、长锚杆、外加柱或外加圈梁等加固。

(3) 楼、屋盖构件支承长度不能满足要求时，可增设托梁或采取增强楼、屋盖整体性等的措施；对腐蚀变质的构件应更换；对无下弦的人字屋架应增设下弦拉杆。

(4) 当圈梁设置不符合鉴定要求时，应增设圈梁；外墙圈梁宜采用现浇钢筋混凝土，内墙圈梁可用钢拉杆或在进深梁端加锚杆代替。

（三）对房屋中易倒塌的部位，可选择下列加固方法

(1) 承重窗间墙宽度过小或抗震能力不能满足要求时，可增设钢筋混凝土窗框或采用面层、板墙等加固。

(2) 隔墙无拉结或拉结不牢，可采用镶边、埋设铁夹套、锚筋或钢拉杆加固。

(3) 支承大梁等的墙段抗震能力不能满足要求时，可增设砌体柱、钢筋混凝土柱或采用面层、板墙加固。

(4) 出屋面的楼梯间、电梯间和水箱间不符合鉴定要求时，可采用面层或外加柱加固，其上部应与屋盖构件有可靠连接，下部应与主体结构的加固措施相连。

(5) 出屋面的烟囱、无拉结女儿墙超过规定的高度时，宜拆矮或采用型钢、钢拉杆加固。

(6) 悬挑构件的锚固长度不能满足要求时，可加拉杆或采取减少悬挑长度的措施。

（四）其他情况

当具有明显扭转效应的多层砌体房屋抗震能力不能满足要求时，可优先在薄弱部位增砌砖墙或现浇钢筋混凝土墙，或在原墙加面层；亦可采取分割平面单元，减少扭转效应的措施。

四、常见加固方法

（一）采用水泥砂浆面层和钢筋网砂浆加固墙体

1. 面层的材料和构造要求

(1) 面层的砂浆强度等级，宜采用 M10。

(2) 水泥砂浆面层的厚度宜为 20mm；钢筋网砂浆面层的厚度宜为 35mm，钢筋外保护层厚度不应小于 10mm，钢筋网片与墙面的空隙不宜小于 5mm。

(3) 钢筋网的钢筋直径宜为 $\phi 4$ 或 $\phi 6$；网格尺寸实心墙宜为 300mm×300mm，空斗墙宜为 200mm×200mm。

(4) 单面加面层的钢筋网应采用 $\phi 6$ 的 L 形锚筋，用水泥砂浆固定在墙体上；双面加面层的钢筋网应采用 $\phi 6$ 的 S 形穿墙筋连接；L 形锚筋的间距宜为 600mm，S 形穿墙筋的间距宜为 900mm，并且呈梅花状布置。

(5) 钢筋网四周应与楼板或大梁、柱或墙体连接，可采用锚筋、插入短筋、拉结筋等

连接方法。

(6) 当钢筋网的横向钢筋遇有门窗洞口时，单面加固宜将钢筋弯入窗洞侧边锚固；双面加固宜将两侧横向钢筋在洞口闭合。

2. 施工要求

(1) 水泥砂浆或钢筋网砂浆面层宜按下列顺序施工：原墙面清底、钻孔并用水冲刷，铺设钢筋网并安设锚筋，浇水湿润墙面，抹水泥砂浆并养护、墙面装饰。

(2) 原墙面碱蚀严重时，应先清除松散部分，并用 1∶3 水泥砂浆抹面，已松动的勾缝砂浆应剔除。

(3) 在墙面钻孔时，应按设计要求先划线标出锚筋（或穿墙筋）位置，并用电钻打孔。穿墙孔直径宜比"S"形筋大 2mm，锚筋孔直径宜为锚筋直径的 2～2.5 倍，其孔深宜为 100～120mm，锚筋插入孔洞后，应采用水泥砂浆填实。

(4) 铺设钢筋网时，竖向钢筋应靠墙面并采用钢筋头支起。

(5) 抹水泥砂浆时，应先在墙面刷水泥浆一道，再分层抹灰，每层厚度不应超过 15mm。

(6) 面层应浇水养护，防止阳光曝晒，冬季应采取防冻措施。

(二) 采用现浇钢筋混凝土板墙加固墙体

1. 板墙的材料和构造要求

(1) 混凝土的强度等级不应低于 C20，钢筋宜采用 I 级或 II 级钢。

(2) 板墙厚度宜为 60～100mm。

(3) 板墙可配置单排钢筋网片，竖向钢筋可采用 $\phi12$，横向钢筋可采用 $\phi6$，间距宜为 150～200mm。

(4) 板墙应与楼、屋盖可靠连接，可每隔 1m 设置穿过楼板与竖向筋等面积的短筋，其两端应分别锚入上下层的板墙内，且锚固长度不应小于 40 倍短筋直径。

(5) 板墙应与两端的原有墙体可靠连接，可沿墙体高度每隔 0.7～1.0m 设 2 根 $\phi12$ 的拉结钢筋，其一端锚入板墙内的长度不宜小于 0.5m，另一端应锚固在端部的原有墙体内。

(6) 单面板墙宜采用 $\phi8$，L 形锚筋与原砌体墙连接；双面板墙宜采用 $\phi8$ 的 S 形穿墙筋与原墙体连接；锚筋在砌体内的锚固深度不宜小于 120mm；锚筋的间距宜为 600mm，穿墙筋的间距宜为 900mm，并宜呈梅花状布置。

2. 施工要求

同一般钢筋混凝土施工。

(三) 增设砌体抗震加固房屋，抗震墙的材料和构造应符合要求

(1) 砌筑砂浆的强度等级应比原墙体的砂浆强度等级高一级，且不应低于 M2.5。

(2) 墙厚不应小于 190mm。

(3) 墙体中沿墙体高度每隔 0.7～1.0m 可设置与墙等宽的细石混凝土现浇带，其纵向钢筋可采用 $3\phi6$，横向系筋可采用 $\phi6$，其间距宜为 200mm；当墙厚为 240mm 或 370mm 时，可沿墙体高度每隔 300～700mm 设置一层焊接钢筋网片，钢筋网片的纵向钢筋可采用 $3\phi4$，横向系筋可采用 $\phi4$，其间距宜为 150mm。

(4) 墙顶应设置与墙等宽的现浇钢筋混凝土压顶梁，并与楼、屋盖的梁（板）可靠连

接，可每隔500～700mm设置φ12的锚筋或M12的胀管螺栓连接；压顶梁高不应小于120mm，纵筋可采用4φ2，箍筋可采用φ6，其间距宜为150mm。

(5) 抗震墙应与原有墙体可靠连接，可沿墙体高度每隔500～600mm设置2根φ6且长度不小于1m的钢筋与原有墙体用螺栓或锚筋连接；当墙体内有混凝土带或钢筋网片时，可在相应位置处加2根φ12拉筋，锚入混凝土带内长度不宜小于500mm，另一端锚在原墙体或外加柱内，亦可在新砌墙与原墙间加现浇钢筋混凝土内柱，柱顶与压顶梁连接，柱与原墙应采用锚筋、销键或螺栓连接。

(6) 抗震墙应设基础，基础埋深宜与相邻抗震墙相同，宽度不应小于计算确定的宽度的1.15倍。

(四) 增设现浇钢筋混凝土抗震墙加固房屋时的要求

原墙体的砌筑砂浆强度等级不应低于M2.5，现浇混凝土墙的厚度可为120～150mm，混凝土强度等级宜采用C20。可采用构造配筋，抗震墙应设基础，混凝土墙与原墙、柱和梁板均应有可靠连接。

(五) 外加钢筋混凝土柱加固房屋

1. 外加柱的材料和构造要求

(1) 柱的混凝土强度等级不应低于C20。

(2) 柱截面可采用240mm×180mm或300mm×150mm；扁柱的截面面积不宜小于36000mm²，宽度不宜大于700mm，厚度可采用70mm；外墙转角可采用边长为600mm的L形等边角柱，厚度不应小于120mm。

(3) 纵向钢筋不宜少于4φ12，转角处纵向钢筋可采用12φ12，并宜双排布置。箍筋可采用φ6，其间距宜为150～200mm，在楼、屋盖上下各500mm范围内的箍筋间距不应大于100mm。

(4) 外加柱应与墙体可靠连接，宜在楼层1/3和2/3层高处同时设置拉结钢筋和销键与墙体连接，亦可沿墙体高度每隔500mm设置胀管螺栓、压浆锚杆或锚筋与墙体连接；在室外地坪标高和外墙基础的大放角处应设销键、压浆锚杆或锚筋与墙体连接。

(5) 外加柱应做基础，埋深宜与外墙基础相同，当埋深超过1.5m时，可采用1.5m，但不得小于冻结深度。

2. 拉结钢筋、销键、压浆锚杆和锚筋的要求

(1) 拉结钢筋可采用2根φ12的钢筋，长度不应小于1.5m，应紧贴横墙布置；其一端应锚在外加柱内，另一端锚入横墙的孔洞内。孔洞尺寸宜采用120mm×120mm，拉结钢筋的锚固长度不应小于其直径的15倍，并用混凝土填实。

(2) 销键截面宜为240mm×180mm，入墙深度可为180mm。销键应配4φ8钢筋和2φ6箍筋。销键与外加柱必须同时浇灌。

(3) 压浆锚杆可用一根φ14的钢筋，在柱与横墙内锚固长度均不应小于锚杆直径的35倍，锚浆可采用水玻璃砂浆。锚杆应先在墙面固定后，再浇灌外加柱混凝土，墙体锚孔压浆前应用压力水将孔洞冲刷干净。

(4) 锚筋适用于砌筑砂浆强度等级不低于M2.5的实心砖墙体，并可采用φ12钢筋；锚孔直径可取25mm，锚入深度可采用150～200mm。

(六) 增设圈梁、钢拉杆加固房屋

1. 圈梁的布置、材料和构造要求

(1) 增设的圈梁宜在楼、屋盖标高的同一平面内闭合；在阳台、楼梯间等圈梁标高变换处，应有局部加强措施；变形缝两侧的圈梁应分别闭合。

(2) 圈梁应现浇。其混凝土强度等级不应低于C20，钢筋可采用Ⅰ级或Ⅱ级钢，圈梁截面高度不应小于180mm，宽度不应小于120mm；设防烈度为7、8度时层数不超过三层的房屋，顶层可采用型钢圈梁，当采用槽钢时不应小于[8，当采用角钢时不应小于∟75×6。

圈梁的纵向钢筋，在设防烈度为7、8、9度时可分别采用4ϕ8、4ϕ10和4ϕ12；箍筋可采用ϕ6，其间距宜为200mm；外加柱和钢拉杆锚固点两侧各500mm范围内的箍筋应加密。

2. 增设的圈梁应与墙体可靠连接

钢筋混凝土圈梁可采用销键、螺栓、锚筋或胀管螺栓连接；型钢圈梁宜采用螺栓连接。采用的销键、螺栓、锚筋和胀管螺栓应符合下列要求。

(1) 销键的高度宜与圈梁相同，宽度和锚入墙内的深度均不应小于180mm，主筋可采用4ϕ8，箍筋可采用ϕ6。销键宜设在窗口两侧，其水平间距可采用1～2m。

(2) 螺栓和锚筋的直径不应小于12mm，锚入圈梁内的垫板尺寸可采用60mm×60mm×6mm，螺栓间距可采用1～1.2m。

(3) 对砌筑砂浆强度等级不低于M2.5的墙体，可采用M10～M16的胀管螺栓。

3. 代替内墙圈梁的钢拉杆应符合下列要求

(1) 当每开间均有横墙时应至少隔开间采用2根直径为12mm的钢筋，多开间有横墙时在横墙两侧的钢拉杆直径不应小于14mm。

(2) 沿内纵墙端部布置的钢拉杆长度不得小于两开间；沿横墙布置的钢拉杆两端应锚入外加柱、圈梁内或与原墙体锚固，但不得直接锚固在外廊柱头上；单面走廊的钢拉杆在走廊两侧墙体上都应锚固。

(3) 钢拉杆在增设圈梁内锚固时，可采用弯钩，其长度不得小于拉杆直径的35倍；或加焊80mm×80mm×8mm的垫板埋入圈梁内，其垫板与墙面的间隙不应小于50mm。

(4) 钢拉杆在原墙体锚固时，应采用钢垫板，拉杆端部应加焊相应的螺栓。钢拉杆方形垫板的尺寸可按表3-6采用。

钢拉杆方形垫板尺寸 （边长×厚度，mm） 表3-6

钢拉杆直径	原墙体厚度（mm）					
	370			180～240		
	墙体砂浆强度等级					
	M0.4	M1.0	M2.5	M0.4	M1.0	M2.5
ϕ12	200×10	100×10	100×14	200×10	150×10	100×12
ϕ14	—	150×12	100×14	—	250×10	100×12
ϕ16	—	200×15	100×14	—	350×14	200×14
ϕ18	—	200×15	150×16	—	—	250×15
ϕ20	—	300×17	200×19	—	—	350×17

4. 用于增强纵、横墙连接的圈梁、钢拉杆尚应符合下列要求：

(1) 圈梁应现浇。设防烈度 7、8 度且砌筑砂浆强度等级为 M0.4 时，圈梁截面高度不应小于 200mm，宽度不应小于 180mm。

(2) 当层高为 3m、承重横墙间距不大于 3.6m，且每开间外墙面洞口不小于 1.2m×1.5m 时，增设圈梁的纵向钢筋可按表 3-7 采用。钢拉杆的直径可按表 3-8 采用。单根拉杆直径过大时，可采用双拉杆，但其总有效截面面积应大于单根拉杆有效截面面积的 1.25 倍。

增强纵横墙连接的钢筋混凝土圈梁的纵向钢筋　　　　表 3-7

总层数	圈梁设置楼层	砌体砂浆强度等级	墙体厚度 370 烈度 6	7	8	9	墙体厚度 240 烈度 6	7	8	9
6	5~6	M1, M2.5 / M.0.4	4φ8	4φ10 / 4φ12	4φ12 / 4φ14	—	4φ8	4φ8 / 4φ10	4φ10 / 4φ12	—
6	1~4	M1, M2.5 / M.0.4	4φ8	4φ8 / 4φ10	4φ12	—	4φ8	4φ8	4φ8 / 4φ10	—
5	4~5	M1, M2.5 / M.0.4	4φ8	4φ10 / 4φ12	4φ12	—	4φ8	4φ8	4φ8 / 4φ10	—
5	1~3	M1, M2.5 / M.0.4	4φ8	4φ8 / 4φ10	4φ10	—	4φ8	4φ8	4φ8 / 4φ12	—
4	3~4	M1, M2.5 / M.0.4	4φ8	4φ8 / 4φ12	4φ10	4φ14	4φ8	4φ8	4φ10	4φ12
4	1~2	M1, M2.5 / M.0.4	4φ8	4φ8	4φ10	4φ12	4φ8	4φ8	4φ10	4φ12
3	1~3	—	4φ8	4φ8	4φ10	4φ12	4φ8	4φ8	4φ10	4φ12

增强纵横连接的钢拉杆直径　　　　表 3-8

总层数	钢拉杆设置楼层	烈度 6 ≤370	烈度 7 每层隔开间 ≤240	烈度 7 每层隔开间 370	烈度 8 隔层每开间 ≤240	烈度 8 隔层每开间 370	烈度 8 隔层每开间 ≤240	烈度 8 隔层每开间 370	烈度 9 每层每开间 ≤240	烈度 9 每层每开间 370
6	1~6	φ12	φ16	—	—	—	—	—	—	—
5	4~5	φ12	φ16	—	—	φ14	φ16	φ12	φ16 / φ12	—
5	1~3	φ12	φ16	—	—	φ14	φ16	φ12	φ16 / φ12	—
4	3~4	φ12	φ12	φ16	φ16	φ20	φ14	φ16	φ12	φ14 / φ12	φ16 / φ12	φ20 / φ14
4	1~2	φ12	φ12	φ16	φ16	φ20	φ14	φ16	φ12	φ14 / φ12	φ16 / φ12	φ20 / φ14
3	1~3	φ12	φ14	φ16	φ20	φ12	φ14	φ16	φ14	φ16	φ20
3	1~2	φ12	φ14	φ16	φ20	φ12	φ14	φ12	φ14	φ16	φ18
1	1	φ12	φ14	φ16	φ18	—	—	φ12	φ12	φ14	φ16

（3）房屋为纵墙或纵横墙承重时，无横墙处可不设置钢拉杆，但增设的圈梁应与楼、屋盖可靠连接。

5. 圈梁和钢筋拉杆的施工应符合下列要求

（1）增设圈梁处的墙面有酥碱、油污或饰面层时，应清除干净；圈梁与墙体连接的孔洞应用水冲洗干净；混凝土浇筑前，应浇水润湿墙面和木模板；锚筋和胀管螺栓应可靠锚固。

（2）圈梁的混凝土宜连续浇筑，不得在距钢拉杆（或横墙）1m以内留施工缝，圈梁顶面应做泛水，其底面应做滴水槽。

（3）钢拉杆应张紧，不得弯曲和下垂；外露铁件应涂刷防锈漆。

复 习 思 考 题

1. 什么叫砌体结构？其特点是什么？
2. 目前常用的块体材料有哪几种？
3. 引起建筑工程质量事故的原因有哪些？
4. 砖砌体结构的裂缝有哪几种？造成的原因分别是什么？
5. 房屋抗震加固时施工的原则是什么？
6. 房屋抗震承载力不能满足要求时，可供选择的加固方法有哪些？
7. 房屋的整体性不能满足使用要求时，其加固方法有哪些？
8. 采用水泥砂浆面层和钢筋网砂浆加固墙体的施工要求是什么？
9. 房屋中易倒塌部位的加固方法有哪些？
10. 何谓配筋砌体？砌体内配筋的作用是什么？
11. 砖砌体轴心受压破坏有何特征？
12. 影响砖砌体抗压强度的主要因素有哪些？
13. 简述裂缝采用灌浆加固的方法。

第四章 钢木结构及维修

第一节 钢木结构

一、钢结构的一般知识

（一）钢结构的特点及其应用

钢结构是一种受力性能较好的建筑结构，与其他材料制造的结构相比，它具有以下特点：

（1）强度高，自重轻。在一定的荷载作用下，钢结构所需要的截面尺寸较小。便于运输和吊装。由于结构自重小，就可以承担更多的外加荷载，或制作成更大的跨度。

（2）塑性、韧性好。钢材破坏前出现较大的塑性变形，能吸收和消耗很大的能量。因此，一般情况下不会因偶然或局部超载而突然脆性破坏，对动力荷载的适应性强，抗震性能好。

（3）钢材材质均匀、工作可靠性高。钢在冶炼和轧制过程中，质量受到严格的检验和控制，因而材质较均匀，质量比较稳定。钢材几乎各向同性，弹性工作范围大，因此它的实际工作情况与一般结构力学计算中采用的材料为匀质各向同性体的假定较为符合，工作可靠性高。

（4）适于机械化加工，工业化生产程度高。组成钢结构的各个部件一般是在专业化的金属结构加工厂制造，然后运至现场，用焊接或螺栓进行拼接和安装，因此加工精细，生产效率高，是工业化生产程度最高的一种结构。

（5）能制成不渗漏的密闭结构。

（6）耐热性能好，但耐火性能差。钢材在常温至200℃以内性能变化不大，但超过200℃以后，钢材的强度及弹性模量将随温度升高而大大降低，到600℃时就完全失去承载能力。另外钢材导热性较高，局部受热（如发生火灾）也会迅速引起整个结构升温，危及结构安全。

（7）易锈蚀。这是钢材的最大弱点。低合金钢的抗锈能力比低碳钢好，其锈蚀速度比低碳钢慢。耐候钢抗锈最好，其抗锈能力高出一般钢材2～4倍。

目前钢结构在我国建筑工程中的应用范围大致如下：

（1）受荷载大的结构。如工业建筑中的重型厂房，其主要承重骨架及吊车梁，大多采用钢结构。

（2）大跨度结构。如大型公共建筑物、大型工业厂房、飞机维修库等，常采用钢结构。

（3）高层建筑。

（4）塔桅结构。如钢结构电视塔、北京的环境气象塔等。

（5）可以拆卸和搬迁的结构。如流动展览馆、移动式混凝土搅拌站、施工临时用的房屋等。

(6) 挡水结构、容器及大直径管道。

(7) 轻型钢结构。

(二) 常用建筑钢及其规格

1. 常用建筑物

钢结构所使用的钢材主要有普通碳素钢和普通低合金钢。现行的《钢结构设计规范》(GBJ 17—88) 中规定，最常用的是 Q235 钢、16Mn 钢。

Q235 钢的材料强度、伸长率、可焊性及疲劳强度等力学性能，适合一般的工业与民用建筑中的钢结构使用。同时，此钢种我国生产量较多，价格较适中，因而成为目前建筑钢中使用最多的钢种。

选用的钢材必须保证其抗拉强度、屈服点、伸长率、冷弯试验值等主要指标达到《钢结构设计规范》的各项要求。

2. 钢材的规格及选用

钢结构所用的钢材主要有钢板和型钢。

(1) 钢板

厚度 $\delta > 4mm$ 的厚板，常用于主要受力构件，如梁、柱、屋架等构件的翼板、腹板、连接板；厚度 $\delta \leqslant 4mm$ 的薄板，常用于次要构件或轻型结构。

(2) 型钢：常用的有角钢、工字钢、槽钢和钢管等。

角钢一般和其他型钢配合，组成受力构件或作为构件之间的连接件。

工字钢主要用作单梁、柱或组合柱等构件。

槽钢有普通槽钢和轻型槽钢两种，常用作柱的组合件或受弯构件。

钢管由于截面对称，面积分布合理，作为受力构件很有利；但其价格比较昂贵且是相同截面积中抵抗弯矩最小的一种形状，不宜作受弯构件，只能有选择地使用在受拉或受压的构件。

除此之外，常使用薄壁型钢。薄壁型钢是用薄钢板或其他轻金属板压制而成，其截面形式及尺寸可合理设计，甚至可按使用要求制作成特殊截面，使其充分发挥钢材的强度。

(三) 钢构件的受力类型

(1) 轴心受拉构件，如屋架的下弦杆、竖直腹杆和钢索等。

(2) 轴心受压构件，如屋架的上弦、斜腹杆及支柱等，支柱的型式分为实腹式和格构式。根据轴心受压构件的受力特征，一般多采用格构式。格构式轴心受压构件，按其设计和制作形式的不同，还可分为缀板式和缀条式两种。

(3) 受弯构件，如屋盖梁、平台梁、吊车梁等。

此外，还有拉弯和压弯构件。对屋架来说，还需设有水平支撑、垂直支撑、交叉支撑和其他连系构件等。

(四) 钢结构连接的种类及其特点

钢结构的连接方法有焊接连接、螺栓连接和铆钉连接三种。目前，焊接应用最为普遍；螺栓连接中，高强度螺栓连接近年来发展很快，使用越来越多；铆钉连接现已基本被焊接和高强螺栓连接所取代，很少采用。但不论采用哪种连接方法，设计时都应符合安全可靠、构造简单、制造方便、节约材料、降低造价等原则。

1. 焊接连接

焊接连接是通过电弧产生的热量使焊条和焊件局部熔化，经冷却凝结成焊缝，从而将焊件连接成为一体。其优点是：对钢材的任何方位、角度和形状一般都可直接连接，不削弱构件截面，节约钢材，密封性能好，易采用自动化作业，生产效率高。其缺点是：焊缝附近钢材材质变脆。焊接过程中钢材受到不均匀的高温和冷却，使结构产生焊接残余应力和残余变形。另外，焊接连接的塑性和韧性较差，施焊时可能产生缺陷，使疲劳强度降低。

2. 螺栓连接

螺栓连接可分为普通螺栓连接和高强度螺栓连接两种。

普通螺栓通常采用 Q235 钢材制成，安装时用普通扳手拧紧；高强度螺栓连接则用高强度钢材经热处理制成，用能控制扭矩或螺栓拉力的特制扳手，拧紧到规定的预拉力值，把被连接件高度夹紧。所以，螺栓连接是通过螺栓这种紧固件把被连接件连接成为一体。

螺栓连接的特点是施工工艺简单、安装方便，特别适用于工地安装连接，工程进度和质量易得到保证。另外，由于装拆方便，适用于需装拆结构的连接和临时性连接。

3. 铆钉连接

铆钉连接是用一端带有半圆形预制钉头的铆钉，经加热后插入被连接件的钉孔中，然后用铆钉枪连续锤击或用压铆机挤压将钉尾铆成另一端的钉头，从而使连接件被铆钉夹紧形成牢固的连接。铆钉连接在受力和计算上与普通螺栓连接相仿。其特点是传力可靠，塑性、韧性较好，但构造复杂，用钢量大，施工麻烦，打铆时噪声大，劳动条件差，目前已极少采用。

二、木结构的一般知识

木结构是由木材或主要由木材承受荷载的结构。木结构除用于房屋结构外还用于桥梁、桅杆、塔架等构造中。

（一）木材的主要特点

木材是良好的结构材料，它具有以下主要特点：

（1）容重小而强度高，与常用的几种主要建筑材料如钢材、混凝土、砖石相比，重量最轻，它的单位容重强度仅次于钢材。

（2）制作容易、便于施工和安装。

（3）施工不受季节限制，可常年施工，且冬季施工不增加工程费用。

（4）木材是各向异性材料，同一根木料在各个方向的强度不相同。

（5）木材是天然材料，在生长中具有疵病，主要是木节、斜纹、裂缝等。疵病对强度的影响较大。

（6）木材易燃烧，易腐朽，结构变形较大。

由于木材具有易燃、易腐朽和结构变形大缺点，火灾危险较大或生产中长期受热使木材表面温度大于50℃的建筑中，以及在经常受潮且不易通风的生产性房屋中，均不应采用木结构。

(二)木材受力的基本知识

(1) 木材受力的特性。木材的强度有异向性。当受力方向与纹理方向相同(顺纹)时,其强度最大;当受力方向与纹理方向垂直(横纹)时,强度最小;当受力方向与木材纹理方向有一定夹角(斜纹)时,木材的强度随着夹角的增大而降低。

(2) 承重构件的选材。按照《木构件设计规范》(GBJ 5—88)的规定,材质分为三级,应根据构件的受力种类选用适当等级的木材。

受拉或拉弯构件,如屋架下弦杆和连接板用一等材。

受弯或压弯构件,如屋架上弦、大梁、檩条等用二等材。

受压构件或次要受弯构件,如支撑、连系杆等用三等材。

选用的各等级木材的材质标准,应符合规范对木材缺陷限制的规定。

(三)木构件的基本形式及受力特点

1. 竖向构件

包括整体式和组合式两种。整体式竖向构件是指用一根完整的木料做成的木柱;而组合式是指用两根或两根以上的木料组成一个支柱。一般木柱在工作状态时是处于顺纹轴心受压状态,由于木材的强度较高,因此柱的截面较小,当柱子较长时,必须考虑纵向弯曲的影响,以保证其稳定性。

2. 水平构件

其种类主要有以下几种:

(1) 木檩条。通常用圆形或矩形木材制成,采用悬臂、简支等支承形式。

(2) 木龙骨。用圆木或方木制成按间距400~600mm平行排列,上面钉木板条。

(3) 木梁。一般用整根圆木或矩形木材制成,也有用各种方式拼接而成。梁式构件在工作时处于受弯状态,对于单跨梁,其截面上部受压,下部受拉,当荷载较大时,挠度比较明显。因此,必须控制梁式构件由荷载引起的挠度,容许挠度值一般控制在跨度的1/250。

(4) 木屋架。其形状由屋面形式和排水方式等要求确定,一般为三角形桁式屋架。屋架的上弦杆和斜杆处于受压工作状态,下弦杆和竖杆处于受拉状态。屋架下弦的跨中节点挠度反应最敏感;而支座节点受力情况比较复杂,由于此联结的质量、木材的腐朽等原因,是最容易损坏的部位。

第二节 钢木结构的缺陷与检查

一、钢结构的缺陷与检查

1. 钢结构的缺陷

(1) 材料的缺陷。钢材内部缺陷主要有白点、疏松、化学元素偏析、非金属夹杂物和裂纹;表面缺陷主要有折叠、砂眼、鳞片、刻痕、裂纹;端头中心裂纹等。

(2) 结构强度不足。由于设计方面的失误、使用时超载、构件制作和安装时的缺陷、或者构件连接所用的材料和构造不当等原因,都会造成结构强度不足。此外,当钢结构受到火灾或高温,表面温度达到1000℃以上时,结构本身会被烧伤,使其强度降低或被破坏。

(3) 钢材生锈和腐蚀。一般分为三种类型。

1）表面腐蚀。由于潮湿空气、雨水等的长期作用，使钢材表面布满锈斑。这种锈蚀影响较小。

2）穿透锈蚀。由于钢材表面局部遇到雨水而产生电解层，造成局部的、狭小的孔蚀，尽管孔的直径不大，但是孔深会减少钢材的横截面，因而这种锈蚀对构件锈蚀造成影响。

3）钢材内部晶块腐蚀破坏。由于荷载长期作用产生的应力，加上锈蚀的继续，使钢材内部的晶粒遭到破坏。这种破坏从表面看腐蚀不严重，但其内部的应力损伤很严重，有可能使构件发生断裂。

2．钢结构的检查

钢结构是由各种构件通过连接而形成的受力整体。因此，钢结构的检查应包括整体性检查、受力构件检查、连接部位检查、支撑系统检查和钢材锈蚀检查等。

（1）整体性检查。检查结构的整体是否处于正常工作状态，结构的整体稳定性是否足够，结构是否发生过大的倾斜及变形等。

（2）受力构件的检查。检查各构件能否正常受力，是否存在变形、裂缝、压损、孔蚀及其他缺陷等。

（3）连接部位的检查（包括焊缝、铆钉和连接螺栓）。焊缝检查应着重注意在使用阶段是否开裂，焊缝的长度、厚度等是否符合设计要求。一般采用外观检查的方法，必要时还要借助力学试验或专用仪器检查。对于铆钉和连接螺栓的检查，应着重注意其连接是否牢固可靠，是否被切断，受力时是否松动。

（4）支撑系统的检查。包括支撑的布置方式是否正确和符合结构设计的要求，支撑是否出现裂缝、蚀孔和松动等缺陷，其锚固是否可靠等。

（5）钢材锈蚀的检查。要进行定期的和经常性地检查，对于严重锈蚀的钢材，应采用较精密的测量工具（如游标卡尺、千分尺等），测定锈缝的深度，查明构件截面削弱的程度，通过计算校核确定是否需要采取维修或加固。

二、木结构的缺陷与检查

在木结构、砖木结构房屋中，木构件的数量较多，而且有不少是承重构件。在正常的使用条件下，木结构是耐久而可靠的。但由于受到设计、施工、使用、维护、材质等因素的影响，会使木结构产生腐朽、虫蛀、裂缝、倾斜、变形过大、缺陷、腐蚀等多种病害而过早破坏。因此，相对于其他结构，木结构更需要正确使用，定期检查，加强预防，适时维修，以保证结构安全，延长其使用寿命。

1．木结构的损坏现象、原因及其危害

木结构在使用过程中，受到自然的、人为的因素影响，会产生各种不同的损坏现象，其中腐朽、虫蛀、过火烧蚀，是木材最严重的缺陷，对木结构正常使用产生的危害也最大。对木结构各种损坏现象、损坏原因及其危害的分析见表4-1，对做好木结构的维护和修缮工作大有益处。

2．木结构损坏情况的检查方法

为了做好木结构的维修工作，使其处于正常工作状态，必须定期对木结构进行检查，以便及时发现问题，采取相应的预防措施（见表4-2）。损坏严重者，应立即进行修缮处理，以确保房屋的正常、安全住用。

木结构的损坏现象、原因及其危害 表 4-1

损坏现象及损坏原因	危　害
腐朽：木材颜色由黄变深，最后呈黑褐色，其表面干缩、龟裂、木质松软碎裂，木材断面减小，木质细胞逐渐破坏 原因：木材被木腐菌侵蚀，其细胞被逐渐破坏	木结构受力截面减小，木材强度严重减小，降低或完全失去承载能力。危害最大
虫蛀：木材表面有小孔，偶尔有蚁迹、蚁路，结构截面较大时，被蛀蚀的一侧表面偶尔有隆起现象，木材内部被蛀成许多孔道 原因：木材被白蚁、家天牛等害虫蛀蚀，其中以白蚁的危害最严重	使木构件的截面减小，降低或失去承载能力。虫蛀严重时，危害最大
裂缝：分为干裂、断裂和劈裂 干裂：木材顺木纹，由表及里发展的径向裂缝，其中主裂缝（最早出现的第一条裂缝）最宽最深 原因：木构件在干燥过程中，因水分蒸发、干缩不均匀而产生的	此缝如处于受剪面或附近，以及处于受拉接头的螺栓孔之间时，可造成接头或受剪面的破坏，危害最大
劈裂：木构件沿顺纹受剪面产生裂缝。如木屋架下弦端节点处，木夹板螺栓联结处等 原因：木构件顺纹抗剪强度不足或材质有缺陷 断裂：木构件沿顺木纹方向或顺木纹（有斜纹）方向产生裂缝，并逐渐发展而断裂 原因：木构件的抗拉强度不足或材质有缺陷	可使木构件失去承载能力，危害很大
缺陷：木材缺陷分斜纹、木节与涡纹等 斜纹：受弯、受拉、受压构件中常沿斜纹开裂 原因：斜纹降低了构件的抗弯、抗拉、抗压强度	可使构件断裂破坏，危害较大
木节与涡纹：受弯、受拉、受压、受剪构件中常沿木节处开裂 原因：木节破坏了材质的均匀性，减小了构件的有效截面，降低了木材的力学强度	可使木构件断裂或剪切破坏，危害较大
倾斜：木柱偏离竖直方向；木屋架在垂直于结构平面的方向倾斜 原因：木柱间及屋盖缺乏必要的纵向支撑系统，或受到撞击及地震灾害等的影响	严重倾斜时可导致倒塌事故，危害较大
变形过大：受弯、受压木构件产生过大的弯曲变形，或木屋架等构件的整体或局部产生过大的异常变形 原因：构件抗弯强度不足，或构件整体或局部承载能力不足、超载、受力方向改变	弯曲过大将导致构件断裂，整体或局部变形过大将会产生损坏及倒塌事故，危害较大
腐蚀：木构件颜色逐渐改变，材质酥松、强度降低 原因：构件受到酸、碱、盐等的侵蚀	严重腐蚀时，可使木材强度降低，受力截面减小、降低或失去承载能力，危害较大

木结构损坏情况的检查方法　　　　　　　　　表 4-2

检查方法	检查内容
看	（1）看木构件有无过大的变形（弯曲变形、异常变形）、倾斜及材质缺陷 （2）看木构件有无受潮、腐蚀、虫蛀及腐蚀的迹象，看室内通风是否良好 （3）看木构件有无危害性较大的裂缝（干裂、劈裂、断裂） （4）看木结构的构造是否符合要求，如木屋架的端节点、上下弦接头、支撑、保险螺栓的根数、直径 （5）看木结构中各种铁件有无锈蚀及锈蚀程度 （6）看木结构各受力构件的工作状况及整体稳定性
敲	（1）用小锤轻敲木构件，听声音是否低哑沉闷，以判断是否有腐朽、虫蛀、腐蚀、裂缝等 （2）用小锤轻敲各种铁件，以检查是否松动及其锈蚀程度
钻	（1）用小木钻在损坏部位钻孔，从木屑的颜色和木材的强度来判别构件内部有无腐朽、虫蛀、腐蚀、以及其范围、深度和程度等

第三节　钢木结构的维修与加固

一、钢结构的维修与加固

（一）钢结构的防锈

锈蚀是钢材的最大弱点，所以，定期进行防锈检查及除锈处理，成为对钢结构维护的重要内容。

钢材的锈蚀是与外界的工作条件密切相关的。经常处于高温潮湿的环境，受酸、碱侵蚀的部位，露天放置受潮，受有害气体侵蚀，不平处和易于积水的部位等都特别容易产生锈蚀。锈蚀还与钢材的材质有关。

防锈处理常用的方法是油漆。质量好的油漆能使钢材表面产生保护膜，从而作为钢材与外界环境的隔离层，有效地防止外界的有害物质对钢材的侵蚀。

油漆分底漆和面漆。底漆中含粉料多，基料少，成膜粗糙，与钢材表面的黏结力强，并能与面漆很好地结合，常用的底漆有红丹防锈漆、铁红防锈漆、铁红环氧底漆等。面漆则粉料少，基料多，成膜后有光泽，能有效地保护底漆及钢材免受大气有害物质的侵蚀，常用的面漆有油性调和漆、磁漆等。除此之外，还有防腐蚀性能更好的防腐蚀漆，如：环氧防腐漆、沥青耐酸漆、环氧沥青清漆等。

钢材在涂刷油漆或涂料前，应先把构件的表面清理干净，如有锈迹，应彻底清除，以便增加漆膜与构件表面黏附能力。对需要进行重新油漆维护的钢结构，应根据不同情况分别处理；对大面积漆膜完好只局部有锈时，只需将锈蚀的部分涂刷即可；如锈蚀的面积较大或旧漆已失去附着能力，应将旧漆清除，然后重新涂刷。

除锈的方法一般采用敲锈或钢丝刷除锈。较彻底的除锈可采用酸洗除锈或喷砂除锈，如果在酸洗以后再进行磷化处理，使钢材的表面产生一层磷化膜后再进行油漆，防锈效果更好。为了延长钢结构的使用年限，应定期进行油漆维护。如发现钢材的表面失去光泽，或表面出现粗糙、风化、开裂、漆膜起泡及开始出现锈迹等，就应及时进行油漆翻新。

（二）用改变结构形式进行加固

(1) 增加辅助支承。如钢梁的跨中弯矩太大（主要是由于跨度大），致使出现过大的变形，可用增加辅助支承的办法对结构加固。合理地增加支承后，构件的内力值减少，截面受力趋于均匀，更有利于发挥钢材强度。

(2) 简支梁变为加劲梁结构。简支梁如承载能力不足或挠度过大，可在梁下加上杆件成为加劲梁结构（如图 4-1）。加劲梁结构具有较好的受力性能，除增强其承载能力外，能有效地减少原简支梁结构的变形，使结构得到有效的加固。

(3) 增加斜撑或吊杆。如因结构跨度过大，刚度不足，可在结构下方增加斜撑或在上部增加吊杆，以减少计算跨度，达到加固的目的（如图 4-2）。

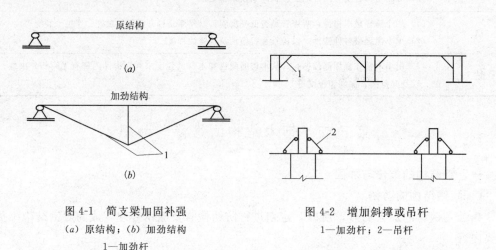

图 4-1 简支梁加固补强
(a) 原结构；(b) 加劲结构
1—加劲杆

图 4-2 增加斜撑或吊杆
1—加劲杆；2—吊杆

(三) 用加大构件截面的方法进行加固

用加大构件截面的办法，能有效地增加构件的承载能力和刚度。加大截面所用的材料，可用型钢、钢筋混凝土、木材等。

(1) 用型钢加大截面。新增加型钢与原截面的连接可以采用焊接、铆接及螺栓连接，必须保证结合牢固、共同工作。连接时力求做到施工方便，不削弱原截面且能更好地发挥其承载能力。增大截面可以采用钢板或型钢，截面的大小按计算确定。新旧截面的连接型式如图 4-3 所示（新增的型钢截面用粗线表示）。

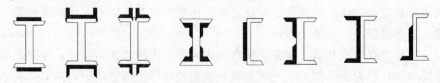

图 4-3 用型钢增大截面加固示意图

(2) 用混凝土加强截面。如钢结构本身出现锈蚀、孔洞、裂缝，使其承载力不足，可在构件中的空隙位置灌注混凝土（如图 4-4）。也可在构件的四周装上模板，然后灌注混凝土，把原钢构件作为劲性钢筋使用，这种加固方法不但能大大提高原构件的强度和刚度，而且还可使钢构件免遭锈蚀，效果较好，其不足之处是加固后构件的自重大大增加。

(3) 用木材加固。它的优点是施工方便和较易拆卸，缺点是木材易腐烂，加固效果不够理想，因此，仅适合于钢构件因稳定性不足而发生危险的紧急情况下进行临时性的加固。

（四）连接部位的加固

如果结构内的受力构件尚有较充足的承载能力，但连接部位较薄弱或受到损坏，则可以通过对连接部位进行加固，从而增强整个结构的承载能力。加固的方法有：

(1) 焊接连接的加固。可对原焊缝进行补焊，加长加厚，还可采用加大节点板尺寸（如图 4-5），增焊新盖板的方法。

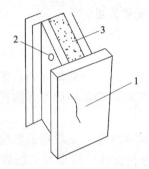

图 4-4　用混凝土加固截面示意图
1—裂缝；2—孔洞；3—混凝土

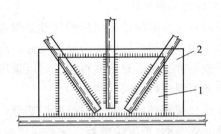

图 4-5　加大节点板尺寸
1—原节点板；2—加焊节点板

(2) 铆接连接的加固。可采用较大的铆钉代替原来的铆钉、增添新铆钉和变单剪铆钉为多剪铆钉等。拆换铆钉时应注意，原铆钉仍处于受力状态，在每次拆换前，必须先卸荷或部分卸荷，拆换的铆钉数不能超过总数的 1/10，如铆钉的总数在 10 个以下时，仅容许一个一个地拆换。

(3) 螺栓连接的加固。其方法有：更换承载力不足的螺栓、增加螺栓的数目和采用高强螺栓代替普通螺栓等。

（五）结构本身的加固

(1) 桁架的加固。腹杆、弦杆如果因荷载过大或节间的间距过大，出现某些截面材料强度不足或构件刚度不足时，可采用增添辅助腹杆的办法进行加固，增添辅助腹杆可以缩小某些构件的长细比，提高其承载力（如图 4-6）。

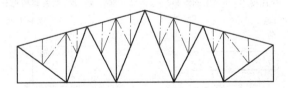

图 4-6　增添辅助腹杆
（图中点划线代表新加的腹杆）

(2) 柱的加固。对格构式柱（缀条）的加固可采用增加缀条、用缀板代替缀条、加强缀条间的连接等办法，缩小柱节间计算长度，提高承载力；也可以按需要，在柱主体的内侧或外侧贴附钢材（钢板或型钢），直接加大承载截面，提高承载力。

(3) 型钢梁的加固。加固的方案是在原型钢的下方加圆钢拉杆，用普通粗制螺栓，锚固点采用角钢焊接于梁底，加固后对梁进行防锈处理。此加固方法用料少，施工方便。

二、木结构的维修与加固

木结构的维修，应在对结构进行检查鉴定的基础上进行。对整个结构基本完好，仅在局部范围或个别部位有病害、破损的结构，应尽量在原有位置上，对原结构进行局部的修缮与加固，对破损的杆件进行更换。只有在结构普遍严重损坏，或整体性的承载能力不足的情况下，并经多种方案综合比较后，才采取整个结构翻修或换新的方法。

对木结构进行修缮施工时，要尽量减少或避免对原结构的影响。加固工作往往是在荷载作用下进行的，首先应设置牢固可靠的临时支撑，同时要避免较大的震动或撞击，以防产生不利的影响。新增设的杆件、铁杆、夹板等应选材合理，构造符合要求，主要部位应经结构计算，以确定增设杆件、铁件等的截面尺寸及配置数量。

1. 木柱的维修加固

木柱通常发生的问题是屈折和柱肢受潮腐朽。

柱子受压产生屈折后就变为压弯构件，附加弯矩在柱内产生附加应力，促使柱的弯曲加大而不能正常工作。对于整料柱子可以采用矫正、校直、绑条加固等办法；对组合柱可采用夹板或填板进行加固（图 4-7）。

对木柱柱脚腐烂，可采用锯截腐烂部分，并加以防腐处理，下段用钢筋混凝土或混凝土墩支承（图 4-8）的方法维修。注意在锯截前必须进行支撑，待混凝土墩硬结后，再撤去支撑；当柱脚腐朽长度在 800mm 以上时，可更换混凝土柱，更换时上下两部分的受力轴线必须一致，并用铁板和螺栓紧固（图 4-9）。

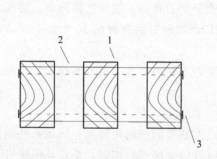

图 4-7 组合木柱用模板加固
1—原木柱；2—新加填木；3—紧固螺栓

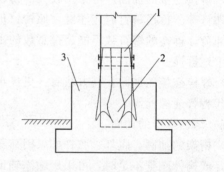

图 4-8 用混凝土墩接驳柱脚
1—钢夹板；2—截去腐朽部分用混凝土填平；
3—混凝土墩

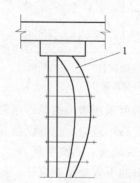

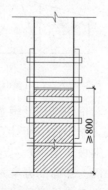

图 4-9 混凝土柱更换木柱脚示意图
1—受压柱弯曲后矫正加固

2. 木梁的维修加固

木梁承载能力不足，表现为挠曲太大，梁下边缘纤维拉断开裂等。加固的办法有：

(1) 在梁下加托梁或木柱、砖柱；

(2) 在梁两侧加夹板（图 4-10）；

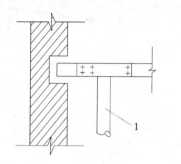 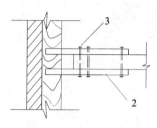

图 4-10 木梁夹接加固方法
1—临时支撑；2—新加夹板；3—螺栓

(3) 用钢杆悬吊于上面较坚固的结构上，此法可卸去部分荷载并增加支点，减少了跨度；

(4) 在梁的两下端加设斜撑；

(5) 将木梁改造成加劲梁或桁架梁（图 4-11）；

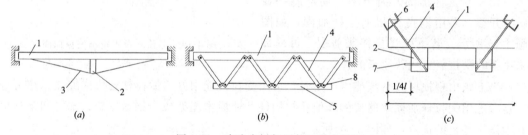

图 4-11 改造木梁加固的三种方法
(a) 在梁下加木柱；(b) 将木梁改造成桁架梁；(c) 用钢杆悬吊、并加斜支撑
1—原木梁；2—短木柱；3—钢筋；4—斜拉杆；5—下弦杆；6—槽钢；7—钢拉杆，2φ18～20；8—螺栓

(6) 木梁端支座腐朽的维修。木梁端入墙部分容易受潮腐朽，如腐朽不严重，可进行刮腐防腐处理；如腐朽较严重，应将腐朽部分切除，改用槽钢或角钢接长恢复入墙部位（图 4-12）；如条件允许，也可在支座旁加柱作长期支撑。木梁支座开裂处，可采用铁箍加固。

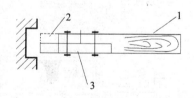

图 4-12 用槽钢或角钢更换
梁支座腐朽部分
1—原木梁；2—截去的腐朽部分；
3—槽钢或角钢

3. 木屋架的维修加固

(1) 上弦杆加固。上弦杆常出现挠曲变形、腐朽开裂等破损现象。

1) 挠曲变形：可用圆木或方木支撑在节间，两侧用铁板钉牢夹紧（图 4-13）。上弦有凸曲可用木方和螺栓拧紧矫正（图 4-14）。

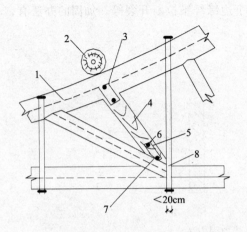
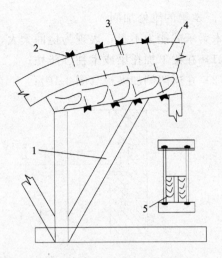

图 4-13 上弦挠曲用短木加固示意图
1—上弦挠曲；2—原有檩条；
3、5—连接扁铁；4—新增木支撑；
6—螺栓；7—木支撑连结槽口；8—吊杆

图 4-14 上弦凸起用螺栓夹板加固矫正
1—新加木方；2—角钢；3—螺栓；
4—上弦凸起；5—木方连接细部

2）上弦断裂、腐朽：用新添夹板加固，如图 4-15 所示。

（2）下弦杆加固。因节疤、局部腐朽或斜纹开裂，采用钢夹板和钢拉杆加固，如图画 4-16 所示。若下弦受拉接头剪裂，可局部采用新的受拉装置代替原来的接头。

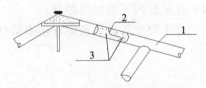

图 4-15 上弦断裂用新添夹板加固
1—屋架上弦；2—断裂；3—新添夹板

当下弦出现损坏或承载能力不足时，可用受拉性能很好的钢拉杆替代或加强。还可进一步考虑用钢拉杆加固木屋架的其他受拉构件，使原木屋架成为钢木屋架，木材和钢材更好地发挥各自的优点，如图 4-17 所示。

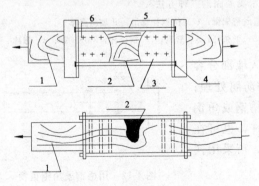
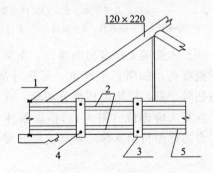

图 4-16 下弦断裂加固示意图
1—下弦；2—下弦节疤裂；3—加固钢板；
4—角钢；5—拉结钢筋；6—紧固螺栓

图 4-17 下弦严重开裂用钢拉杆加固
1—锚固角铁；2—钢筋拉杆；
3—紧固角铁；4—连接螺栓；5—下弦

（3）屋架端支座加固。此部位损坏主要是齿槽受剪面被剪裂或木材腐朽造成承载力不足。处理方法是将端部腐朽部分全部截去更换新材。若少量腐朽，则刮除腐朽表面，涂刷氟化钠（3％浓度，或2.5％氟化钠加3％碳酸钠），然后用油漆加以保护。

（4）木屋架下增设支柱的加固。木屋架下增设支柱的加固适用于屋架系统承载力不足或严重损坏时。这种加固的优点在于施工方便，用料少，加固效果显著，缺点是增设的支柱不同程度地影响美观和使用。

木屋架下增设支柱后，改变了屋架的受力状态。为了收到预期的加固效果，增设新的支柱应注意下列问题：

（1）支柱的位置

由于屋架局部损坏威胁安全而进行的临时性加固，一般应增设两根支柱，分别安设于损坏点的两侧结构可靠之处。

对于承载力不足而结构尚无严重破坏的加固，一般可增设一根支柱。支柱设在跨中效果最大，当跨中增设支柱为使用所不允许时，也可将支柱设置到跨中附近的其他节点位置上。支柱一般不应设在两个相邻节点的中间，而导致弦杆在节间产生附加弯矩。

（2）腹杆的加固

在木屋架下增设支柱后，可导致腹杆内应力的大小甚至应力正负符号发生变化，因此应进行验算并根据其结果加固腹杆。

（3）支柱和柱基

支柱可以根据具体情况选用木柱、型钢柱、砖柱等多种形式。支柱的断面和构造，必要时应按有关设计规范作强度和稳定性计算确定。支柱安装后要求柱顶与屋架下弦接触严密，以保证支柱参与共同受力，为此可考虑屋架部分卸荷、下弦略有起拱、在支柱与下弦交接处夹入楔子等做法。

支柱应设置在受力可靠的基础上。基础的尺寸应根据受力的大小和使用时间的长短加以确定。临时性加固一般可直接支承在水泥地面上或用方木垫上。支柱和基础之间应有可靠的连接，以防止滑移现象，如图4-18所示。原受拉腹杆为圆钢，加固后为受压腹杆，改为方木。

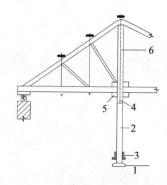

图4-18 木屋架增设支柱加固示意图
1—混凝土柱基；2—加固新增支柱；
3—连接用铁夹板螺栓；4—木夹板；
5—垫木；6—方木腹杆

第四节 案 例

案例4-1

某木屋架跨度为17m，目测到整个顶棚有多处不同程度的下垂。由于屋架变形速度较快及变形明显，表明结构内产生局部破坏，因此立即组织了结构检查。

发现有三榀屋架跨中挠度为13cm（为跨度的1/130），主要原因是屋架顶节点构造不合理造成上弦杆劈裂。另有三榀屋架跨中挠度为19cm（为跨度的1/90），主要原因是屋面长期漏水，致使下弦接头腐朽而拉脱。其余屋架跨中挠度为5~8cm，但也存在着局部的腐朽、挤压变形、劈裂等缺陷。

检查后分析认为,上弦劈裂和下弦接头拉脱的屋架处于危险状态,必须立即组织大修。

对接头拉脱的下弦,将木料腐朽的部分更新。针对上弦劈裂的情况,将全部屋架顶节点的扁铁夹板,改作钢板夹板,劈裂的木材局部更新。全部屋架的各种局部缺陷分别作出了检查和维修,在木屋架维修加固之前,结合屋面板更新等其他维修项目进行了部分卸荷。依次维修的过程中,先用千斤顶校正屋架的挠曲变形,使之略有起拱。这次屋架大修,原有结构保留未动,因而添料不多,人工消耗较少。

复 习 思 考 题

1. 钢结构检查应包括哪些内容?
2. 木结构有哪些常见的缺陷?
3. 钢结构如何防锈?
4. 钢结构有哪些加固方法?
5. 钢结构构件连接部分如何进行加固?
6. 木结构的连接、节点或杆件局部损坏如何进行维修加固?
7. 试述木屋架各构件(部位)的维修加固方法。

第五章 房屋地基基础及维修

第一节 房屋地基基础概述

一、地基和基础的概念

建筑工程中，地基和基础是两个不同的概念。建筑物是建造在一定的土层或岩石上面。建筑物埋入土层中的部分称为基础，基础下面承受建筑物全部荷载的土层称为地基。见图5-1所示。

基础是建筑物的最重要组成部分之一，是位于房屋最下部位的承重构件，承受建筑物的所有荷载并将荷载传递给地基，它的强度、刚度、稳定性直接关系到建筑物的适用、安全、耐久和使用。地基的承载力、压缩性、稳定性更直接影响到基础以至建筑物的适用、安全、耐久性和正常使用。

正确解决建筑物的地基与基础问题是建筑工程中一项十分重要的工作。由于房屋的地基与基础是隐蔽在地表深处的工程，维修十分不便。要求在勘察、设计、施工、监理中，严格执行国家的法律、法规、规范中的规定。

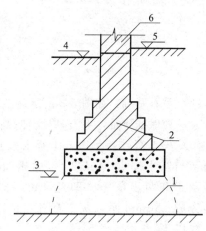

图5-1 地基与基础
1—地基；2—基础；3—基础底面；
4—室外地面；5—室内地面；6—上部结构

二、地基和基础的分类

地基按其处理与否，可分为天然地基和人工地基两类，未经过人工处理的地基称为天然地基，经过人工处理加固过的地基则称为人工地基。

基础按其埋置深度的不同，可分为浅基础和深基础两类，埋置深度在5m左右能用一般方法施工的基础称为浅基础；当需要埋置在较深的土层上，采用特殊方法施工的基础则称为深基础，如桩基础、沉井和地下连续墙等。

基础的类型有多种，只有了解各种类型基础的特点及适用范围，才能在基础设计和维修时合理地选择基础的设计方案。

1. 刚性基础

刚性基础是指用受压极限强度比较大，而受弯、受拉极限强度较小的材料所建造的基础。如：砖、灰土、混凝土基础都属这类基础。

（1）砖基础：如图5-2所示。砖基础是一种常用的基础，其剖面做成阶梯形，通常称大放脚。大放脚从垫层上开始砌筑，为保证刚度符合规范的要求，做成两皮一收的等高型式或两皮一收与一皮一收相间的间隔型式，基底处必须先做两皮。一皮即为一层砖，一收为收进 1/4 砖长。砖基础所用的砂浆强度不宜低于 M5，当地基土潮湿或有地下水时宜用水泥砂浆。

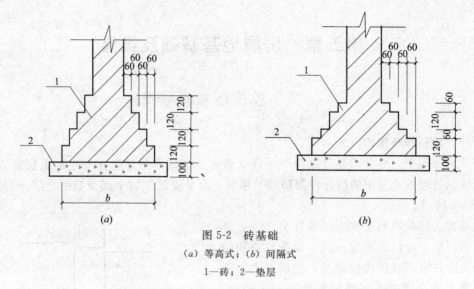

图 5-2 砖基础
(a) 等高式；(b) 间隔式
1—砖；2—垫层

(2) 毛石基础：如图 5-3 所示。毛石是指没有经过加工整平的石料，由于毛石尺寸差别较大，为保证质量，毛石基础台阶高度及基础墙厚均不宜少于 400mm。

(3) 灰土基础：见图 5-4 所示。灰土是用熟化后的石灰粉和黏土拌合而成。通常将石灰与黏土按 2：8 或 3：7 的比例拌和均匀、控制湿度、分层夯实。按厚度可分成三步灰土和两步灰土。即对 450~300mm 厚，分步夯实，每步虚铺 200~250mm，每步夯成 150mm 厚。灰土基础在地下水位较高时，不宜采用；且基础应设置在地基冰冻线以下。

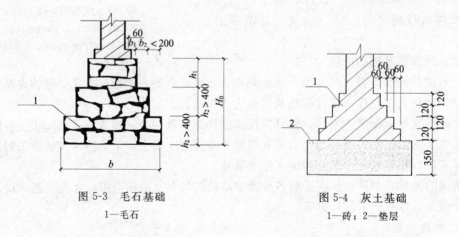

图 5-3 毛石基础　　　　图 5-4 灰土基础
1—毛石　　　　　　　1—砖；2—垫层

(4) 碎砖三合土基础：碎砖三合土是由碎砖与灰浆拌合而成，其消石灰，砂或黏土与碎砖的体积比一般采用 1：2：4 或 1：3：6，分步夯实，第一层虚铺 220mm，其余每层为 200mm。每步夯实至 150mm。三合土垫层的强度较低，一般只用作低层房屋的基础。灰土基础、三合土基础实际上为砖基础的垫层，习惯上称为灰土、三合土基础。

(5) 混凝土和毛石混凝土基础：见图 5-5 所示。混凝土由水泥、砂、石子和水经一定的比例拌合浇筑而成，其强度等级常为 C10。可在混凝土中掺入 25%～30%体积的毛石，称为毛石混凝土。毛石的尺寸不宜超过 300mm。掺入毛石的混凝土的强度、耐久性、抗冻性都比前几种基础的性能好。

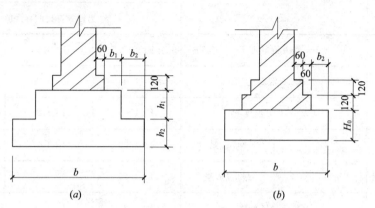

图 5-5 混凝土和毛石混凝土基础
(a) 混凝土基础；(b) 毛石混凝土基础

刚性基础的抗拉、抗弯强度都较低。在地基反力（大小同基底应力 P，方向则相反）作用下，基础下部的扩大部分如同悬臂梁，会向上弯曲。基础底面受拉，如悬臂过长，则易产生弯曲裂缝，甚至断开，因此需用台阶宽高比的容许值（见表 5-1）进行控制，其宽高比示意如图 5-6。

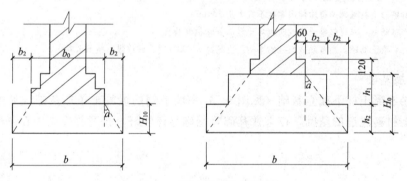

图 5-6 刚性基础的宽高比

基础悬臂长度只要符合宽高比的规定时，就不会发生弯曲破坏现象。

宽高比容许值可用 $\tan a$ 表示，其 a 角称为容许刚性角。基础底面宽度 b 应符合下式要求：

$$b \leqslant b_0 + 2H_0 \tan a \tag{5-1}$$

式中　b_0——基础顶面墙、柱宽度（m）。

　　　H_0——基础高度（m）。

　　　$\tan a$——基础宽高比的容许值，可按表 5-1 选用。

刚性基础可用于六层和六层以下（使用三合土基础，房屋的层数不宜超过四层）的一般民用建筑和墙承重的轻型厂房。如超过此范围时，必须验算基础强度。

刚性基础台阶宽高比的容许值　　　　　表 5-1

基础名称	质量要求	基底应力 P (kPa)		
		$P \leqslant 100$	$100 < P \leqslant 200$	$200 < P \leqslant 300$
		台阶宽高比的容许值		
混凝土基础	C10 混凝土	1:1.00	1:1.00	1:1.25
	C7.5 混凝土	1:1.00	1:1.25	1:1.50
毛石混凝土基础	C7.5～C10 混凝土	1:1.00	1:1.25	1:1.50
砖基础	砖不低于 MU7.5　M5 砂浆	1:1.50	1:1.50	1:1.50
	M2.5 砂浆	1:1.50	1:1.50	
毛石基础	M2.5～M5 砂浆	1:1.25	1:1.50	
	M1 砂浆	1:1.50		
灰土基础	体积比为 3:7 或 2:8 的灰土	1:1.25	1:1.50	
三合土基础	体积比为 1:2:4～1:3:6	1:1.50	1:2.00	

注：1. P——基础底面处的平均压力 (kPa)。
  2. 阶梯形毛石基础的每阶伸出宽度不宜大于 200mm。
  3. 当基础由不同材料叠合组成时应对接触部分作抗弯验算。
  4. 对混凝土基础，当基础底面处的平均压力超过 300kPa 时，尚应进行抗剪验算。

2. 扩展基础

指钢筋混凝土柱下独立基础（见图 5-7）和墙下钢筋混凝土条形基础（见图 5-8）。用钢筋混凝土材料建造的基础，称柔性基础。基础整体性好，抗弯强度高，在基础设计中广泛使用。

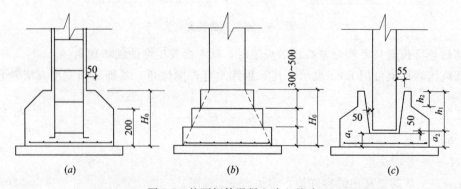

图 5-7　柱下钢筋混凝土独立基础
(a) 现浇锥形基础；(b) 现浇阶梯形基础；(c) 预制杯形基础

3. 柱下条形基础

当地基较软弱，为减少柱基之间的不均匀沉降，或柱距较小而荷载较大，使各柱基底面靠近或重叠时，可在整栋柱下做一条钢筋混凝土地梁，将各单独基础连接成柱下条形基础，见图 5-9。当地基压缩性很高且荷载较大时，为增加建筑物基础的整体性，可在纵横向均设置柱下条形基础而成为柱下十字交叉条形基础，见图 5-10。

4. 筏板基础

当荷载很大或地基软弱，可使用筏板基础，见图 5-11。

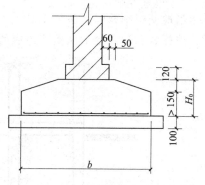

图 5-8 墙下钢筋混凝土条形基础

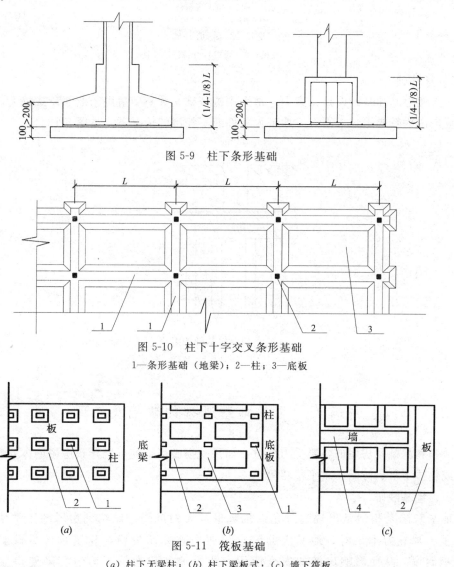

图 5-9 柱下条形基础

图 5-10 柱下十字交叉条形基础

1—条形基础（地梁）；2—柱；3—底板

图 5-11 筏板基础

（a）柱下无梁柱；（b）柱下梁板式；（c）墙下筏板

1—柱；2—筏板；3—地梁；4—墙

5. 箱形基础

当地基特别软弱，荷载十分大时，或需有地下室时基础可做成由钢筋混凝土整片底板、顶板和钢筋混凝土纵横墙组成的箱形基础，见图5-12。

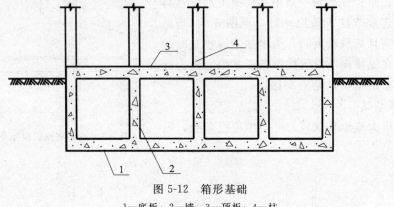

图 5-12　箱形基础
1—底板；2—墙；3—顶板；4—柱

6. 桩基础

在天然地基深基础设计方案中，常采用桩基础。桩基础适用于上部荷载较大，地基在较深范围内为较弱土且采用人工地基无条件或不经济的情况下，见图5-13。

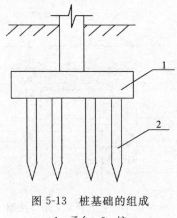

图 5-13　桩基础的组成
1—承台；2—桩

第二节　房屋地基基础的缺陷及处理

地基和基础是房屋的主要受力部位，如果受损破坏，就可能导致房屋墙体开裂、房屋局部或整体下沉、倾斜、水平位移等。

一、地基缺陷

地基缺陷是指地基出现超过允许沉降量，大的沉降而影响到房屋的正常使用；或是地基土承载力不足时，地基土会因发生剪切破坏而失稳，建筑物严重倾斜，甚至建筑物倒塌，从而影响房屋的安全使用；或是地基超大的不均匀沉降使房屋基础和上部结构开裂、倾斜，影响到建筑物的正常使用。其中最常见的是地基出现不均匀沉降现象。

减少地基不均匀沉降的一般措施主要有以下三方面：

1. 建筑措施

建筑平面形状力求简单，高度差异不宜过大；设置沉降缝，将建筑物划分为几个刚度较好的部分；考虑相邻房屋的间距；注意建筑物各组成部分的标高。

2. 结构措施

减小基础底面的附加应力；调整各部分的荷载分布、基础宽度或埋置深度；对不均匀沉降要求严格或重要的房屋和构筑物，必要时可选用较小的基底应力；增加上部结构的整体刚度和强度。

3. 施工和使用措施

在软弱地基上建造房屋时，通常先将重、高房屋先施工，有一定沉降后再施工轻、低房屋；施工时注意保护地基土的原状结构，避免扰动地基土；控制施工期间加载速率，掌握加载间隔时间；调整活荷载分布；对于活荷载较大的构筑物使用前期应控制加载速度。

二、基础缺陷

基础缺陷产生的原因很多，有地基失效、设计、施工、使用等多方面原因。

房屋的地基基础一旦出现缺陷，将会影响到正常的使用，为了确保房屋的正常使用，必须对房屋的地基加固，对基础进行补强。

第三节　房屋地基的加固与基础补强

对建筑物地基加固与基础补强施工，其作业空间受限，技术难度大，安全性要求高。要对已有缺陷的地基与基础进行检测、验算、分析原因，作好损坏程度的判别，寻求最佳的加固方法并做相应的技术准备工作。工程费用也高。

房屋基础的加固方法有基础补强注浆加固法、加大基础底面积法、加深基础法、锚杆静压桩法、树根桩法、坑式静压桩法、石灰桩法。房屋地基的加固方法有注浆加固法等。

一、基础补强注浆加固法

基础补强注浆加固法适用于基础因受不均匀沉降、冻胀或其他原因引起的基础裂损时的加固。注浆施工时，先在原基础裂损处钻孔，注浆管直径为25mm，钻孔与水平面的倾角不应小于30°，钻孔孔径应比注浆管的直径大2～3mm，孔距可为0.5～1.0m。

浆液材料可采用水泥浆等，注浆压力可取0.1～0.3MPa。如果浆液不下沉，则可逐渐加大压力至0.6MPa，浆液在10～15min内再不下沉则可停止注浆。注浆的有效直径为0.6～1.2m。

对单独基础每边钻孔不应少于2个；对条形基础应沿基础纵向分段施工，每段长度可取1.5～2.0m。

二、加大基础底面积法

加大基础底面积法适用于既有建筑的地基承载力或基础底面积尺寸不满足设计要求时

的加固。可采用混凝土套或钢筋混凝土套加大基础底面积。加大基础底面积的设计和施工应符合下列规定：

(1) 当基础承受偏心受压时，可采用不对称加宽；当承受中心受压时，可采用对称加宽。

(2) 在灌注混凝土前应将原基础凿毛和刷洗干净后，铺一层高强度等级水泥浆或涂混凝土界面剂，以增加新老混凝土基础的黏结力。

(3) 对加宽部分，地基上应铺设厚度和材料均与原基础垫层相同的夯实垫层。

(4) 当采用混凝土套加固时，基础每边加宽的宽度其外形尺寸应符合国家现行标准《建筑地基基础设计规范》（GB 5007—2002）中有关刚性基础台阶宽高比允许值的规定。沿基础高度隔一定距离应设置锚固钢筋。

(5) 当采用钢筋混凝土套加固时，加宽部分的主筋应与原基础内主筋相焊接。

(6) 对条形基础加宽时，应按长度1.5～2.0m划分成单独区段，分批、分段、间隔进行施工。

当不宜采用混凝土套或钢筋混凝土套加大基础底面积时，可将原独立基础改成条形基础；将原条形基础改成十字交叉条形基础或筏形基础；将原筏形基础改成箱形基础。

施工常用方式：

(1) 在基础两侧加混凝土或钢筋混凝土围套，如图5-14所示；

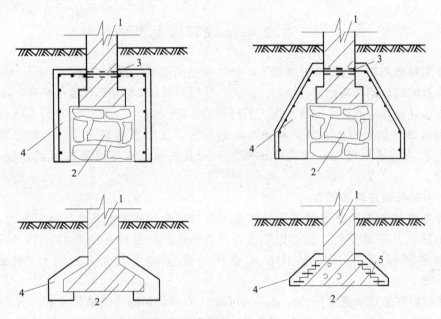

图5-14 条形基础加大底面积
1—原有墙身；2—原有基础；3—墙脚钻孔穿加固筋并焊牢；4—基础加宽部分；5—钢筋锚杆

(2) 独立基础在四侧加混凝土或钢筋混凝土围套，如图5-15（a）、（b）所示；

(3) 在原承台面外对称设桩，并在其上面新增一承台，如图5-15（c）、（d）所示。

本法施工简单，不需特殊设备，土方开挖浅，费用低。

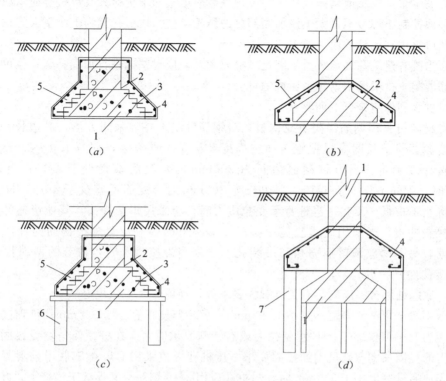

图 5-15 独立基础扩大面积
（a）、（b）柱基加宽；（c）、（d）柱基加宽并加桩
1—原有基础；2—混凝土表面凿毛、清刷干净；3—锚杆；4—钢筋网片；
5—柱基加宽部分；6—灰土桩；7—混凝土灌注桩

三、加深基础法

加深基础法适用于地基浅层有较好的土层可作为持力层且地下水位较低的情况。可将原基础埋置深度加深，使基础支承在较好的持力层上，以满足设计对地基承载力和变形的要求。当地下水位较高时，应采取相应的降水或排水措施。

基础加深的施工应按下列步骤进行：

（1）先在贴近既有建筑基础的一侧分批、分段、间隔开挖长约 1.2m，宽约 0.9m 的竖坑，对坑壁不能直立的砂土或软弱地基要进行坑壁支护，竖坑底面可比原基础底面深 1.5m；

（2）在原基础底面下沿横向开挖与基础同宽，深度达到设计持力层的基坑；

（3）基础下的坑体应采用现浇混凝土灌注，并在距原基础底面 80mm 处停止灌注，待养护一天后再用掺入膨胀剂和速凝剂的干稠水泥砂浆填入基底空隙，再用铁锤敲击木条，挤实所填砂浆。

四、锚杆静压桩法

锚杆静压桩法适用于淤泥、淤泥质土、黏性土、粉土和人工填土等地基土。

1. 锚杆静压桩设计应符合下列要求

（1）锚杆静压桩的单桩竖向承载力可通过单桩载荷试验确定；当无试验资料时，也可按国家现行标准《建筑地基基础设计规范》（GB 5007—2002）有关规定估算。

(2) 桩位布置应靠近墙体或柱子。设计桩数应由上部结构荷载及单桩竖向承载力计算确定；必须控制压桩力不得大于该加固部分的结构自重。压桩孔宜为上小下大的正方棱台状，其孔口每边宜比桩截面边长大 50~100mm。

(3) 当既有建筑基础承载力不满足压桩要求时，应对基础进行加固补强；也可采用新浇筑钢筋混凝土挑梁或抬梁作为压桩的承台。

(4) 桩身制作应符合下列要求

桩身材料可采用钢筋混凝土或钢材；对钢筋混凝土桩宜采用方形，其边长为 200~300mm。每段桩节长度应根据施工净空高度及机具条件确定，宜为 1.0~2.5m。桩内主筋应按计算确定，当方桩截面边长为 200mm 时，配筋不宜少于 4ϕ10；当边长为 250mm 时，配筋不宜少于 4ϕ12；当边长为 300mm 时，配筋不宜少于 4ϕ16。桩身混凝土强度等级不应低于 C30。当桩身承受拉应力时，应采用焊接接头，其他情况可采用硫磺胶泥接头连接。当采用硫磺胶泥接头时，其桩节两端应设置焊接钢筋网片，一端应预埋插筋，另一端应预留插筋孔和吊装孔。当采用焊接接头时，桩节的两端均应设置预埋连接铁件。

(5) 原基础承台除应满足有关承载力要求外，尚应符合下列规定

承台周边至边桩的净距不宜小于 200mm；承台厚度不宜小于 350mm；桩顶嵌入承台内长度应为 50~100mm。当桩承受拉力或有特殊要求时，应在桩顶四角增设锚固筋，伸入承台内的锚固长度应满足钢筋锚固要求。压桩孔内应采用 C30 微膨胀早强混凝土浇筑密实。当原基础厚度小于 350mm 时，封桩孔应用 2ϕ16 钢筋交叉焊接于锚杆上，并应在浇筑压桩孔混凝土的同时，在桩孔顶面以上浇筑桩帽，厚度不得小于 150mm。

(6) 锚杆可用光面直杆镦粗螺栓或焊箍螺栓，并应符合下列要求：

当压桩力小于 400kN 时，可采用 M24 锚杆；当压桩力为 400~500kN 时，可采用 M27 锚杆；锚杆螺栓的锚固深度可采用 10~12 倍螺栓直径，并不应小于 300mm，锚杆露出承台顶面长度应满足压桩机具要求，一般不应小于 120mm。锚杆螺栓在锚杆孔内的黏结剂可采用环氧砂浆或硫磺胶泥。锚杆与压桩孔、周围结构及承台边缘的距离不应小于 200mm。

2. 锚杆静压桩施工应符合下列规定

(1) 锚杆静压桩施工前应做好下列准备工作

清理压桩孔和锚杆孔施工工作面；制作锚杆螺栓和桩节的准备工作；开凿压桩孔，并应将孔壁凿毛，清理干净压桩孔；将原承台钢筋割断后弯起，待压桩后再焊接；开凿锚杆孔，应确保锚杆孔内清洁干燥后再埋设锚杆，并以黏结剂加以封固。

(2) 压桩施工应符合下列规定

压桩架应保持竖直，锚固螺栓的螺帽或锚具应均衡紧固，压桩过程中应随时拧紧松动的螺帽；就位的桩节应保持竖直，使千斤顶、桩节及压桩孔轴线重合，不得偏心加压，压桩时应垫钢板或麻袋，套上钢桩帽后再进行压桩。桩位平面偏差不得超过±20mm，桩节垂直度偏差不得大于 1% 的桩节长；整根桩应一次连续压到设计标高，当必须中途停压时，桩端应停留在软弱土层中，且停压的间隔时间不宜超过 24h；压桩施工应对称进行，不应数台压桩机在一个独立基础上同时加压。焊接接桩前应对准上、下节桩的垂直轴线，清除焊面铁锈后进行满焊；采用硫磺胶泥接桩时，其操作施工应按国家现行标准《建筑地

基基础工程质量验收规范》(GB 50202—2002)的有关规定执行；桩尖应到达设计持力层深度、且压桩力应达到国家现行标准《建筑地基基础设计规范》(GB 5007—2002)规定的单桩竖向承载力标准值的 2.0 倍，且持续时间不应少于 5min。封桩前应凿毛和刷洗干净桩顶侧表面后再涂混凝土界面剂，封桩可分不施加预应力法和预应力法的两种方法：当封桩不施加预应力时，在桩端达到设计压桩力和设计深度后，即可使千斤顶卸载，拆除压桩架，焊接锚杆交叉钢筋，清除压桩孔内杂物、积水及浮浆，然后与桩帽梁一起浇筑 C30 微膨胀早强混凝土。当施加预应力时，应在千斤顶不卸载条件下，采用型钢托换支架，清理干净压桩孔后立即将桩与压桩孔锚固，当封桩混凝土达到设计强度后，方可卸载。

3. 锚杆静压桩质量检验应符合下列规定

最终压桩力与桩压入深度应符合设计要求。桩身试块强度和封桩混凝土试块强度应符合设计要求，硫磺胶泥性能应符合国家现行标准《建筑地基基础工程质量验收规范》(GB 50202—2002)的有关规定。

施工时无振动无噪声，设备简单，操作方便，移动灵活，可在场地和空间狭窄条件下施工，但需一定的机具设备，见图 5-16。

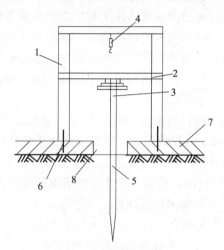

图 5-16　锚杆静压桩
1—反力架；2—活动反力架；
3—油压千斤顶；4—电动葫芦或倒链；
5—分节混凝土预制桩；6—锚杆；
7—基础承台；8—压桩孔

五、树根桩法

树根桩法适用于淤泥、淤泥质土、黏性土、粉土、砂土、碎石土及人工填土等，地基土上既有建筑的修复和增层、古建筑的整修、地下铁道的穿越等加固工程。

1. 树根桩设计应符合下列规定

(1) 树根桩的直径宜为 150～300mm，桩长不宜超过 30m，桩的布置可采用直桩型或网状结构斜桩型。

(2) 树根桩的单桩竖向承载力可通过单桩载荷试验确定；当无试验资料时，也可按国家现行标准《建筑地基基础设计规范》(GB 5007—2002) 有关规定估算。树根桩的单桩竖向承载力的确定，尚应考虑既有建筑的地基变形条件的限制和桩身材料的强度要求。

(3) 桩身混凝土强度等级应不小于 C20，钢筋笼外径宜小于设计桩径 40～60mm。主筋不宜少于 3 根。对软弱地基，主要承受竖向荷载时的钢筋长度不得小于 1/2 桩长；主要承受水平荷载时应全长配筋。

(4) 树根桩设计时，尚应对既有建筑的基础进行有关承载力的验算。当不满足上述要求时，应先对原基础进行加固或增设新的桩承台。

2. 树根桩施工应符合下列规定

(1) 桩位平面允许偏差±20mm；直桩垂直度和斜桩倾斜度偏差均应按设计要求不得大于 1%。

(2) 可采用钻机成孔，穿过原基础混凝土。在土层中钻孔时宜采用清水或天然泥浆护壁，也可用套管。

(3) 钢筋笼宜整根吊放。当分节吊放时，节间钢筋搭接焊缝长度双面焊不得小于5倍钢筋直径。单面焊不得小于10倍钢筋直径。注浆管应直插到孔底。需二次注浆的树根桩应插两根注浆管，施工时应缩短吊放和焊接时间。

(4) 当采用碎石和细石填料时，填料应经清洗，投入量不应小于计算桩孔体积的0.9倍，填灌时应同时用注浆管注水清孔。

(5) 注浆材料可采用水泥浆液、水泥砂浆或细石混凝土，当采用碎石填灌时，注浆应采用水泥浆。

(6) 当采用一次注浆时，泵的最大工作压力不应低于1.5MPa，开始注浆时，需要1MPa的起始压力，将浆液经注浆管从孔底压出，接着注浆压力宜为0.1～0.3MPa，使浆液逐渐上冒，直至浆液泛出孔口停止注浆。当采用二次注浆时，泵的最大工作压力不应低于4MPa。待第一次注浆的浆液初凝时方可进行第二次注浆，浆液的初凝时间根据水泥品种和外加剂掺量确定，可控制在45～60min范围。第二次注浆压力宜为2～4MPa，二次注浆不宜采用水泥砂浆和细石混凝土。

(7) 注浆施工时应采用间隔施工、间歇施工或增加速凝剂掺量等措施，以防止出现相邻桩冒浆和串孔现象。树根桩施工不应出现缩颈和塌孔。

(8) 拔管后应立即在桩顶填充碎石，并在1～2m范围内补充注浆。

3. 树根桩质量检验应符合下列规定

每3～6根桩应留一组试块，测定抗压强度，桩身强度应符合设计要求。应采用载荷试验检验树根桩的竖向承载力，有经验时也可采用动测法检验桩身质量。两者均应符合设计要求。

本法桩形式灵活，桩截面小，能将桩身、墙身和基础联合成一体，压力灌浆能使桩体与地基紧密结合，加固地基。费用较省，可用于各种土层和建筑结构。见图5-17所示。

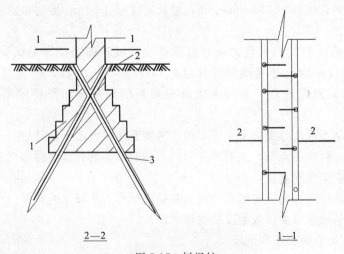

图 5-17 树根桩
1—条形基础；2—室内地面；3—树根桩

六、坑式静压桩法

坑式静压桩法适用于淤泥、淤泥质土、黏性土、粉土和人工填土等，且地下水位较低的情况。

1. 坑式静压桩设计应符合下列规定

（1）坑式静压桩的单桩承载力应按国家现行标准《建筑地基基础设计规范》（GB 5007—2002）有关规定估算。

（2）桩身可采用直径为 150～300mm 的开口钢管或边长为 150～250mm 的预制钢筋混凝土方桩，每节桩长可按既有建筑基础下坑的净空高度和千斤顶的行程确定。

（3）桩的平面布置应根据既有建筑的墙体和基础型式及荷载大小确定。应避开门窗等墙体薄弱部位，设置在结构受力节点位置。

（4）当既有建筑基础结构的强度不能满足压桩反力时，应在原基础的加固部位加设钢筋混凝土地梁或型钢梁，以加强基础结构的强度和刚度，确保工程安全。

2. 坑式静压桩施工应符合下列规定

（1）施工时先在贴近被加固建筑物的一侧开挖长 1.2m、宽 0.9m 的竖坑，对坑壁不能直立的砂土或软弱土等地基应进行坑壁支护。再在基础梁、承台梁或直接在基础底面下开挖长 0.8m、宽 0.5m 的基坑。

（2）压桩施工时，先在基坑内放入第一节桩，并在桩顶上安置千斤顶及测力传感器，再驱动千斤顶压桩，每压入下一节桩后，再接上一节桩。对钢管桩，其各节的连接处可采用套管接头。当钢管桩很长或土中有障碍物时需采用焊接接头。整个焊口（包括套管接头）应为满焊。对预制钢筋混凝土方桩，桩尖可将主筋合拢焊在桩尖辅助钢筋上，在密实砂和碎石类土中，可在桩尖处包以钢板桩靴，桩与桩间接头可采用焊接或硫磺胶泥接头。

（3）桩位平面偏差桩不得大于±20mm，单排桩不得大于±10mm；桩节垂直度偏差应小于1%的桩节长。

（4）桩尖应到达设计持力层深度、且压桩力达到国家现行标准《建筑地基基础设计规范》（GB 5007—2002）规定的单桩竖向承载力标准值的 2.0 倍，且持续时间不应少于 5min。

（5）对钢筋混凝土方桩，顶进至设计深度后即可取出千斤顶，再用 C30 微膨胀早强混凝土将桩与原基础浇筑成整体。当施加预应力封桩时，可采用型钢支架，而后浇筑混凝土。对钢管桩，应根据工程要求，在钢管内浇筑 C20 微膨胀早强混凝土，最后用 C30 混凝土将桩与原基础浇筑成整体。封桩可根据要求采用预应力法或非预应力法施工。

3. 坑式静压桩质量检验应符合下列规定

最终压桩力与桩压入深度应符合设计要求。桩材试块强度应符合设计要求。

本法施工较简单方便，费用较低，施工期间仍可使用建筑物。见图 5-18 所示。

七、石灰桩法

石灰桩法适用于处理地下水位以下的黏性土、粉土、松散粉细砂、淤泥、淤泥质土、杂填土或饱和黄土等地基及基础周围土体的加固。对重要工程或地质复杂而又缺乏经验的地区，施工前应通过现场试验确定其适用性。

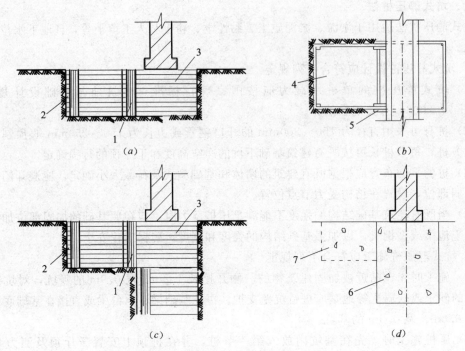

图 5-18 坑式静压桩
(a) 开导坑，直接在基础下挖坑设支撑；(b) 继续开挖和设立支撑；
(c) 基坑支设；(d) 浇灌完间断的或连续的混凝土支撑
1—嵌条；2—横向挡板；3—直接在基础下开挖；4—竖向导坑；
5—挡板搭接；6—间断或连续的混凝土墩式基础；7—回填土夯实

1. 石灰桩设计应符合下列规定

(1) 石灰桩是由生石灰和粉煤灰（火山灰或其他掺合料）组成。采用的生石灰其氧化钙含量不得低于 70%，含粉量不得超过 10%，含水量不得大于 5%，最大块径不得大于 50mm。粉煤灰应采用 Ⅰ、Ⅱ 级灰。

(2) 根据不同的地质条件，石灰桩可选用不同配比。常用配比（体积比）为生石灰与粉煤灰之比为 1∶1、1∶1.5 或 1∶2。为提高桩身强度亦可掺入一定量的水泥、砂或石屑。

(3) 石灰桩桩径主要取决于成孔机具。桩距宜为 2.5～3.5 倍桩径，可按三角形或正方形布置，地基处理的范围应比基础的宽度加宽 1～2 排桩，且不小于加固深度的一半。桩长由加固目的和地基土质等条件决定。

(4) 石灰桩每延米灌灰量可按下式估算：

$$q = \eta_c \frac{\pi d^2}{4} \tag{5-2}$$

式中 q——石灰桩每延米灌灰量（m^3/m）；

d——设计桩径（m）；

η_c——充盈系数，可取 1.4～1.8。振动管外投料成桩取高值；螺旋钻成桩取低值。成桩时必须控制材料的干密度 $\rho_d \geq 1.1 t/m^3$。

(5) 在石灰桩顶部宜铺设一层 200~300mm 厚的石屑或碎石垫层。

(6) 复合地基承载力标准值应按现场相同土层条件下的复合地基载荷试验确定,也可用单桩和桩间土的载荷试验按下式估算:

$$f_{sp,k} = mf_{p,k} + (1-m)f_{s,k} \tag{5-3}$$

式中 $f_{sp,k}$——复合地基承载力标准值;
$f_{p,k}$——桩体单位截面积承载力标准值;
$f_{s,k}$——加固后桩间土的承载力标准值;
m——面积置换率。

面积置换率按下式计算:

$$m = \pi d'^2/(4\lambda_1\lambda_2)$$

式中 d'——石灰桩膨胀后的桩径,一般为设计桩径的 1.1~1.2 倍;
λ_1、λ_2——分别为桩的列距和行距。

复合地基载荷试验可按国家现行标准《建筑地基处理技术规范》(JGJ 79—91) 的规定进行,当复合地基承载力基本值按相对变形值确定时,石灰桩复合地基可取 S/b 或 S/d=0.010~0.015 所对应的荷载(s 相应于复合地基承载力基本值时压板沉降量,b 和 d 分别为压板宽度或直径)。

(7) 石灰桩加固地基的变形计算,应按国家现行标准《建筑地基基础设计规范》(GB 5007—2002) 有关规定执行,其中复合土层的压缩模量可按下式进行估算:

$$E_{sp} = mE_p + (1-m)E_s \tag{5-4}$$

式中 E_{sp}——复合土层的压缩模量;
E_p——桩体的压缩模量;
E_s——加固后桩间土的压缩模量。

2. 石灰桩施工应符合下列规定

(1) 根据加固设计要求、土质条件、现场条件和机具供应情况,可选用振动成桩法(分管内填料成桩和管外填料成桩)、锤击成桩法、螺旋钻成桩法或洛阳铲成桩工艺等。桩位中心点的偏差不应超过桩距设计值的 8%,桩的垂直度偏差不应大于 1.5%。

(2) 振动成桩法和锤击成桩法

① 采用振动管内填料成桩法时,为防止生石灰膨胀堵住桩管,应加压缩空气装置及空中加料装置;管外填料成桩应控制每次填料数量及沉管的深度。

② 采用锤击成桩法时,应根据锤击的能量控制分段的填料量和成桩长度。

③ 桩顶上部空孔部分,应用 3:7 灰土或素土填孔封顶。

(3) 螺旋钻成桩法

① 正转时将部分土带出地面,部分土挤入桩孔壁而成孔。根据成孔时电流大小和土质情况,检验场地情况与原勘察报告和设计要求是否相符。

② 钻杆达设计要求深度后,提钻检查成孔质量,清除钻杆上泥土。

③ 把整根桩所需之填料按比例分层堆在钻杆周围,再将钻杆沉入孔底,钻杆反转,叶片将填料边搅拌边压入孔底。钻杆被压密的填料逐渐顶起,钻尖升至离地面 1~1.5m 或预定标高后停止填料,用 3:7 灰土或素土封顶。

(4) 洛阳铲成桩法

适用于施工场地狭窄的地基加固工程。成桩直径可为200～300mm，每层回填料厚度不宜大于300mm，用杆状重锤分层夯实。

（5）施工过程中，应有专人监测成孔及回填料的质量，并做好施工记录。如发现地基土质与勘察资料不符，应查明情况采取有效措施后方可继续施工。

（6）当地基土含水量很高时，桩宜由外向内或沿地下水流方向施打，并宜采用间隔跳打施工。

3. 石灰桩质量检验应符合下列规定

（1）施工时应及时检查施工记录，当发现回填料不足，缩径严重时，应立即采取有效补救措施。

（2）检查施工现场有无地面隆起异常情况、有无漏桩现象；按设计要求抽查桩位、桩距，并做详细记录，对不符合者应采取补救措施。

（3）一般工程可在施工结束28d后采用标准贯入、静力触探以及钻孔取样做室内试验等测试方法，检测桩体和桩间土强度，验算复合地基承载力。

（4）对重要或大型工程应进行复合地基载荷试验。

（5）石灰桩的检验数量不应少于总桩数的2%，并不得少于3根。见图5-19所示。

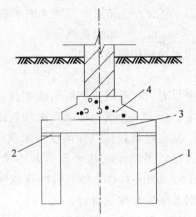

图5-19 石灰桩
1—石灰桩；2—钢筋混凝土顶板；
3—钢筋混凝土托梁；4—基础

八、注浆加固法

注浆加固法适用于砂土、粉土、黏性土和人工填土等地基加固。一般用于防渗堵漏、提高地基土的强度和变形模量以及控制地层沉降等。注浆设计前宜进行室内浆液配比试验和现场注浆试验，以确定设计参数和检验施工方法及设备。也可参考当地类似工程的经验确定设计参数。

1. 注浆设计应符合下列规定

（1）对软弱土处理，可选用以水泥为主剂的浆液，也可选用水泥和水玻璃的双液型混合浆液。在有地下水流动的情况下，不应采用单液水泥浆液。

（2）注浆孔间距可取1.0～2.0m，并应能使被加固土体在平面和深度范围内连成一个整体。

（3）浆液的初凝时间应根据地基土质条件和注浆目的确定。在砂土地基中，浆液的初凝时间宜为5～20min；在黏性土地基中，宜为1～2h。

（4）注浆量和注浆有效范围应通过现场注浆试验确定，在黏性土地基中，浆液注入率宜为15%～20%。注浆点上的覆盖土厚度应大于2m。

（5）对劈裂注浆的注浆压力，在砂土中，宜选用0.2～0.5MPa；在黏性土中，宜选用0.2～0.3MPa。对压密注浆，当采用水泥砂浆浆液时，坍落度宜为25～75mm，注浆压力为1～7MPa。当坍落度较小时，注浆压力可取上限值。当采用水泥-水玻璃双液快凝浆液时，注浆压力应小于1MPa。

2. 注浆施工应符合下列规定

（1）施工场地应预先平整，并沿钻孔位置开挖沟槽和集水坑。

（2）注浆施工时，宜采用自动流量和压力记录仪，并应及时对资料进行整理分析。

（3）注浆孔的孔径宜为70～110mm，垂直度偏差应小于1%。

（4）花管注浆法施工可按下列步骤进行：

① 钻机与注浆设备就位；

② 钻孔或采用振动法将花管置入土层；

③ 当采用钻孔法时，应从钻杆内注入封闭泥浆，然后插入孔径为50mm的金属花管；

④ 待封闭泥浆凝固后，移动花管自下向上或自上向下进行注浆。

（5）压密注浆施工可按下列步骤进行：

① 钻机与注浆设备就位；

② 钻孔或采用振动法将金属注浆管压入土层；

③ 当采用钻孔法时，应从钻杆内注入封闭泥浆，然后插入孔径为50mm的金属注浆管；

④ 待封闭泥浆凝固后，捅去注浆管的活络堵头，然后提升注浆管自下向上或自上向下对地层注入水泥-砂浆液或水泥-水玻璃双液快凝浆液。

（6）封闭泥浆7d立方体试块（边长为7.07cm）的抗压强度应为0.3～0.5MPa，浆液黏度应为80～90s。

（7）浆液宜用C42.5或C52.5普通硅酸盐水泥。

（8）注浆时可掺用粉煤灰代替部分水泥，掺入量可为水泥重量的20%～50%。

（9）根据工程需要，可在浆液拌制时加入速凝剂、减水剂和防析水剂。

（10）注浆用水不得采用pH值小于4的酸性水和工业废水。

（11）水泥浆的水灰比可取0.6～2.0，常用的水灰比为1.0。

（12）注浆的流量可取7～10L/min，对充填型注浆，流量不宜大于20L/min。

（13）当用花管注浆和带有活堵头的金属管注浆时每次上拔或下钻高度宜为0.5m。

（14）浆体应经过搅拌机充分搅拌均匀后才能开始压注，并应在注浆过程中不停缓慢搅拌，搅拌时间应小于浆液初凝时间。浆液在泵送前应经过筛网过滤。

（15）日平均温度低于5℃或最低温度低于-3℃的条件下注浆时，应在施工现场采取措施，保证浆液不冻结。

（16）水温不得超过30～35℃；并不得将盛浆桶和注浆管路在注浆体静止状态暴露于阳光下，防止浆液凝固。

（17）注浆顺序应按跳孔间隔注浆方式进行，并宜采用先外围后内部的注浆施工方法。当地下水流速较大时，应从水头高的一端开始注浆。

（18）对渗透系数相同的土层，首先应注浆封顶，然后由下向上进行注浆，防止浆液上冒。如土层的渗透系数随深度而增大，则应自下向上注浆。对互层地层，首先应对渗透性或孔隙率大的地层进行注浆。

（19）既有建筑地基进行注浆加固时，应对既有建筑及其邻近建筑、地下管线和地面的沉降、倾斜、位移和裂缝进行监测。并应采用多孔间隔注浆和缩短浆液凝固时间等措施，减少既有建筑基础因注浆而产生的附加沉降。

3. 注浆质量检验应符合下列规定

（1）注浆检验时间应在注浆结束 28d 后进行。可选用标准贯入、轻型动力触探或静力触探对加固地层进行检测。对重要工程可采用载荷试验测定。

（2）注浆检验点可为注浆孔数的 2‰～5‰。当检验点合格率小于或等于 80％，或虽大于 80％但检验点的平均值达不到强度或防渗的设计要求时，应对不合格的注浆区实施重复注浆。见图 5-20 所示。

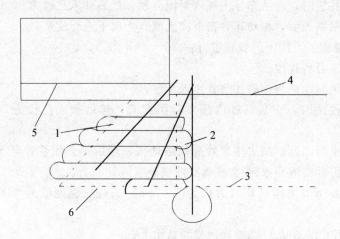

图 5-20 注浆加固（注浆孔布置）
1—设计灌注体范围；2—超灌部分；3—预定开挖坑底面；
4—预定地表面；5—基础外界面；6—原土层

九、其他地基加固方法

高压喷射注浆法适用于淤泥、淤泥质土、黏性土、粉土、黄土、砂土、人工填土和碎石土等地基。

灰土挤密桩法适用于处理地下水位以上的湿陷性黄土、素填土和杂填土等地基。

深层搅拌法适用于处理淤泥、淤泥质土、粉土和含水量较高的黏性土等地基。

硅化法可分双液硅化法和单液硅化法。当地基土的渗透系数大于 2.0m/d 的粗颗粒土时，可采用双液硅化法（水玻璃和氯化钙）；当地基土的渗透系数为 0.1～2.0m/d 的湿陷性黄土时，可采用单液硅化法（水玻璃）；对自重湿陷性黄土，宜采用无压力单液硅化法。

碱液法适用于处理非自重湿陷性黄土地基。

高压喷射注浆法、灰土挤密桩法、深层搅拌法、硅化法和碱液法的设计和施工应按国家现行标准《建筑地基处理技术规范》（JGJ 79—91）有关规定执行。

第四节 住宅楼房的纠偏

一、建筑物倾斜的原因

建筑物由于某种原因造成偏离垂直位置发生的倾斜，严重影响正常使用，甚至危害住户生命财产安全。

建筑物（基础）倾斜的原因很多，多数是由于地基基础原因造成的，或是浅基的变形控制欠佳，或者是由于桩基和地基处理设计、施工质量问题等。一般有以下一些方面的原因：

(1) 建筑物建造在软弱地基上；
(2) 地基基础设计和基础的选型不当；
(3) 施工工艺不当或施工质量低劣；
(4) 明排水及地下水的影响；
(5) 用户使用荷载超设计标准；
(6) 由于山体滑坡、地基液化等原因；
(7) 施工加荷速度过快引起地基挤出；
(8) 地质勘察不准确。

建筑物倾斜原因主要是地基的不均匀沉降造成的，减少或防止建筑物的不均匀沉降应从设计、施工、建筑、结构、地基加固等方面作好预防措施。对于投入正常使用的建筑物出现了偏差，应按国家的有关规范的规定进行纠偏。

二、住宅建筑纠偏加固

纠偏加固已被广泛地应用于多层既有建筑的纠偏。纠偏的多层建筑层数多数在八层以内，这些建筑物其整体倾斜超过《危险房屋鉴定标准》的危险临界值和已超过设计规定的允许值，影响正常使用。

建筑物的倾斜多数是由于地基基础原因造成的，纠偏方法分为迫降纠偏及顶升纠偏。迫降纠偏是从地基入手，通过改变地基的原始应力状态，强迫建筑物下沉；顶升纠偏是从建筑结构入手，通过调整结构自身来满足纠偏的目的。从总体来讲，迫降纠偏要比顶升纠偏经济、施工简便、安全性好，是首选的方案，遇到不适合采用迫降纠偏时即可采用顶升纠偏。

1. 建筑常用的纠偏加固方法

(1) 迫降纠偏

通过人工或机械的办法来调整地基土体固有的应力状态，使建筑物原来沉降较小侧的地基土局部去除或土体应力增加，迫使土体产生新的竖向变形或侧向变形，使建筑物在短时间内沉降加剧。这些方法，一般分为基底附近的处理及深层 4~5m 以下处理。

迫降纠偏分为：人工降水、堆载、地基部分加固、浸水、钻孔取土、水冲掏土、人工掏土等。

(2) 顶升纠偏

通过钢筋混凝土或砌体的结构托换加固技术（或利用原结构）将建筑物的基础和上部结构沿某一特定的位置进行分离，采用钢筋混凝土进行加固、分段托换、形成全封闭的顶升托换梁（柱）体系。

顶升纠偏分为：砌体结构顶升、框架结构顶升、其他结构顶升、压桩反力顶升、高压注浆顶升等。

纠偏加固方法见表 5-2 所示。

既有建筑常用纠偏加固方法　　　表 5-2

序号	类别	方法名称	基 本 原 理	适 用 范 围
1	迫降纠偏	人工降水纠偏法	利用地下水位降低出现水力坡降产生附加应力差异对地基变形进行调整	不均匀沉降量较小，地基土具有较好渗透性，而降水不影响邻近建筑物
2		堆载纠偏法	增加沉降小的一侧的地基附加应力，加剧其变形	适用于基底附加应力较小即小型建筑物的迫降纠偏
3		地基部分加固纠偏法	通过沉降大的一侧地基的加固，减少该侧沉降，另一侧继续下沉	适用于沉降尚未稳定，且倾斜率不大的建筑纠偏
4		浸水纠偏法	通过土体内成孔或成槽，在孔或槽内浸水，使地基土湿陷，迫使建筑物下沉	适用于湿陷性黄土地基
5		钻孔取土纠偏法	采用钻机钻取基础底下或侧面的地基土使地基土产生侧向挤压变形	适用软黏土地基
6		水冲掏土纠偏法	利用压力水冲刷，使地基土局部掏空，增加地基土的附加应力，加剧变形	适用于砂性土地基或具有砂垫层的基础
7		人工掏土纠偏法	进行局部取土，或挖井、孔取土，迫使土中附加应力局部增加，加剧土体侧向变形	适用于软黏土地基
8	顶升纠偏	砌体结构顶升纠偏法	通过结构墙体的托换梁进行抬升	适用于各种地基土、标高过低而需整体抬升的砌体建筑物
9		框架结构顶升纠偏法	在框架结构中设托换牛腿进行抬升	适用于各种地基土，标高过低而需整体抬升的框架结构建筑
10		其他结构顶升纠偏法	利用结构的基础作反力对上部结构进行托换抬升	对上部结构进行托换，抬升低，而需整体抬升
11		压桩反力顶升纠偏法	先在基础中压足够的桩，利用桩竖向力作为反力，将建筑物抬升	适用于较小型的建筑物
12		高压注浆顶升纠偏法	利用压力注浆在地基土中产生的顶托力将建筑物顶托升高	适用于较小型的建筑和筏形基础

三、建筑物纠偏加固方法要点

建筑物纠偏应选择合适的方案。

对因地基渗水或管道漏水而引起建筑物的倾斜，宜采用浸水法或掏土法（或再辅以堆载加压）纠偏；对饱和软黏土或含水量较高的砂性土，地基上由于基坑开挖、降水引起的倾斜，宜在建筑物倾斜的另一侧降水（井点管、沉井、深井），使建筑物回倾；软土地基上倾斜的建筑物，可用钻孔掏土法纠偏（如应力解除法）；对于砂土或砂性填土地基上的倾斜建（构）筑物，可采用局部振捣液化方法使地基发生瞬时液化，使基础下沉而达到纠偏；对于粉土、粉质黏土、黏土等地基土产生倾斜的建（构）筑物，可采用沉井射水掏土法纠偏，常可取得满意结果；由于建筑物荷载不均引起倾斜时，可采用加载或增层反压纠偏法；如地基下沉量过大，软土层较厚，建筑物本身具有较好的整体刚度时，可采用顶升法或横向加载法纠偏；在桩基上建造的建筑物倾斜时，可采用桩身或桩顶卸荷法纠偏；当地基下沉和倾斜值过大，采用迫降法（如堆载加压掏土、浸水、降水、锚桩加压、锚杆静压桩加压纠偏等），造成室内净空减少或室内外管线错位而带来的一系列问题时，应选用顶升法纠偏；当一种纠偏方法效果不显著，可采用两种或多种方法进行组合（如压桩、掏土、浸水加压纠偏等），有时还可辅以地基加固，用以调整沉降尚未稳定的建（构）筑物。

第五节 案 例

案例 5-1 某供电局十层微波大楼地基沉降

微波大楼建于 1984 年，框架结构、筏板基础，长宽分别为 40.00m、17.60m，筏板厚 0.60m。基础埋深 5.40m（底面标高 49.03m）。外延 1.5～2.0m，持力层为第三层圆砾。该大楼位于长江北岸第一级阶地，地基土松散，在过去几年间已出现墙面马赛克脱落，地基不均匀沉降现象。2002 年微波大楼南侧新建大楼，紧接旧楼筏板基础进行钻孔桩施工，在冲击成孔作用下土层产生扰动，导致微波大楼从 2002 年 10 月 7 日开始地基下沉，第一天沉降量达到 3～7mm，同时墙体、楼板、地下室地坪产生大量裂缝，之后地基变形持续增加。10 月份变形量平均 0.5mm/d。南侧变形量大。

为了阻止地基基础不均匀沉降变形继续和发展，2002 年 11 月 15 日至 20 日，经各方咨询和准备后，于 11 月 21 日召开会议讨论加固措施，通过比较沉井开挖，灌浆处理等措施后决定在大楼南侧采用注浆方法控制大楼沉降变形。

灌浆施工于 2002 年 11 月 28 日正式开始，2003 年 2 月 13 日完工，施工分两期进行。

第一期帷幕灌浆：灌浆钻孔总数目 86 个，钻进总进尺 1311.4m，共注入水泥 70t，泥粉 64t，氯化钙 990kg，第一期共投入 782 个劳动工日，灌浆结束后，观测地基沉降变形明显减缓。帷幕灌浆位置主要是在微波大楼筏板基础东、南、西外侧。

第二期渗透注浆：注浆位置在筏板基础内侧。灌浆钻孔总数 24 个，钻进总进尺 295.2m，注浆水泥 36t，氯化钙 160kg，第二期灌浆结束后，大楼地基基础不均匀沉降变形不再继续和发展，施工结束后第 10 天观测，地基没有变形增加值。

微波大楼帷幕注浆平面图见图 5-21 所示。

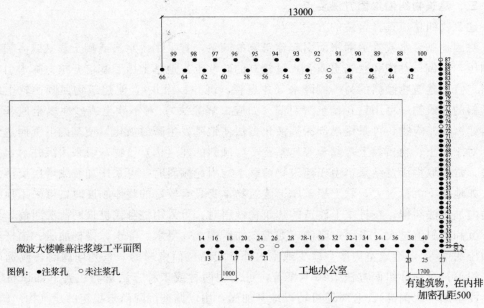

图 5-21 微波大楼帷幕注浆竣工平面图

复 习 思 考 题

1. 什么是刚性基础的宽高比？什么是容许刚性角？
2. 建筑物发生倾斜的主要原因是什么？
3. 地基沉降且在发展中有哪些处理方法？
4. 地基基础发生失效和破坏的主要原因是什么？
5. 什么是树根桩法？它的适用范围有哪些？设计应符合哪些规定？
6. 试述换土法加固地基的原理和方法。
7. 什么是坑式静压桩法？坑式静压桩设计应符合哪些规定？
8. 什么是人工降水纠倾法？它的适用范围有哪些？
9. 什么是钻孔取土纠倾法？适用于何种地基？
10. 简述注浆加固法在砂土、粉土、黏性土和人工填土等地基加固中的应用。
11. 采用石灰桩加固地基，施工应符合哪些规定？
12. 试述建筑物纠偏加固中地基基础处理的主要方法。

第六章 房屋防水的措施和维修

第一节 房屋防水的一般知识

房屋建成以后，由于受到自然和人为等因素的作用，其防水设施将不断老化、损坏。为了保证房屋实现正常的使用功能，提高房屋渗漏修缮工程技术水平，保证修缮质量，有效地治理房屋渗漏，必须及时维修损坏的部位。治理房屋渗漏的修缮措施应做到安全可靠，技术先进，经济合理。

一、房屋防水的主要部位

房屋要求实施防水措施的部位主要有屋面、墙体、厕浴间和地下室。对于房屋楼层的防水，主要是指厨房、厕所的排水设施和排水设备，在设计合理、施工完善、维护完好和正常使用的情况下是不会渗漏的。在设备本身发生渗漏的时候，一般应由专业水卫设备安装人员维修。楼板与排水管道连接处的密封及防水问题一般应参考屋面的同类部位的维修办法解决。

（一）屋面防水

屋面防水是房屋要求实施防水的主要部位。屋面防水对于房屋实现其使用功能、延长使用寿命具有重要作用。按屋顶的不同类型，屋面防水具有多种形式，屋顶的主要类型及其防水要求如下：

1. 平屋顶

平屋顶的屋面坡度范围为2%～10%，多采用5%以下。铺设预应力混凝土大型屋面板的单层工业厂房屋顶坡度一般取1/12～1/10。平屋顶可分为上人屋顶和不上人屋顶。所谓上人屋顶即屋顶成为人们使用和活动的场所，不上人屋顶仅考虑少量人员上屋面检修。在20世纪70、80年代，我国的民用建筑，尤其是多层住宅，因楼盖、屋盖构件广泛使用预制混凝土多孔板故而大多采用平屋顶，这种屋顶排水不畅，容易出现屋面渗漏，保温隔热性能差等问题。

2. 坡屋顶

根据坡面的数量分有单坡、双坡、四坡屋顶等，其中双坡、四坡屋顶采用最普遍。平瓦是坡屋顶所采用的传统屋面防水材料。平瓦屋面的坡度最小值为1∶2.5，如果采用相应挂瓦措施，其坡度就可增大到1∶1，甚至2∶1。常用坡度为1∶2到1∶1。现代的民用建筑，特别是住宅建筑，越来越多地采用现浇钢筋混凝土结构坡屋面，上面铺设具有防水性能的装饰瓦，外形美观、防水性能好。

3. 曲面屋顶

曲面屋顶是各种薄壁结构或悬索结构作为屋顶承重结构的屋顶，如球形薄壳屋顶、悬索双曲面屋顶、拉索薄膜篷盖屋顶等，主要用于大型公共建筑。各种曲面屋顶对防水有特殊要求。

（二）墙体防水

墙体可用砖、砌块、混凝土、钢筋混凝土等材料做成。不同材料的墙体和同种材料不同部位的墙体，其防水性能和要求是不同的。

（三）厕、浴、厨间防水

1. 厕、浴、厨间防水的重要性

厕、浴、厨间防水是房屋防水的重点工程之一。厕、浴、厨间在人们生活中有着十分重要的位置。但是，由于其面积小、卫生设备集中、用水量大、管道多、阴阳角多等特点，是最容易出现渗漏的部位。随着人民生活水平的提高和居住环境的改善，家庭厕、浴、厨间的布置与装饰正日益引起人们的重视。厕、浴、厨间的设计标准和使用功能也得到了提高。虽然标准和功能提高了，但对厕、浴、厨间防水、防漏的处理和修缮工作却没有跟上，渗漏已经成为目前住宅建设中返修量最大的质量通病。例如，在广州市建筑防水行业有关建筑质量的投诉中，房屋裂漏占了七成。据广州一家大型防水公司透露，在他们承接的补漏工程中，有60%以上的商品房在建筑装修时没有按规定设置厕浴间防水层。很多家庭在装修中，都要把原来的卫生间墙地砖打掉，铺设新的瓷砖。这样就需要重新在卫生间的墙地面做防水工程。如果防水工程出现了质量问题，轻则水渍会渗到隔壁房间，重则会渗漏到楼下，危害十分严重。

2. 厕、浴、厨间防水的原则和措施

在厕、浴、厨间防水工程的设计与施工中，应坚持"防排结合"、"迎水面设防"的原则。并采取"多道设防"、"复合防水"、"节点密封"等措施。

3. 厕、浴、厨间防水基本形式和构造

厕、浴、厨间防水基本形式有刚性防水、柔性防水和复合防水。厕浴间防水基本构造为结构楼面、找坡层、找平层、墙地面防水层和面层。

（四）地下室防水

地下室是承受房屋全部荷载并将荷载传递到土层上去的承重基础部分，而且地下室本身也有着很重要的使用功能。我国城市建设发展迅猛，高层和超高层建筑物日益增多，其附建式地下室等地下空间的开发利用也越来越受重视。然而这些地下室却长期处于水的包围之中，处于地下水位以下的地下室长期受到地下水的作用。即使地下室处于地下水位以上，地下水也会通过毛细管作用对其造成危害，而且还会受到下雨降水，上下水管道破裂等非地下水因素的影响而渗漏。对地下室防水的处理，要求高、技术难度大。地下室外墙板的渗漏问题一直困扰着房屋维修工程技术人员。建筑防水技术的发展对解决地下室防水举足轻重。

地下室通常有部分在地下水位以下，需要防水的部位有：

1. 地下室四周外墙

常用钢筋混凝土浇筑而成，也有用砖砌筑，都必须考虑相应的防水措施来达到防水要求。

2. 地下室底板

一般为现浇钢筋混凝土，过去，常采取防水措施和降低地下水办法以防渗漏，由于城市管理的各种原因，现在，已把注意力集中在底板（和墙身）的防水能力的提高方面。

二、房屋各部位的防水构造

（一）屋面防水的组成和要求

1. 屋顶的基本组成

屋顶必须满足坚固耐久、防水排水、保温隔热等要求，还应做到自重轻、构造简单、施工方便、造价低。其中，尤其要满足防水和排水的要求。屋顶存在的主要问题是渗漏，所以防漏与渗漏维修是屋顶保养与维修的主要工作。屋顶的基本组成有：

（1）防水层。由具有良好防水性能、耐久性能并有一定强度的材料构成，主要用于防止雨水由屋面流入或渗入房屋内部。

坡屋面大多数用瓦材做成屋面的防水层，常用的瓦材有黏土瓦、水泥瓦、石棉水泥瓦及金属瓦等。临时性的也有用油毡、玻璃钢瓦等。

平屋面一般为钢筋混凝土结构。防水层主要有卷材防水、涂膜防水、刚性防水、复合防水等。

（2）保温层、隔热层。在寒冷地区必须设保温层，一般设置在防水层与结构层之间。在炎热地区必须设隔热层，通常设置在防水层之上。

（3）结构层。结构层承受作用于屋面上的各种荷载，包括室内吊顶荷载。平屋顶的结构层一般为搁置于墙体或屋面梁的预制预应力钢筋混凝土屋面板或现浇钢筋混凝土屋面板。坡屋顶结构层的承重构件一般为屋架、檩条或双T形挂瓦板（也称钢筋混凝土四合一板）等。钢筋混凝土结构平屋面现在仍是民用建筑的主要屋面结构形式。近年来新建的坡屋顶住宅的屋顶结构层较多采用现浇钢筋混凝土肋梁斜屋面板。

单层工业厂房的屋顶结构层分为有檩结构层与无檩结构层。有檩结构层是指屋架（屋面梁）上搁置檩条，在檩条上铺设中小型屋面板（或瓦材）。无檩结构层是指屋架上直接搁置预应力钢筋混凝土大型屋面板，并与屋架（屋面梁）焊接牢固。

（4）顶棚。顶棚指屋顶的底面。钢筋混凝土梁板结构层的底面抹灰层即形成顶棚。坡屋顶下多设吊顶棚，不但解决了室内的美观问题，而且吊顶棚与坡屋顶之间的空间（也称闷顶）还有助于改善坡屋顶的保温隔热效果。对于采用现浇钢筋混凝土肋梁斜屋面板的坡屋顶住宅，一般在坡屋顶下增设一平顶层（采用预制或现浇钢筋混凝土板）以取代吊顶棚。平顶与坡顶之间形成阁楼，可增加一定的使用空间。

2. 屋面防水等级和设防要求

根据建筑物的重要性，屋面防水等级分为Ⅰ、Ⅱ、Ⅲ、Ⅳ四级。Ⅰ级最高，相应防水层的耐用年限最长，选用的防水材料档次最高，设防要求最严。屋面防水等级和设防要求详见表6-1。

屋面防水等级和设防要求　　　　　　　　　　表6-1

项　　目	屋面防水等级			
	Ⅰ	Ⅱ	Ⅲ	Ⅳ
建筑物类别	特别重要的民用建筑和对防水层有特殊要求的工业建筑	重要的工业与民用建筑、高层建筑	一般的工业与民用建筑	非永久性的建筑

3. 屋面防水形式

（1）瓦材防水屋面

按瓦材可分为俯仰瓦（小青瓦、琉璃瓦）屋面、平瓦（黏土平瓦、水泥平瓦）屋面、油毡瓦屋面、波形瓦（石棉水泥波形瓦、玻璃纤维水泥波形瓦、玻璃钢波形瓦、共挤夹芯发泡聚氯乙烯板瓦）屋面。其中，油毡瓦和共挤夹芯发泡聚氯乙烯板瓦都属新型的屋面防水材料。

（2）卷材防水屋面

所用卷材种类有沥青防水卷材、高聚物改性沥青防水卷材、合成高分子防水卷材。

（3）涂膜防水屋面

所用的涂料有沥青基防水涂料、高聚物改性沥青防水涂料、合成高分子防水涂料和聚合物水泥复合涂料。

（4）刚性防水屋面

普通细石混凝土屋面、补偿收缩混凝土屋面、钢纤维混凝土屋面等。

（5）复合防水屋面

复合防水屋面是指在同一屋面上同时使用两种或两种以上防水材料做防水层的屋面。由于使用不同的防水材料，充分利用各自的优势，形成屋面防水的多道防线，以提高屋面整体防水功能为目的。对于防水等级为Ⅰ、Ⅱ级的屋面，要求进行多道防水，宜应用复合防水屋面。复合防水屋面的主要品种有：细石混凝土防水＋嵌缝密封膏＋涂膜防水屋面、卷材防水＋涂膜防水屋面、板面自防水＋密封膏嵌缝＋涂膜防水屋面。这类屋面的多种防水材料在防水工程中发挥扬长避短作用，从而具有较好的防水效果。

（二）瓦材防水屋面

1. 油毡瓦屋面做法

油毡瓦也称多彩沥青瓦，是以玻璃纤维为胎基，正面覆盖彩色砂粒，底面设有自粘胶隔离纸的薄片状（厚度约为 2.5～3.0mm）屋面防水材料。油毡瓦具有隔热、耐腐蚀、抗风、无毒、无害、无污染、自重轻、防水效果好、使用寿命长等特点，可替代传统的黏土瓦，是别墅建筑及平改坡工程中广泛采用的防水材料。油毡瓦施工操作简便，铺设时撕去自粘胶底面的隔离纸，将油毡瓦自檐口至屋脊搭接粘贴于木板基层上，用专用钉钉牢。搭接的油毡瓦呈鱼鳞状。

2. 波形石棉水泥瓦屋面做法

波形石棉水泥瓦简称波瓦或石棉瓦，按其规格分为大波瓦、中波瓦、小波瓦三种。铺设波瓦屋面时，相邻的两瓦应顺主导风向搭接。搭接宽度，大波瓦和中波瓦不应少于半个波，小波瓦不应少于 1 个波。上下两排瓦的搭接长度，根据屋面坡度而定，一般不少于 100mm。

波瓦的固定方法和一般要求如下：

（1）在金属檩条上或混凝土檩条上，应采用带防水垫圈的镀锌弯钩螺栓固定；在木檩条上采用镀锌螺钉固定，螺栓或螺钉应设在靠近波瓦搭接部分的瓦峰盖波上。

（2）波瓦上的钉孔需用手电钻钻孔，不准用钉子冲孔。孔径应比螺栓或螺钉的直径大 2～3mm。固定波瓦的螺栓或螺钉不应拧得过紧，以垫圈稍能转动为宜。屋脊用脊瓦铺盖。上下波瓦之间的空隙，用油灰填塞严密。

(3) 在突出屋面的墙与屋面连接处，采用镀锌钢板做披水时，波瓦与披水间的空隙以及波瓦与天沟钢板间的空隙，要用油灰填塞严密。

(4) 波瓦的嵌缝应严密；檐口、屋脊、天沟处的波瓦，应铺设平直，坡度一致，不得有起伏现象。

3. 金属压型板屋面做法

金属板防水屋面。所用的金属板有波形薄钢板（镀锌瓦楞钢板）、彩色压型钢板、压型铝板、压型塑铝复合板等。其中彩色压型钢板因性能优越而使用广泛。彩色压型钢板为带钢预涂产品，压制成型后的钢板在高速连续机组上经化学预处理、初涂、精涂等工艺制作而成。钢板表面的彩色涂层具有优异的装饰性、抗腐蚀性，涂层附着力强，可长期保持色泽鲜艳。彩色压型钢板断面合理，具有较好的强度和刚度。钢板在涂层不划伤的情况下，使用寿命可达15~30年。彩色压型钢板的厚度一般为0.6~1.5mm，宽度为600~900mm，长度根据需要确定。彩色压型钢板适用于大跨度厂房、仓库及活动房屋等建筑的屋面。屋面结构一般由轻型梁（屋架）、檩条构成，板与檩条采用螺钉锚固。

屋面金属压型板铺设做法：

(1) 铺设金属压型屋面板时，相邻波应顺主导风向搭接，搭接宽度不少于1个波。上排波形板搭盖在下排波形板上的长度一般为80~100mm。

(2) 上下排波形板的搭接，必须位于檩条上。在金属檩条和混凝土檩条上的波形板，应用带防水垫圈的镀锌弯钩螺栓固定；在木檩条上的波形板，应用带防水垫圈的镀锌螺钉固定。固定波形板的螺栓或螺钉应设在波峰上，在波形板四周每一个搭接边上设置的螺栓或螺钉不少于3个。必要时，应在波形板的中央适当增设螺栓或螺钉。

(3) 屋脊、天沟及突出屋面的墙体与屋面交接处的泛水，均应用镀锌钢板制作，与波形板的搭接宽度不少于100mm。钢板的搭接缝和其他可能渗漏水的地方，应用铅油麻丝或油灰封固。

(三) 平屋面防水及排水方式

平屋面防水工程的种类，从总体上划分为刚性、柔性、金属和复合材料防水等四大类。平屋面防水的构造一般由找平层、防水层、保温层、保护层、隔热层等组成。

1. 卷材防水屋面

卷材防水屋面用于防水等级为Ⅰ~Ⅳ级的屋面防水。卷材防水屋面按使用材料的种类划分，已形成了三个系列。

沥青油毡系列：主要有沥青纸胎油毡屋面，沥青玻纤（化纤）胎油毡屋面，SBS改性沥青（又称为弹性体沥青）卷材屋面，玻璃纤维、塑料薄膜、金属胎油毡屋面等。目前沥青纸胎油毡在屋面防水工程中的应用越来越少，趋于淘汰。从1999年开始，一些大中城市已禁止使用沥青纸胎油毡。

高分子卷材系列：主要有再生胶无胎卷材屋面，聚氯乙烯卷材屋面，三元乙丙橡胶卷材屋面等。

(1) 改性沥青卷材防水层做法

改性沥青卷材防水屋面的结构层为装配式钢筋混凝土板时，应采用细石混凝土灌缝，其强度等级不应小于C20。灌缝的细石混凝土宜掺微膨胀剂。当屋面板板缝宽度大于40mm或上窄下宽时，板缝内应设置构造钢筋。找平层表面应压实，排水坡度应符合设计要求。采用水泥砂浆找平层时，水泥砂浆抹平收水后二次压光，充分养护，不得有酥松、起砂、起皮现象。

一般防水层采用二毡三油，即二层卷材和三层粘接剂。屋面防水层施工时，应先做好节点、附加层和屋面排水比较集中部位（屋面与水落口连接处、檐口、天沟、檐沟、屋面转角处、板端缝等）的处理，然后由屋面最低标高处向上施工。铺贴天沟、檐沟卷材时，宜顺天沟、檐沟方向，减少搭接。具体做法是：先在干燥的找平层上刷一层结合剂，用以加强卷材与屋面基层之间的粘结，待冷底子油干燥后，随浇粘接剂随铺卷材（卷材要除去表面覆盖的滑石粉）。做第二层粘接剂和卷材后，再浇一层稍厚的（2～4mm）热玛琋脂，趁热粘上一层3～8mm粒径的小豆石，把玛琋脂覆盖住，而且要求绝大部分豆石嵌入沥青，形成保护层。图6-1为卷材屋面构造示意图。

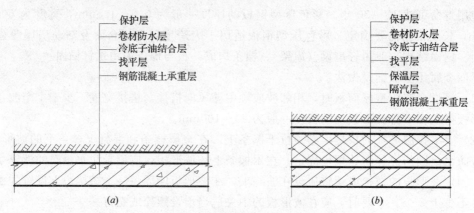

图 6-1 卷材屋面构造示意图
(a) 不保温卷材屋面；(b) 保温卷材屋面

注意卷材铺设方向应符合下列规定：
1) 屋面坡度小于3％时，卷材宜平行屋脊铺贴。
2) 屋面坡度在3％～15％之间时，卷材可平行或垂直屋脊铺贴。
3) 屋面坡度大于15％或屋面受振动时，沥青防水卷材应垂直屋脊铺贴；高聚物改性沥青防水卷材和合成高分子防水卷材可平行或垂直屋脊铺贴。
4) 上下层卷材不得相互垂直铺贴。

（2）基层与突出屋面结构的连接处

基层与突出屋面结构（女儿墙、立墙、天窗壁、变形缝、烟囱等）的连接处，以及基层的转角处（水落口、檐口、天沟、檐沟、屋脊等），均应做成圆弧。内部排水的水落口周围应做成稍低的凹坑。

（3）屋面泛水及排水

1) 泛水。泛水是防水面层与垂直墙面交接处的防水处理（如在女儿墙、天窗壁、烟囱与屋面交接处等部位）。卷材防水屋面泛水的构造处理一般是在砖墙上挑出1/4砖长，用以遮挡流下的雨水；在防水层与垂直面交接处，用砂浆或混凝土做成圆弧形或45角斜面，使卷材粘贴严密，防止卷材在直角转弯处断裂。卷材竖向粘贴高度至少150mm，一般为200～300mm。此外，为了加强泛水处的防水，加铺卷材一层（附加层）。图6-2是卷材泛水的两种做法。

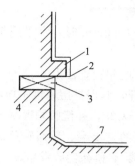 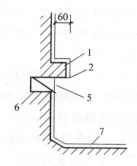

图 6-2 卷材泛水的两种做法
1—挑出的 1/4 砖长；2—砂浆抹滴水线；3—木条；
4—防腐木砖；5—砂浆嵌固；6—砂浆抹斜面；7—卷材

2) 屋面排水。平屋面排水一般分为有组织排水和无组织排水两种方式。有组织排水的屋面应设有檐沟及雨水管。无组织排水应设有挑檐、屋面伸出外墙，使屋面的雨水经挑檐自由下落。

2. 刚性防水屋面

刚性防水屋面是指用细石混凝土、块体材料或补偿收缩混凝土等材料做防水层，主要依靠混凝土自身的密实性，并采取一定构造措施（如增加配筋、设置隔离层、设置分格缝、油膏嵌缝等）以达到防水目的。刚性防水屋面主要适用于防水等级为Ⅲ级的屋面防水，也可用作Ⅰ级、Ⅱ级屋面多道防水设计中的一道防水层；不适用于设有松散材料保温层的屋面以及受较大振动或冲击的建筑屋面。

(1) 刚性防水屋面系列

现已形成了两个系列，共约十余个品种。

混凝土、砂浆系列：主要有现浇钢筋混凝土屋面，预应力混凝土屋面，微膨胀混凝土屋面，钢纤维混凝土屋面，多功能刚性屋面（包括蓄水、种植和通风隔热屋面）以及氯丁胶乳防水砂浆屋面、聚胺酯涂膜防水屋面等。

块体系列：块体刚性防水层以掺入防水剂的防水水泥砂浆为底层，中间铺砌黏土砖等材料，再用防水水泥砂浆灌缝并抹防水层。有普通黏土砖和加气混凝土块体作防水层的屋面，还有复合陶瓷瓦块体屋面。

(2) 设计要求

选择刚性防水设计方案时，应根据屋面防水设防要求、地区条件和建筑结构特点等因素，经技术经济分析后确定。

1) 刚性防水屋面的坡度宜为 2%～3%，并应采用结构找坡。

2) 刚性防水屋面的结构层宜为整体现浇的钢筋混凝土。当屋面结构层采用装配式钢筋混凝土板时，应用细石混凝土灌缝，其强度等级不应小于 C20，灌缝的细石混凝土宜掺微膨胀剂。当屋面板板缝宽度大于 40mm 或上窄下宽时，板缝内应设置构造钢筋；板端缝应进行密封处理。刚性防水层与山墙、女儿墙以及突出屋面结构的交接处均应做柔性密封处理。

3) 细石混凝土防水层与基层间宜设置隔离层。

4) 防水层的细石混凝土宜掺膨胀剂、减水剂、防水剂等外加剂，并应用机械搅拌，机械振捣。

5）刚性防水层应设置分格缝，分格缝内应嵌填密封材料。

6）天沟、檐沟应用水泥砂浆找坡，找坡厚度大于20mm时，宜采用细石混凝土。刚性防水层内严禁埋设管线。

7）细石混凝土防水层的厚度不应小于40mm，并应配置直径为4～6mm，间距为100～200mm的双向钢筋网片。钢筋网片在分格缝处应断开，其保护层厚度不应小于10mm。普通细石混凝土、补偿收缩混凝土的强度等级不应小于C20。补偿收缩混凝土的自由膨胀率应为0.05%～0.1%。防水层的分格缝应设在屋面板的支承端、屋面转角处防水层与突出屋面结构的交接处，并应与板缝对齐。普通细石混凝土和补偿收缩混凝土防水层的分格缝，其纵横间距不宜大于6m。隔离层可采用纸筋灰、麻刀灰、低强度等级砂浆、干铺卷材等材料。块体刚性防水层应用1：3水泥砂浆铺砌；块体之间的缝宽应为12～15mm；坐浆厚度不应小于25mm；面层应用1：2水泥砂浆，其厚度不应小于12mm。水泥砂浆中应掺入防水剂。

（3）主要优缺点

刚性防水具有构造层次少，施工比较简便，使用寿命长，发生渗漏时容易找到渗漏点和进行局部维修，并有隔热、保温等优点；但也有脆性比较大，对变形抵抗差，容易出现裂缝等缺点。在现浇或预制钢筋混凝土屋面板上铺设刚性防水层，可以是连续的，也可以是分区格的，区格之间要用嵌缝材料填实。图6-3是细石混凝土刚性防水层的构造形式。

3．涂膜防水屋面

涂膜防水屋面是指在屋面基层上涂刷防水材料，经固化后形成一定厚度的弹性整体涂膜层构成一种柔性防水屋面。

涂膜防水屋面根据防水涂料系列分薄型和厚型涂料防水两类。薄型类屋面防水层厚度一般为1.5～3mm，如再生胶乳沥青、氯丁胶乳沥青、焦油聚氨酯涂膜屋面等；厚质类的屋面防水层厚度一般为3～6mm，一般属低档涂料屋面。近来，聚合物水泥防水涂料（JS涂料）以其优异的性能，已在屋面防水工程中得到应用，经国家经济贸易委员会2001年第32号公告批准，《聚合物水泥防水涂料》JC/T 894—2001行业标准于2002年6月1日起正式实施。图6-4所示为聚氨酯涂膜防水屋面的构造。

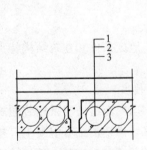

图6-3 细石混凝土刚性防水屋面构造
1—细石混凝土防水层；
2—隔离层；3—结构层

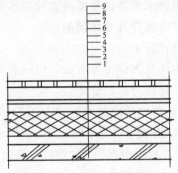

图6-4 涂膜防水屋面构造
1—结构层；2—找平层；3—聚氨酯涂膜隔汽层；
4—加气混凝土保温层；5—水泥砂浆找平层；
6—聚氨酯底胶；7—涤纶无纺布增强聚氨酯涂膜防水层；
8—水泥沙浆粘贴层；9—水泥方砖饰面保护层

涂膜防水屋面主要适用于防水等级为Ⅲ级、Ⅳ级的屋面防水，也可用作Ⅰ级、Ⅱ级屋面多道防水设防中的一道防水层。

涂膜防水层的厚度：沥青基防水涂膜在Ⅲ级防水屋面上单独使用时不应小于8mm，在Ⅳ级防水屋面上或复合使用时不宜小于4mm；高聚物改性沥青防水涂膜不应小于3mm，在Ⅲ级防水屋面上复合使用时，不宜小于1.5mm；合成高分子防水涂膜不应小于2mm，在Ⅲ级防水屋面上复合使用时，不宜小于1mm。

当屋面结构层采用装配式钢筋混凝土板时，板缝内应浇灌细石混凝土，其强度等级不应小于C20；灌缝的细石混凝土中宜掺微膨胀剂。宽度大于40mm的板缝或上窄下宽的板缝中，应加设构造钢筋。板端缝应进行柔性密封处理。非保温屋面的板缝上应预留凹槽，并嵌填密封材料。

防水涂膜应分层分遍涂布。待先涂的涂层干燥成膜后，方可涂布后一遍涂料。需要铺设胎体增强材料，且屋面坡度小于15%时可平行屋脊铺设；当屋面坡度大于15%时，应垂直于屋脊铺设，并由屋面最低处向上操作。胎体长边搭接宽度不得小于50mm；短边搭接宽度不得小于70mm。采用二层胎体增强材料时，上下层不得互相垂直铺设，搭接缝应错开，其间距不应小于幅宽的1/3。

天沟、檐沟、檐口、泛水等部位，均应加铺有胎体增强材料的附加层。水落口周围与屋面交接处，应作密封处理，并加铺两层有胎体增强材料的附加层。涂膜伸入水落口的深度不得小于50mm。涂膜防水层的收头应用防水涂料多遍涂刷或用密封材料封严。

涂膜防水屋面应设置保护层。保护层材料可采用细砂、云母、蛭石、浅色涂料、水泥砂浆或块材等。采用水泥砂浆或块材时，应在涂膜与保护层之间设置隔离层。水泥砂浆保护层厚度不宜小于20mm。

4. 复合防水屋面

复合防水屋面是将以上各种防水屋面中的两种及两种以上按一定构造要求进行叠加，形成的复合设防、优势互补的防水屋面。适用于Ⅰ级、Ⅱ级防水屋面。

屋面防水等级为Ⅰ、Ⅱ级的多道设防时，应采用多道卷材、涂膜和刚性防水复合使用，一般应将耐老化、耐穿刺、抗拉强度较高的防水材料置于防水层的表面。当屋面防水等级为Ⅲ级的一道防水层设防时，其在管道根部、水落口杯周围以及泛水节点、卷材收头等容易渗漏的薄弱部位，应采用密封材料、防水涂料或卷材等组成多道设防的局部补强附加层。这种多道设防与复合防水的做法，可以达到提高防水工程质量和延长防水层使用年限。

（四）墙体防水

墙体可用砖、砌块、混凝土、钢筋混凝土等材料做成。不同材料的墙体和同种材料不同部位的墙体，其防水性能和要求是不同的。

1. 外墙防水

墙体防水的重点是外墙防水，外墙是建筑物最外层起围护和承重作用的结构。框架结构的普遍应用，其围护作用越来越突出。近几年来，我国建筑物外墙渗漏水问题呈上升趋势，造成了多方面的影响。外墙渗漏水治理也成为摆在我们面前的一个急待解决的问题。

外墙渗漏根据其渗漏程度可划分为两类：

1) 慢渗：指建筑物门窗外框同墙体连接固定不当而导致内墙或窗框周围长期存在片

状或带状的潮湿水迹。慢渗往往导致潮湿部位涂层或墙纸发霉、起皮、鼓包、粉化等损坏。特别是铝合金门窗外框同墙体连接固定不当，造成松动、变形、裂缝等所产生的外墙渗漏已是外墙渗漏的常见病。

2）快渗：指当雨水冲刷到外墙面上建筑物内墙即出现渗漏水迹，可同时伴有水滴或水流，水量大小与雨量、风压往往成正比，当雨水停止冲刷时水流即逐渐中止，渗漏程度迅速减轻，水迹逐渐干燥，快渗造成墙皮、墙纸、涂层大量起鼓脱落等不良后果。

2. 内墙防水

内墙防水的重点是厕、浴、厨间的墙体。

（五）厕、浴、厨间防水要求

1. 厕、浴、厨间防水设计基本要求

（1）防水材料的选用

根据厕、浴、厨间防水工程类别及性质、使用标准，选用不同的涂膜防水材料和胎体增强材料。厕、浴、厨间防水工程应选用无毒无害的防水材料。

1）合成高分子防水涂料。如聚氨酯防水涂料，主要有用于公共建筑及高级住宅工程的厕浴间。

2）聚合物水泥复合涂料。主要用于公共建筑和一般住宅工程的厕浴间。

3）高聚物改性沥青防水涂料。如氯丁胶沥青防水涂料、SBS改性沥青防水涂料，主要用于一般住宅工程的厕、浴、厨间。

4）胎体增强材料可选用聚酯无纺布或玻璃网格布。

（2）排水坡度

1）地面向地漏处排水坡度一般为2%。

2）地漏处排水坡度，以地漏边缘向外50mm外排水坡度为3.5%。

3）地漏标高应根据门口至地漏的坡度确定，必要时设门槛。

2. 厕、浴、厨间的地面防水

厕、浴、厨间应采取迎水面防水，地面防水层应设在结构层的找平层以上，沿墙面高出地面150mm。厕、浴、厨间的地面应坡向地漏方向，坡度为1%～3%，地漏口标高应低于地面标高不小于20mm。厕、浴、厨间的地面标高应低于门外地面标高不小于20mm。当地面标高降低有困难时，可设门槛。管道的管根防水应用建筑密封膏进行密封处理。

3. 厕、浴、厨间墙面与顶棚防水

墙面和顶棚应做好防水处理，并做好墙面与地面交接处的防水。墙面与顶棚饰面防水材料及颜色由设计人员选定。

4. 厕、浴、厨间防水构造与基本做法

（1）结构楼面常用以下三种：

1）整体现浇钢筋混凝土板；

2）预制整块开间钢筋混凝土板；

3）预制圆孔板板缝通过厕、浴、厨间时，板缝间用防水砂浆堵严抹平，上加胎体增强材料一层，涂刷防水涂料两遍。

（2）找坡层

按设计要求在结构楼面上用水泥砂浆向地漏处找1%～3%坡度。

(3) 找平层

10~20mm厚1:2.5水泥砂浆找平层,抹平压光。套管根部抹成八字角,宽10mm,高15mm。

(4) 地面防水层

小管必须做套管。先做管根防水,用建筑密封膏封严。再做地面防水层与管根密封膏搭接一体。防水层至立墙四周应高出250mm,并做好平立面防水交接处理。

面层一般做20mm厚1:2.5水泥砂浆抹面、压光,或做地面砖等,由设计人员选定。

5. 施工基本要求

(1) 施工准备

1) 防水涂料进入现场,必须按国家标准进行复试。

2) 涂刷工具:备有短把棕刷、油漆毛刷、油漆嵌刀、小桶、水准尺、橡皮刮板、钢卷尺等。

3) 施工人员操作时要穿工作服、戴手套、穿软底鞋。

(2) 注意事项

1) 厕、浴、厨间面积小,光线不足,通风差,应该增设人工照明和通风设备。

2) 溶剂型防水涂料易燃、有毒,要注意防火、防毒。

3) 水乳型防水涂料的存放与施工温度应在5℃以上。

(3) 施工管理

1) 厕、浴、厨间作业面小,各工种交叉作业时工种之间要配合好,严禁在已完工的防水层上打眼凿洞,要有成品保护措施。

2) 劳动组织:一般2~3人为一组。

3) 防水层未干,严禁人员在工作面上乱踩,以免破坏防水层。

6. 厕、浴、厨间防水工程验收及保修期

(1) 验收

厕、浴、厨间防水层完工后,经蓄水24h无渗漏,再做面层或装修。装修完毕还应进行第二次蓄水试验,24h无渗漏时为合格,方可正式验收。

(2) 保修期

厕、浴、厨间防水工程实行至少三年的保修期。保修期内凡出现渗漏时由防水专业施工单位负责返修,费用由责任方承担。

三、地下室防水

(一) 地下工程防水等级

地下工程的防水等级按围护结构允许渗漏水量划分为四级,各级应符合表6-2的规定。

地下工程防水等级标准 表6-2

防水等级	标　准
一级	不允许渗水,围护结构无湿渍
二级	不允许漏水,围护结构有少量、偶见的湿渍
三级	有少量漏水点,不得有线流和漏泥沙,每昼夜漏水量<0.5L/m^2
四级	有漏水点,不得有线流和漏泥沙,每昼夜漏水量<2L/m^2

（二）地下室的防水方案

地下室的防水方案一般可分为防水混凝土结构防水、防水层防水、渗排水防水三类：

（1）防水混凝土结构防水。普通防水混凝土是以调整配合比的方法，提高混凝土的密实度和抗渗能力的一种防水的混凝土。普通的防水混凝土中的水泥砂浆除起填充、润滑和粘结作用外，还在石子周围形成良好的砂浆包裹层，切断了石子表面形成的毛细管渗水通路，从而提高了混凝土的密实性，并提高了混凝土的抗渗能力。

（2）防水层防水。即在结构的外侧面增加防水层以达到防水的目的。常用的防水层有卷材、防水水泥砂浆、防水涂料和金属防水层等。

（3）渗排水防水。即利用渗排水层、盲沟等措施排除房屋附近的水，达到防水的目的。

（三）地下室防水做法

1. 防水混凝土结构防水

防水混凝土结构是依靠防水混凝土材料本身具有的憎水性和密实性来达到防水抗渗的目的。防水混凝土结构本身既是承重和围护结构，同时又是防水层。防水混凝土分为普通防水混凝土和掺外加剂的防水混凝土。防水混凝土结构应符合：结构厚度不应小于250mm；结构表面的裂缝宽度不应大于0.2mm，并不得贯通；迎水面钢筋保护层厚度不应小于50mm。

（1）普通防水混凝土

普通防水混凝土是通过改善材料级配、混凝土中的孔隙和毛细孔道，以控制地下水对混凝土的渗透。普通防水混凝土不宜承受振动和冲击、高温或腐蚀作用，当构件表面温度高于100℃或混凝土的耐腐蚀系数小于0.8时，必须采取隔热、防腐措施。

普通防水混凝土的材料要求：

1）水泥。在不受侵蚀性介质和冰冻作用时，可采用普通硅酸盐水泥或火山灰质、粉煤灰硅酸盐水泥。水泥强度等级不低于42.5，每立方米水泥用量不得少于330kg。不得使用过期、受潮以及含有有害物质的水泥，水泥品种和强度等级不同的水泥不得混合使用。

2）石子。应采用质地坚硬、形状整齐的天然卵石或人工破碎的碎石，不宜采用石灰岩。最大粒径不宜大于40mm；针片状颗粒含量按重量计不大于15%；含泥量不大于1%；吸水率不大于1.5%。

3）砂子。采用天然河砂、山砂或海砂。其平均粒径须大于0.3mm；砂中含泥量不得大于3%。

4）水。使用能饮用的自来水或洁净的天然水。不得使用含有有害杂质的水。

5）配合比设计。水灰比为0.45～0.6，坍落度不小于80mm；砂率以35%～40%为宜，灰砂比在1:2～1:2.5之间；石子空隙率若大于45%时，宜调整石子级配；砂、石混合重度应大于2000kg/m³。

（2）掺外加剂的防水混凝土

掺外加剂的防水混凝土是利用外加剂填充混凝土内微小孔隙和隔断毛细通道，以消除混凝土渗水现象，达到防水的目的。配制时，按所掺外加剂种类不同分为加气剂防水混凝土、三乙醇胺防水混凝土、氯化铁防水混凝土等；近来，一类混凝土外加剂在混凝土中起长效的微膨胀作用,以补偿混凝土不断硬化结晶时的体积收缩和温度引起的收缩,称补偿收缩混凝土,在混凝土地下防水工程已得到应用,具有较好的防水能力。

(3) 防水混凝土的施工要点

1) 编制施工方案,搞好工艺控制。

2) 施工作业面保持干燥,施工排水措施可靠有效。

3) 模板表面平整,拼缝严密,吸水性小。

4) 普通防水混凝土搅拌时间不得少于2min,坍落度不大于50mm;掺外加剂的防水混凝土搅拌时间不得少于3min,坍落度不大于80mm。运输路途较远、气温较高时,可掺入缓凝剂。

5) 混凝土入模时,自由下落的高度不能超过1.5m;钢筋密集、模板窄深时,应在模板侧面预留浇灌口;分层浇筑,每层厚度不超过1m。

6) 一般情况下,混凝土要连续浇筑,不宜留施工缝。必须留施工缝时,施工缝应留在墙身上,施工缝应高出底板混凝土面不少于300mm。应按图6-5所示的方法留缝。继续浇筑时,表面应凿毛、扫净、湿润,用相同水灰比的水泥砂浆先铺一层再浇灌混凝土。

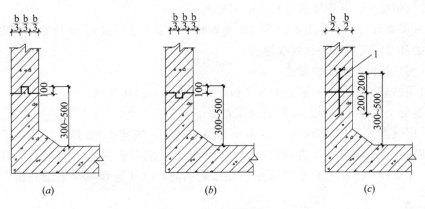

图 6-5 施工缝留置
(a) 凸施工缝;(b) 凹施工缝;(c) 钢板止水缝
1—钢板

7) 混凝土振捣要密实,要用机械振捣,不得用人工振捣,采用插入式振动器时,插点间距不得超过作用半径的1.5倍。

8) 混凝土初凝后,应覆盖浇水养护14d以上。

9) 拆模后出现蜂窝麻面时,应及时采用1:2~2.5的水泥砂浆进行修补。在拆除模板并对混凝土修整后及时回填土。

由于支模困难和施工缝防水可靠性等原因,对过去推荐的凹缝、凸缝、阶梯缝,不予提倡,而是在施工缝上敷设遇水膨胀橡胶腻子止水条和中埋钢板或橡胶止水带,必要时还在迎水面采用外贴式止水带。

2. 刚性防水层

刚性防水是用水泥浆、素灰(稠度很小的水泥浆)和水泥砂浆交替抹压、涂刷四至五层,以达到防水效果。四层做法用于防水层不与水直接接触,五层做法用于防水层与水直接接触。刚性防水层的防水原理是分层互相交替抹压施工,形成一个多层整体刚性防水层，各层的残留毛细孔互相堵塞住，使水分不能渗透过其毛细孔，从而具有较好的抗渗防水性能。它附着在结构主体表面上，作为独立的防水层，也可作为结构防水的加强防水层。多层整体刚性防水层与结构主体表面牢固地结合而成为坚硬、封闭的整体。因此，适用于地下承受一定的静水压力的混凝土、钢筋混凝土及砖砌体等结构的防水。

(1) 刚性抹面防水层的施工要求

1) 施工前，降低地下水位，排除作业面积水，露天作业要防晒防雨。

2) 所用的水泥、砂、水均同普通防水混凝土的要求。

3) 砂浆配制。水泥砂浆配比为 1∶1、1∶2、1∶2.5，水灰比为 0.4～0.45；水泥浆的水灰比为 0.55～0.6；素灰的水灰比为 0.37～0.4。拌制好的砂浆不宜存放过久，当气温在 20～35℃时，存放时间不宜超过 30min。

4) 基层处理。混凝土基层应有较粗糙平整的毛面，必要时，要进行凿毛、清理、整平。对于混凝土表面的蜂窝孔洞，应先用钎子将松散不牢的石子除掉，并将孔洞四周边缘剔成斜坡，用水冲洗干净，扫素灰浆，再用砂浆填平。

对于露出基层的铁件或管道等，应根据其大小在周围剔成沟槽，并冲洗干净，用较干的素灰将沟槽捻实，并环绕管道另作防水处理。

5) 基层处理后，应先浇水，再抹防水砂浆。混凝土基层提前 1d 浇水，砖砌体基层提前 2d 开始浇水，使基层表面吸水饱和。

(2) 刚性抹面防水层的做法

防水层的施工顺序，一般是先抹顶板，再抹墙体，后抹地面。

1) 混凝土顶板与混凝土墙面的操作方法

第一层（素灰层、厚 2mm）：素灰层分两层抹成。先抹 1mm 厚，用铁抹子用力往返刮抹，使素灰层填实混凝土表面的空隙并抹刮均匀；随即再抹 1mm 厚找平，找平层厚度要均匀；抹完后，用排笔蘸水按顺序轻轻涂刷一遍，以堵塞和填平毛细孔道，增加不透水性。

第二层（水泥砂浆层、厚 4～5mm）：在素灰层初凝时进行。抹水泥砂浆时，应轻轻抹压，以免破坏素灰层，并使水泥砂浆层中的砂粒压入素灰层厚度 1/4 左右，使两层结合牢固。在水泥砂浆初凝前，用扫帚将表面按顺序扫横向条纹毛面，注意顺单一方向扫，防止水泥砂浆层脱落。

第三层（素灰层、厚 2mm）：在第二层水泥砂浆凝固并具有一定强度后，适当浇水湿润，按第一层做法操作。

第四层（水泥砂浆层、厚度 4～5mm）：按第二层做法要求抹压，抹完后，不扫条纹，而在水分蒸发过程中，分次用铁抹子抹压 5～6 遍，最后压光。迎水面的防水层，需在第四层砂浆抹压两遍后，用毛刷均匀刷水泥浆一道，然后压光。

2) 混凝土地面防水层做法

第一层，将素灰倒在地面上，用地板刷往返用力涂刷均匀，使素灰填实混凝土表面的空隙；其余各层做法同混凝土墙面，施工顺序应由里向外。

当防水层表面需要贴瓷砖或其他面层时，要在第四层抹压 3～4 遍后，用刷子扫成毛面，待凝固后，按设计要求进行饰面的施工。

转角处的防水层，均应抹成圆角；防水层的施工缝，不论留在地面或墙面上，均须离开转角处 300mm 以上；施工缝需留阶梯形槎，槎子的层次要清楚，每层留槎相距 40mm 左右，接槎时应先在阶梯槎上均匀涂刷水泥砂浆一层，然后再依照层次搭接。

3）刚性抹面防水层的养护

加强养护是保证防水层不出现裂纹，使水泥能充分水化而提高不透水性的重要措施。养护要掌握好水泥的凝结时间，一般终凝后，防水层表面泛白时，即可洒水养护，开始时必须用喷壶慢慢洒水，待养护 2~3d 后，方可用水管浇水养护。

在夏季施工，应避免在中午最热时浇水养护，以免引起开裂现象。

对于易风干的部位，应每隔 2~3h 浇水一次，经常保持面层湿润，养护期为 14d。

3. 卷材防水

卷材防水是用防水卷材和胶粘剂胶合而成的多层防水层。它具有良好的韧性和可变性，能适应振动和微小变形等优点。卷材防水层应采用高聚物改性沥青防水卷材和合成高分子防水卷材。所选用的基层处理剂、胶粘剂、密封材料等配套材应与铺贴的卷材材性相容。由于沥青卷材和沥青胶吸水率大，耐久性差，机械强度低，对防水层的性能造成一定的影响。现已在地下防水工程中逐步淘汰。

对卷材防水的要求：

(1) 要求基层干燥平整。施工前，地下水位应降至距垫层 300mm 以下；铺贴卷材的气温不低于 5℃；基层表面的阴阳角，均应做成圆弧形钝角。

(2) 卷材能耐酸、耐碱、耐盐，但不耐油脂及汽油等的侵蚀；承受压力不超过 0.5MPa。

(3) 基层表面在干燥的条件下，应涂基层处理剂；卷材防水层应采用高聚物改性沥青防水卷材和合成高分子防水卷材。

(4) 卷材搭接长度，长边不少于 100mm，短边不少于 150mm，上下两层卷材接缝应错开，不得相互垂直铺贴。在立面与平面的转角处，卷材接缝要留在平面上，距立墙不小于 600mm 处，并应铺贴两层同样的卷材，如图 6-6 所示。

(5) 卷材应先铺平面，后铺立面，平立面交接处应交叉搭接。立面卷材铺设应上下错槎搭接，上层卷材盖过下层卷材不应小于 150mm，如图 6-7 所示，表面应做保护层。

(6) 对有特殊要求的部位，要按设计要求施工。

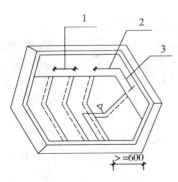 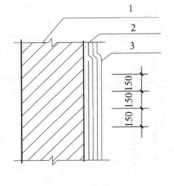

图 6-6 转角处卷材搭接示意图　　　　图 6-7 立面接槎示意图
1—全幅宽；2—⅔幅宽；3—⅓幅宽　　　　1—墙体；2—找平层；3—卷材防水层

第二节 房屋渗漏的表现及其原因

一、屋面

（一）卷材防水屋面渗漏

屋面渗漏是当前房屋建筑中最为突出的质量问题之一。各种房屋因不同原因产生不同程度的渗漏，严重影响了房屋的正常使用，降低了房屋的使用价值和经济效益。

1. 防水层渗漏的表现

（1）屋面落水管口渗漏，表现为雨水口未做油毡漏斗杯口或杯口处油毡脱层、开裂。

（2）屋面转角处渗漏，表现为油毡搭接不良，脱层、开裂、积水和沥青玛琋脂流淌堆积。

（3）女儿墙内侧底部渗漏，表现为该处油毡接口有缝隙，女儿墙压顶开裂，女儿墙外侧灰缝开裂、油毡起鼓开裂，如图 6-8 所示。

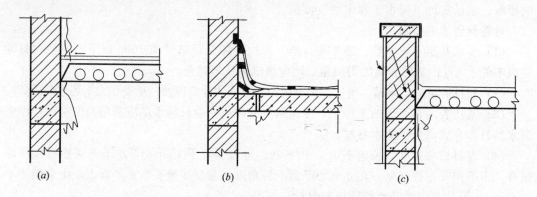

图 6-8　女儿墙内侧渗漏
（a）防水层开裂；（b）防水卷材开裂；（c）女儿墙压顶开裂、墙身开裂的渗漏

（4）房屋结构或构造拼缝处渗漏，表现在负弯矩带、支承节点处开裂，拼缝处油毡搭接不良或断裂等，如图 6-9 所示。

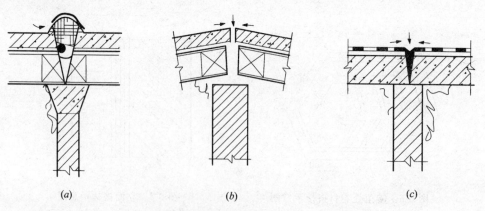

图 6-9　房屋结构或构造拼缝处渗漏
（a）嵌缝油膏收缩脱离；（b）负弯矩处防水面层被翘裂；（c）油毡防水层被拉裂断

(5) 屋面上突出构件（如管道、烟囱和水池等）支承处渗漏，表现为该处油毡泛水脱离和屋面积水。

(6) 屋檐渗漏，表现为油毡卷口脱离等。

(7) 屋面顶棚渗漏，表现为油毡起鼓脱层，油毡老化开裂和屋面积水。

(8) 油毡搭接处脱离、卷口、缝隙处发生渗漏。

(9) 油毡部分起鼓、起泡、脱离、破裂、防水层失效。

2. 防水层渗漏的原因

(1) 设计方面的原因。屋面防水设计不符合现行标准、规范，设计标准低。房屋建筑工程的屋面防水设计，不是由有防水设计经验的人员承担，设计时没有结合工程的特点，对屋面防水构造未认真进行处理，措施不当，效果不好。屋面上弯折部位多，出屋面部件多，增加了油毡裁、折、贴的施工困难；房屋地基沉降差和高低处毗连的沉降差引起油毡受剪破坏；房屋女儿墙、檐口的细部构造不当，雨水从侧面进入墙体直达油毡底部造成渗漏使油毡脱层。

(2) 施工质量差。未严格按设计要求和施工规范进行施工，如泛水处防水层外贴，收口处张口，防水层搭接长度不足或逆贴，转角接头处油毡转折太大（折成小于120°的角度）；搭接不良或错误，搭接长度不够，水流上方油毡反被下方油毡搭盖；玛琋脂质量以及铺涂工艺不好，以致玛琋脂流淌，铺涂不足粘贴不严密；屋面基底不平，卷材铺不平和起鼓；屋面基层潮湿，卷材铺贴不牢靠；卷材铺贴方法、构造本身存在缺陷（如全部粘贴紧密，则会在基层出现裂缝时，防水层发生"零长破坏"等）；基底收缩开裂超过油毡最大延伸能力；季节变化基层和油毡起鼓开裂。

(3) 材料质量不好。选择防水层材料不当。选用了防水性差、延伸率小、耐热度低或粘结力、抗老化性、耐火性差的防水卷材。玛琋脂为一般沥青胶，降低了粘结力，耐热度不稳定，使粘结层失效，发生流淌，过早老化并引起移位；卷材为纸胎沥青油毡，质量不稳定，硬度大不易粘贴，脆性大容易开裂，易老化则过早脆裂。

(4) 使用不当。卷材屋面不应上人使用，但往往有在屋面晒衣、架天线、放风筝、栽树种花的现象。

(5) 自然气候原因。油毡表面黑，吸热大，很多地区夏季温度特别高，容易促使卷材老化和玛琋脂流淌，卷材分层，气泡膨胀，脱层等而使油毡破坏；温度剧变引起房屋结构裂缝，而导致卷材裂断发生渗漏。

(二) 刚性防水屋面渗漏

1. 渗漏的主要部位及其表现

(1) 整浇基层开裂，基层面上防水层被破坏，雨水顺裂缝渗漏。

(2) 檐口钢筋混凝土天沟开裂，落水口渗漏。

(3) 女儿墙下屋面处渗漏。

(4) 刚性防水面层龟裂、鼓起、起壳，雨水在基层较疏松处滴漏。

(5) 刚性防水面层之间接缝处油膏老化、脱离，盖缝卷材卷口发生渗漏。

2. 产生渗漏的原因

(1) 刚性防水层可变形能力差，因此，对基层变形的敏感性比卷材高得多，当刚性防水层区格过大（大于$36m^2$），极易在基层变形时被拉裂。

（2）整体性基层在温度变化下发生冷缩热胀，因为受到梁和墙的约束而出现较大的内应力，使基层被拉断。在长度较大的房屋尤为严重。

（3）女儿墙压顶开裂，雨水渗入女儿墙底部未有防水措施的屋面基层，进而渗透到室内。

（4）预制板屋面基层由于板件在支座边有反挠翘起，使该处防水层受拉开裂，尤其在连续板支座处最容易发生裂漏；对于现浇钢筋混凝土屋面，若抗温度应力的钢筋不足，也容易发生裂漏。

（5）在屋面突出部分，防水层转折的阴、阳角处施工难度大，因而在该处往往有空洞，加上该处流水不畅、易积水而造成渗漏。

（6）防水层、基层混凝土施工质量不好，水灰比过大、含砂率不当、灰石比过小、振捣不够等，使其本身不密实，不能抗渗漏。

（7）基础不均匀沉降引起屋面结构变形，使基层、防水层开裂渗漏。

（8）嵌缝材料不良、操作不当，材料老化失效，雨水从分格缝直接渗入。

（9）刚性屋面受大气侵蚀碳化严重，钢筋锈蚀，混凝土爆裂。

（三）涂膜防水屋面渗漏

1. 防水层起鼓

涂膜防水屋面出现起鼓现象，常发生在平面上或立面的泛水处，起鼓后随着时间的延长，会使防水层过度拉伸，表层脱落，加速老化，甚至破裂。

起鼓的原因是由于基层找平层或保温层含水率过高；立面部位防水层起鼓，是与基层粘结不牢，出现空隙而造成，特别是立面在背阴处，该部位的基层往往比大面上干燥慢，含水率高，当水分蒸发，即造成起鼓。

2. 防水层裂缝

规则裂缝多见于板端接缝部位。此外，有大面上的龟裂，管道周围基层收缩环形裂缝，屋面与山墙交接部位和檐口与檐沟交接部位的通缝，天沟女儿墙和压顶部位的横向裂缝等。

裂缝的原因：

（1）板端接缝部位的规则裂缝是因结构变形和屋面温差、混凝土干缩而在板支承处产生；

（2）龟裂由于找平层质量差、干缩变形严重而产生；

（3）屋面与檐沟交接处的通缝是由于构件刚度及变形的不同而产生；

（4）穿过防水层的管道四周环向裂缝和女儿墙、压顶、天沟的横向裂缝是由于混凝土干缩、温差变形以及管道竖向伸缩而产生。

3. 防水层剥离

在坡度较大及立面部位，防水层发生剥离现象会影响防水质量。防水层剥离的原因是：① 找平质量差、起皮、起砂、有灰尘、潮气。② 由于涂膜施工温度低，造成防水层粘结不牢。③ 由于防水材料收缩将防水层拉紧，在交接部位首先脱离。

4. 防水层脱缝

涂膜增强布搭接缝脱缝情况比较普遍。其原因是：① 搭接宽度不足。② 涂料材质性能差或涂刷不均匀。③ 搭接部位不干净，有尘土或污染，施工时夹带砂粒杂物，造成粘结不牢而开裂。④ 由于雨水口堵塞、天沟积水浸泡所致。⑤ 有些涂料在高温下，由于水分骤然蒸发而收缩较大，再加上粘合不实而将搭接缝拉开。

5．防水层积水

防水层表面洼坑积水，而且短时间不能蒸发，形成反复干湿，促使防水层老化。防水层积水的原因是：基层找坡不准；水落口标高过高；大挑檐及中天沟反梁过水孔标高过高或过低，孔径过小；雨水管径过小，水落口排水不畅等。

6．防水层破损

防水层破损一般会立即造成渗漏，破损的原因很多，多数是施工及管理因素造成。例如：防水层施工时，由于基层清理不干净，夹带砂粒或石子，铺设防水层后，操作人员或运输车辆在上行走都可能顶破防水层。

二、墙体

随着我国建筑技术水平的提高和环保要求，外墙墙体材料也发生了很大的变化，建筑物外墙也由过去单一形式的实心黏土砖墙发展为当今普遍应用的预制或现浇混凝土墙、加气混凝土砌块墙、空心黏土砖或空心水泥砖墙以及玻璃幕墙等多种形式。但随着时间的推移，建筑物的不均匀沉降、天气变化和热胀冷缩的影响以及其他人为或客观的原因，许多建筑物墙面上出现了各种各样的裂缝。雨水便沿着这些裂缝渗入墙体，到了冬季水分会在缝中结冰膨胀，使裂缝加宽、变长、扩展，渗漏加剧，造成室内装饰失效、室内物品损坏，不仅影响到建筑物的美观和正常使用，而且在裂缝遇到空气中的二氧化碳、二氧化硫等酸性气体时，酸性气体会不同程度地腐蚀墙体内的钢筋，直接影响建筑物的寿命，后果严重。

现浇混凝土墙、加气混凝土砌块墙、空心黏土砖或空心水泥砖墙以及玻璃幕墙等有多种渗漏形式。

1．墙体裂缝渗漏

（1）由于房屋的地基软弱、沉降不均匀，从墙脚到窗台出现水平裂缝或斜裂缝。

（2）砖砌体受温度变化的影响引起裂缝，主要原因是混凝土和砖砌体两种材料的膨胀系数不同，在温度应力作用下出现不均匀的伸缩将砌体拉开。

（3）墙体风化，砌筑砂浆不饱满产生通缝和灰浆松动等，形成毛细通道将毛细管（孔）内的水分导入室内饰面层，而导致渗水。尤其以房屋底层墙体为甚。

（4）墙体粉刷、饰面存在缝隙，雨水顺隙而入发生渗漏。

2．女儿墙渗漏

女儿墙渗漏的主要原因是屋面板两端跨的端缝为刚性结构，因材质受温度变化产生应力将墙推裂；或女儿墙顶未设混凝土压顶，防水措施差（如无滴水或者泛水板）产生裂缝等。

3．窗台倒泛水向室内渗水

窗台倒泛水向室内渗水主要原因是室外窗台高于室内窗台板；窗下框与窗台板的缝隙处未作密封处理，水密性差；窗台板抹灰层不作顺水坡或者坡向里；窗台板开裂等缺陷所致。

4．门窗口部位渗水

门窗口部位渗水的主要原因是门窗框与砌体联接得不牢固，嵌缝工艺不符合要求，采用的材料水密性差。

5. 预埋件的根部渗水

预埋件的根部渗水主要原因是预埋件安装不牢固，或受冲撞；抹灰时新老砂浆结合不牢，而酿成空鼓和裂缝。

6. 变形缝部位渗漏

变形缝部位渗漏的主要原因是变形缝两侧墙体排水、导水不良，在嵌填密封材质水密性差，盖板构造错误时，水渗入墙体和室内。

7. 基础防潮层失效

基础防潮层失效的主要原因是防潮层砂浆质量差，卷材搭接不严，施工方法不当，基础防潮层的标高错误，外门口处防潮层断开等缺陷所导致。

8. 散水坡渗水

散水坡渗水的主要原因是散水坡与主体墙身断开；施工质量低劣，坡度不当，导水性差，本身有裂渗现象；伸缩缝设置不合理，不能适应升、降而产生裂缝；散水坡宽度小于挑檐长度，散水坡起不到接水作用；散水坡低于房区路面标高，雨水排不出去，导致积水。

三、厕、浴间渗漏

厕、浴间主要渗漏部位有：地面、墙面、穿墙管根部、墙与地面相交处、卫生洁具与地面或墙面相交处，还有管道渗漏等。

厕、浴间渗漏原因有以下三方面。

1. 设计方面

（1）厕、浴间地面缺乏有效的防水处理，甚至没有做防水层。在使用淋浴的情况下，容易发生渗漏现象。倘若地面坡度坡向处理不好，则问题会更严重。

（2）采用预制空心楼板，设计时没有准确表明预留孔洞的位置和大小，造成现场凿洞安装各种管道和卫生洁具等，凿出的孔洞形状不规则，尺寸大小难以符合安装要求，使孔洞周围的混凝土破损。

（3）地面、阴角以及浴缸下地坪的标高、排水方向和坡度等构造设计考虑不周，致使地面积水难以排除。

2. 材料方面

（1）没有考虑厕浴间的特点，采用卷材防水，由于接缝多、零碎、整体性差，难以处理严实。

（2）在管道、地漏、厕坑等薄弱环节，未采用密封材料嵌缝，或未采用适宜的材料施工。

（3）卫生洁具的质量粗劣，易损易漏。

3. 施工方面

（1）下水口标高与地面或卫生设备标高不相适应，地面形成倒泛水，卫生设备排水不通畅。

（2）基层（找平层）的施工质量粗糙，甚至出现空鼓或裂缝。

（3）楼面的多孔板在安装前，未做堵头处理，使积水沿着板端缝和板孔扩渗。

（4）浴缸下的地坪未做找平层，致使其标高低于厕浴间楼面的建筑设计标高，水倒流入浴缸底下，加上冷凝水的积累，导致常年积水而渗漏。

四、地下室渗漏

（一）渗漏的现象

常见的渗漏水现象一般可分为以下五种：

(1) 慢渗。漏水现象不明显，将漏水处擦干即不漏水，但经 10～20min 后，又发现有湿痕，再隔一段时间就集成一小片水。

(2) 快渗。漏水情况比较明显，将漏水处擦干后，经 3～5min 就发现湿痕，并很快集成一小片积水。

(3) 有小水流。漏水情况明显，擦不净，水流不断渗透而出，形成较大的一片水。

(4) 急流。漏水严重，形成一股水流，由渗透孔道或裂缝处急流涌出。

(5) 水压急流。漏水非常严重，地下水压力较大，室内形成水柱由漏水孔或裂缝处涌出。

（二）渗漏的原因

地下室发生渗漏，应首先检查结构是否变形开裂，并对墙的阴阳角、门窗口位置、预埋墙内的配件、地面以及墙面的裂缝、剥落、空鼓、沉降缝等仔细检查，以弄清渗漏水的原因。

1. 防水混凝土渗漏

(1) 普通防水混凝土

1) 施工时水灰比过大，造成混凝土抗渗性能急剧下降；或水灰比过小，施工操作困难，增加混凝土的孔隙，都会形成渗漏。

2) 灰砂比过大（砂率偏低）出现混凝土内部不均匀和收缩大的现象；或灰砂比偏小（砂率偏高）使混凝土孔隙增加，都会使混凝土的抗渗性能降低。

3) 采用了不适宜的水泥品种，不能满足防水混凝土的要求。

4) 骨料的级配不合理，在施工中为保证混凝土的和易性，势必要提高水泥用量和加水量，此时混凝土中游离水分增多，收缩所形成的毛细孔道多，其抗渗能力减弱。

5) 混凝土浇灌后养护不良，影响水泥水化反应的进行，混凝土结晶生长受到影响，密实性差，混凝土本身渗漏。

(2) 加气型防水混凝土

1) 加气剂掺量过多或过少，是影响混凝土抗渗性的主要原因。当掺加量过大时，混凝土内部出现气泡聚集的现象，并且大小不一，间距不一，造成混凝土结构不均匀，同时混凝土密度下降，影响其密实性；当掺加量过少时，在混凝土内形成的气泡很少，同样会出现内部结构不均匀，而影响混凝土的抗渗性。

2) 水灰比过小，使混凝土拌合物稠度增大，不利于气泡的形成，使含气量降低，影响混凝土抗渗性能。

3) 水泥和砂的比例不当，影响了混凝土的黏滞性。

4) 混凝土的搅拌时间过短，气泡形成不充分，搅拌时间过长又会破坏气泡，使含气量下降，影响混凝土的抗渗性能。

(3) 氯化铁防水混凝土

1) 氯化铁防水剂掺量过多或过少，都会不同程度影响混凝土的抗渗性能。掺量过多，会使钢筋锈蚀影响混凝土的握裹力,还会使混凝土的收缩加剧,形成裂缝造成渗漏;掺量过少,影响混凝土的密实性,降低抗渗性能。

2)拌合物搅拌时间过短,防水剂在混凝土内散布不均,影响整体抗渗性。

3)混凝土养护不好,使混凝土表面过分干燥,产生微细裂缝形成毛细孔道,造成渗漏。

(4)三乙醇胺防水混凝土

1)砂率没有控制在35%～40%之间,降低了混凝土的抗渗能力。

2)水泥用量过大,会因为三乙醇胺的早强催化作用,使混凝土内的水泥成分过多或过快吸收游离水,在硬化的后期,造成混凝土内部缺水,而形成干缩裂缝,造成渗漏。

3)三乙醇胺混凝土因养护不当,使混凝土表面过分干燥,产生微细裂纹,形成毛细孔道,造成渗漏。

2. 刚性抹面防水层渗漏

(1)混凝土基层

1)由于混凝土基层自身的缺陷使抹面防水层遭到破坏,引起渗漏水。

2)防水层本身缺陷造成渗漏,如:基层表面处理不好与防水层的粘结出现剥落、裂缝、空鼓而引起渗漏;防水层材料强度不足或配合比不准,降低了防水性能;在防水层施工时,未按操作要求分层抹压或分层厚度过大、抹压次数不够,抹灰层次之间没有很好的粘结,形成渗漏;墙的阴阳角、门窗与墙体的接触面等防水层没有按要求做而形成渗漏;抹灰层的养护不当、出现龟裂而渗漏等。

3)地下静水压力过大(超过2MPa),防水层失去防水能力。

4)防水层受到地下水较强的化学侵蚀或高温作用。

(2)砖基层

1)砖砌体本身强度不足或遭受腐蚀,使防水层砂浆逐步出现剥落、裂缝等而造成渗漏。

2)砖砌体砂浆强度过低或在砂浆缝处吸水过大、胶结不牢,造成防水层空鼓或产生裂缝,形成渗漏水。

3)砖砌体结构变形、基础下沉造成墙体开裂形成渗漏。

3. 卷材防水层渗漏

(1)设计防水层高度过低,地下水从防水层上部渗透。

(2)地基不均匀沉陷造成结构开裂,防水层强度不足被撕裂而渗漏水。

(3)卷材粘贴未按操作要求,粘贴不实,封边不严造成渗漏。

(4)伸缩缝处使用的材料和结构形式选择不当,不能适应结构的变形;橡胶止水带缝口处油膏封闭不严等造成渗漏。

(5)穿墙孔部位未做防水处理,或密封膏封闭不严。

(6)防水卷材老化。

第三节 房屋防水的维修

房屋渗漏一直是我国比较突出的工程质量问题。房屋渗漏这个令建筑设计、施工头痛的老大难问题是业主和开发商矛盾的焦点,也是用户房屋质量投诉最多的一项,成为物业管理的难题。不少新建成的工程开始就出现了严重渗漏的情况；老建筑大多是采用有机防水，现在都已到了使用年限，因而老建筑的渗漏现象更为严重。为提高房屋渗漏修缮工程技术水平，保证修缮质量，有效地治理房屋渗漏，建设部已颁发了国家行业标准《房屋渗漏修缮技术规程》(CJJ 62—95)，这是我国一部房屋渗漏修缮工程的技术法规，必须严格执行，以保证房屋渗漏修缮质量。

以下是该规程对房屋渗漏修缮技术的一般要求。

(1) 屋面渗漏修缮工程应根据房屋防水等级、使用要求、渗漏现象及部位，查清渗漏原因，找准漏点，制定修缮方案。

(2) 渗漏修缮工程基层处理应符合下列规定：

1) 清除基层酥松、起砂及凸起物，做到表面平整、牢固、密实，基层干燥。

2) 基层与伸出屋面结构（女儿墙、山墙、变形缝、天窗壁、烟囱、管道等）的连接处，以及基层的转角处（檐口、天沟、水落口等），均应做成圆弧。内排水的水落口周围500mm范围内坡度不应小于5%，呈凹坑。

3) 刚性防水屋面结构层的装配式钢筋混凝土板板端应修整、清理，应用水泥砂浆或细石混凝土灌缝，缝内设置背衬材料并嵌填密封材料进行密封处理。

(3) 修缮屋面保温层宜采用自然晾晒或加热烘烤干燥。原保温层需铲除重做时，基层应清理干净、平整、干燥。铺设保温层应平整，留出排水坡度。

(4) 选用的防水材料，其材性应与原防水层相容，耐用年限应相匹配，可采用多种防水材料复合使用。

(5) 雨期修缮施工应做好防雨遮盖和排水措施，冬期施工应采取防冻保温措施。

(6) 修缮工程施工应严格按工艺程序进行，每道工序完成后，必须经检验合格方可进入下道工序。

《房屋渗漏修缮技术规程》中的屋面渗漏修缮工程适用于卷材防水屋面、涂膜防水屋面和刚性防水屋面渗漏修缮工程。对于老式坡形瓦屋面的维修，应根据各地的传统方法，采取有效的措施进行修缮。

一、平屋面的维修

(一) 卷材屋面的维修

1. 卷材屋面维修的一般要求及方法

(1) 卷材屋面渗漏修缮施工，应先检查并确定防水层平面、立面卷材面产生的裂缝、空鼓、流淌、翘边、龟裂、断离、张口及破损的范围；检查并找准檐口、天沟、女儿墙、屋脊、水落口、变形缝、阴阳角（转角）、伸出屋面管道等防水层泛水构造渗漏的现象、原因和位置。

(2) 选用材料应依据屋面防水设防要求、建筑结构特点、渗漏部位及施工条件，宜采用相适应的、具有良好材质的材料。

(3) 修缮工程施工过程中，应对完好及已完成部位防水层采取保护措施，严禁损伤防水层。

(4) 卷材防水层开裂维修应符合下列规定：

1) 有规则裂缝，宜在缝内嵌填密封材料，缝上单边点粘宽度不应小于100mm卷材隔离层，面层应用宽度大于300mm卷材铺贴覆盖，其与原防水层有效粘结宽度不应小于

100mm。嵌填密封材料前，应先清除缝内杂物及裂缝两侧面层浮灰，并喷、涂基层处理剂（见图6-10）。

采用密封材料维修裂缝，应清除裂缝宽50mm范围卷材，沿缝剔成宽20～40mm，深为宽度的0.5～0.7倍的缝槽，清理干净后喷、涂基层处理剂并设置背衬材料，缝内嵌填密封材料且超出缝两侧不应小于30mm，高出屋面不应小于3mm，表面应呈弧形。

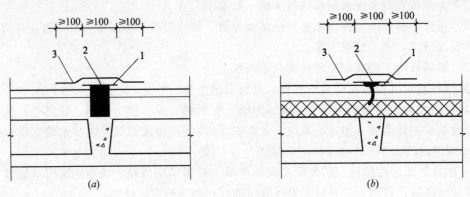

图6-10 维修卷材裂缝的方法
（a）无保温层；（b）有保温层
1—密封材料；2—卷材隔离层；3—防水卷材

采用防水涂料维修裂缝，应沿裂缝清理面层浮灰、杂物，铺设两层带有胎体增强材料的涂膜防水层，其宽度不应小于300mm，宜在裂缝与防水层之间设置宽度为100mm隔离层，接缝处应用涂料多遍涂刷封严。

2）无规则裂缝，宜沿裂缝铺贴宽度不应小于250mm卷材或铺设带有胎体增强材料的涂膜防水层。维修前，应将裂缝处面层浮灰和杂物清除干净，满粘满涂，贴实封严。

（5）卷材防水层起鼓维修应符合下列规定：

1）直径小于或等于300mm的鼓泡维修，可采用割破鼓泡或钻眼的方法，排出泡内气体，使卷材复平。在鼓泡范围面层上部铺贴一层卷材或铺设带有胎体增强材料涂膜防水层，其外露边缘应封严。

2）直径在300mm以上的鼓泡维修，可按斜十字形将鼓泡切割，翻开凉干，清除原有胶粘材料，将切割翻开部分的防水层卷材重新分片按屋面流水方向粘贴，并在面上增铺贴一层卷材（其边长应比开刀范围大100mm），将切割翻开部分卷材的上片压贴，粘牢封严。

如采取割除起鼓部位卷材重新铺贴卷材时，应分片与周边搭接密实，并在面上增铺贴一层卷材（其边长应比开刀范围大100mm），将切割翻开部分卷材的上片压贴，粘牢封严，并在面上增铺贴一层卷材（大于割除范围四边100mm），粘牢贴实。

（6）防水层流淌维修应符合下列规定：

1）防水层出现大面积的折皱、卷材拉开脱空、搭接错动，应将折皱、脱空卷材切除，修整找平层，用耐热性相适应的卷材维修。卷材铺贴宜垂直屋脊，避免卷材短边搭接。

2）卷材脱空、耸肩部位，应切开脱空卷材，清除原有胶粘材料及杂物、将切开的下部卷材重新粘贴，增铺一层卷材压盖下部卷材，将上部卷材覆盖，与新铺卷材搭接不应小于150mm，压实封严。

3）卷材折皱、成团部位，应切除折皱、成团卷材，清除原有胶粘材料及基层污物。应用卷材重新铺贴并压入原防水层卷材150mm，搭接处应压实封严。

(7) 防水层出现龟裂、收缩、腐烂、发脆等现象，应铲除破损部分卷材，清理面层后，用卷材补贴治理。卷材搭接外露边缘应用胶粘剂或密封材料抹成斜面，压实封严。

(8) 天沟、檐沟、泛水部位卷材开裂维修，应清除破损卷材及胶结材料，在裂缝内嵌填密封材料，缝上铺设卷材附加层或带有胎体增强材料的涂膜附加层，面层贴盖的卷材应封严。

(9) 女儿墙、山墙等高出屋面结构与屋面基层的连接处卷材开裂，应将裂缝处清理干净，缝内嵌填密封材料，上面铺贴卷材或铺设带有胎体增强材料涂膜防水层并压入立面卷材下面，封严搭接缝。其中：

1）砖墙泛水处收头卷材张口、脱落，应清除原有胶粘材料及密封材料，重新贴实卷材，卷材收头压入凹槽内固定，上部覆盖一层卷材并将卷材收头压入凹槽内固定密封。压顶砂浆开裂、剥落，应剔除后铺设1:2.5水泥砂浆或C20细石混凝土，重做防水处理；采用预制混凝土压顶时，应将收头卷材铺设在压顶下，并做好防水处理。

2）混凝土墙体泛水处收头卷材张口、脱落，应将卷材收头端部裁齐，用压条钉压固定，密封材料封严。

(10) 水落口防水构造渗漏维修应符合下列规定：

1）水落口上部墙体卷材收头处张口、脱落，应将卷材收头端部裁齐，用压条钉压固定，密封材料封严。

2）水落口与基层接触处出现渗漏，应将接触处凹槽清除干净，重新嵌填密封材料，上面增铺一层卷材或铺设带有胎体增强材料的涂膜防水层，将原防水层卷材覆盖封严。

(11) 伸出屋面管道根部渗漏，应将管道周围的卷材、胶粘材料及密封材料清除干净，管道与找平层间剔成凹槽并修整找平层。槽内嵌填密封材料，增设附加层，用面层卷材覆盖。卷材收头应用金属箍箍紧或缠麻封固，并用密封材料或胶粘剂封严。

(12) 屋面大面积渗漏，防水层丧失防水功能进行翻修时，应符合下列规定：

1）防水层大面积老化、破损，应全部铲除，修整找平层及保温层。找平层应平整、牢固，找出泛水坡度，表面应无起砂、脱皮及裂缝等现象。

2）防水层大面积老化、局部破损，在屋面荷载允许的条件下，宜保留原防水层，增做面层防水层。

防水层卷材破损部分应铲除，清理面层，必要时应用水冲刷干净，局部修补、增强处理后，铺设面层防水层，其卷材铺贴应符合国家现行《屋面工程技术规范》的规定。

2. 油毡屋面的维修

油毡防水屋面曾经是我国卷材防水屋面的主要品种形式，在屋面防水工程中占有重要的位置。随着科学技术的发展，各种高性能的防水卷材不断涌现，油毡防水卷材与其配套使用的沥青胶、沥青防水油膏已逐渐被淘汰。但经多年建设，在既有房屋中存有数量巨大的石油沥青油毡卷材防水屋面，必须处理好其渗漏修缮工作。油毡防水卷材屋面的维修方法在卷材防水屋面的维修中具有典型的技术特征，在卷材防水屋面的维修中具有重要参考价值。

基层处理是油毡防水屋面渗漏治理的一项重要内容，为确保治理切实有效，必须首先对渗漏屋面的基层处理好。基层处理的基本要求：

1）渗漏部位基层面酥松、起砂及有突起物必须进行清除，要求表面平整、牢固、密实，具有一定强度，基层应干燥。

2）突出屋面构造（女儿墙、山墙、变形缝、天窗、烟囱、管道等）的渗漏部位及屋面结构转角处（檐口、天沟、落水口等）渗漏部位，必须认真清理，并应重新按规定做法进行处理。

3）采用内排水方式的水落口周围基层（在500mm范围内）的泛水坡度控制在5%以上，并呈凹形，以利于排水。

（1）油毡层裂缝的维修方法

维修油毡层裂缝的方法，是在裂缝上再加铺骑缝一毡二油一砂。

具体做法是：

1）将裂缝两边各500mm范围内的砂粒铲除干净，并把进入缝内的砂粒及浮灰尘土等杂物清除干净。

2）用冷底子油或基层处理剂涂刷一遍。

3）待冷底子油或基层处理剂干燥后，往缝内嵌注石油沥青防水油膏，油膏表面要高出原防水层1~2mm。在骑缝上干铺一层宽度不小于300mm的油毡条，遇到拐弯时，油毡要切断，搭接长度要大于150mm。油毡两端部与原屋面的防水层要贴牢压紧，不能有翘边张口和不严密的地方。

4）再涂一遍防水油膏，然后做砂粒保护层。

因基层裂缝导致卷材防水层出现开裂的修补办法：将裂缝处防水层切开，暴露出基底混凝土或砂浆的缝隙，并将其裂缝内部尽量清除干净，用专用工具向缝隙内压注环氧树脂，干燥后刷冷底子油或基层处理剂，再沿裂缝按上述维修办法处理。

（2）油毡屋面沥青流淌的维修办法

1）如果沥青流淌的面积达到整个屋面的一半以上，或油毡的滑动距离大于150mm时，要将原防水层全部铲除后重做。

2）若沥青流淌的面积小于房屋的一半，或油毡的滑动距离小于150mm而大于100mm时，可只进行屋面局部翻修。

具体做法是：先把局部流淌而脱空以及褶皱的油毡层切断并清理至基层，同时把切除的油毡层周围150mm范围内的砂粒清除干净；然后将周边的油毡用加热法（如用铁熨斗）逐层剥开，把沥青铲除清理干净；再刷冷底子油一遍，待干燥后铺二毡三油，新铺的油毡要与剥开油毡相搭接；最后做砂粒保护层。

3）若沥青流淌面积很小，油毡未发现滑动（或滑动很小），可将渗漏水部位切除，切除后的做法同2）。

（3）油毡层起鼓的维修方法

1）简易维修法

直径小于或等于300mm的鼓泡维修，可采用割破鼓泡或钻眼的方法，排除泡内气体，使油毡复平。在鼓泡范围面层上部铺贴一层油毡或铺设代有胎体增强材料涂膜防水层，其外露边缘应封严。

2) 切开鼓泡维修法

直径在 300mm 以上的鼓泡维修,可按斜十字形将鼓泡切割,翻开凉干,清除原有胶黏材料,将切割翻开部分的防水油毡重新分片按屋面流水方向粘贴,并在面上增铺贴一层油毡(其边长比开刀范围大 100mm),将切割翻开部分防水油毡的上片压贴,粘牢封严。

3) 割除补铺维修法

如采取割除起鼓部位油毡重新铺贴油毡时,应分片与周边搭接密实,并在面上增铺贴一层油毡(大于割除范围四边 100mm),粘牢贴实(图 6-11)。

(a)　　　　　　　(b)　　　　　　　(c)　　　　　　　(d)

图 6-11　割除维修法
(a) 清理面层绿豆砂;(b) 切开鼓泡;(c) 新铺油毡;(d) 做保护层

① 将鼓泡四周约 100mm 范围内的绿豆砂清理干净,如粘结较牢,可用喷灯烤软后再清理,见图 6-11 (a)。

② 沿鼓泡周围约 50mm 范围切开三条边,并向上卷起,使鼓泡内的水分充分干燥,必要时可借助喷灯吹烤。注意,切开时所留的一条边应位于屋面排水坡度的上方,见图 6-11 (b)。

③ 在找平层上刷一道冷底子油或基层处理剂,并铺一毡二油。新铺油毡的面积比切开油毡四周约大 50mm,见图 6-11 (c)。

④ 将原切开的油毡压在新铺的油毡上,并补做一油一砂保护层,见图 6-11 (d)。

(4) 卷材层全面老化的处理方法

将原有卷材防水层全部铲除、刮净,然后将基层认真修补好,干燥后再按二毡三油或三毡四油做法,重新将屋面的卷材防水做好。

(5) 油毡搭接不严,屋面排水不畅的处理方法

在搭接不严处,加铺一层油毡,即由二毡三油改为三毡四油。当排水不畅是因落水管间距过大、直径小或屋面坡度小造成排水不畅时,结合大修,重新布置落水管的间距,采用较大直径的落水管等措施解决。

(6) 泛水渗漏处理

泛水构造做法如图 6-12 所示。翻起的油毡应压入立墙凹口内,并采用木条钉牢;挑檐抹灰应做滴水线;转角处采用混凝土或砂浆做成大坍角或斜坡,避免油毡起皱或折断。

(7) 檐口渗水处理方法

可在檐口处附加一层油毡,将檐口包住,下口用镀锌钢板钉牢。也可以在找平层上钉一层镀锌铁皮盖檐,油毡铺至檐口,如图 6-13 所示。

3. 卷材防水屋面维修的质量检验

(1) 卷材防水屋面不得有渗漏现象,卷材表面应平整,不允许有翘边、接口不严、空鼓、气泡及滑移等缺陷。

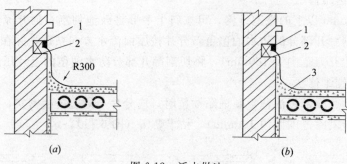

图 6-12 泛水做法
(a) 坍角做法；(b) 斜角做法
1—木条（通长）、圆钉；2—预埋木砖（中一中 500）；3—混凝土填牢

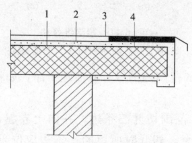

图 6-13 檐口渗水维修
1—二毡三油；2—找平层；3—绿豆砂面层；
4—镀锌钢板（设于两层卷材之间）

(2) 卷材与找平层之间、卷材之间均应粘结牢固；油毡搭接长度不能少于 100mm。

(3) 卷材与突出屋面构筑物的连接处和转角处，均应铺贴牢固和封闭严密。屋面坡度应符合排水要求，不应有积水现象。

(4) 修补后的卷材防水屋面，新旧卷材接槎要牢固、平顺、不漏水、不积水、不挡水。

(5) 检查时，可按屋顶面积每 50m² 抽查一处，但每个屋顶的检查量不少于 5 处。

(二) 刚性防水屋面的维修

1. 刚性防水屋面的维修方法及要求

(1) 刚性防水屋面修缮前应对屋面渗漏进行查勘，确定渗漏部位及渗漏原因。查找裂缝宜用浇水法检查。

(2) 刚性防水层裂缝及节点部位渗漏修缮宜采用密封材料、防水卷材或防水涂料等柔性防水材料，亦可采用掺无机材料或有机材料外加剂的刚性防水材料。

(3) 防水层裂缝维修，宜针对不同部位的裂缝变异状况，采取相应的治理措施，并应符合下列规定：

1) 采用涂膜防水层贴缝维修，宜选用高聚物改性沥青防水涂料或合成高分子防水涂料，涂膜防水层宜加铺胎体增强材料，贴缝防水层宽度不应小于 350mm，其厚度为：高聚物改性沥青防水涂料不应小于 3mm；合成高分子防水涂料不应小于 2mm。沿缝设置宽度不应小于 100mm 的隔离层，贴缝防水涂料周边与防水层混凝土的有效粘结宽度不应小于100mm。

2）采用防水卷材贴缝维修，应将高出板面的原有板缝嵌缝材料及板缝两侧板面的浮灰或杂物清理干净。铺贴卷材宽度不应小于300mm，沿缝设置宽度不应小于100mm隔离层，面层贴缝卷材周边与防水层混凝土有效粘结宽度应大于100mm，卷材搭接长度不应小于100mm，卷材粘贴应严实密封。

3）采用密封材料嵌缝维修，缝宽应剔凿调整为20～40mm，深度为宽度的0.5～0.7倍。嵌缝前应先清除裂缝中嵌填材料及缝两侧表面的浮灰、杂物，喷、涂基层处理剂，干燥后，缝槽底部设置背衬材料，上部嵌填密封材料。密封材料覆盖宽度应超出板缝两边不得小于30mm并略高出缝口，与缝壁粘牢封严。

（4）分格缝维修，采用密封材料嵌缝时，缝槽底部应先设置背衬材料。密封材料覆盖宽度应超出分格缝每边50mm以上。

采用卷材或涂膜保护层贴缝时，应清除高出分格缝的密封材料。面层贴缝卷材或涂膜保护层应与板面贴牢封严。

（5）刚性防水层泛水部位渗漏的维修应符合下列要求：

1）有翻口泛水部位的维修应用密封材料嵌缝，在泛水处铺设与嵌缝密封材料相容的带胎体增强材料涂膜附加层。

2）无翻口泛水渗漏的维修应用密封材料嵌缝，在泛水处铺设与嵌缝密封材料相容的卷材或带胎体增强材料的涂膜附加层。当泛水处采用卷材附加层时，卷材粘贴后，应将卷材上端用经防锈处理的薄钢板固定在墙内预埋木砖上，薄钢板与墙之间的缝隙应用密封材料封严并将钉帽盖住。当原墙内无预埋木砖时，应钻出直径$\phi 12mm$、深度为60mm，间距不大于300mm的孔，内埋防腐木砖，将卷材上端和压缝薄钢板用钉固定在墙内木砖上。当泛水处采用涂膜附加层时，涂膜附加层上端外露边缘应用涂料多遍涂刷封固。

（6）刚性防水层与天沟、檐沟及伸出屋面管道交接处渗漏的维修，均应在裂缝处用密封材料嵌缝。

（7）混凝土防水层表面局部损坏的维修应符合下列要求：

1）混凝土防水层表面风化、起砂及酥松、起壳等损坏部分应凿除，表面凿毛并清理干净。

2）浇水湿润基层，涂刷基层处理剂后，应用聚合物水泥砂浆等分层抹平压实至原混凝土防水层标高。

（8）刚性防水屋面翻修应符合下列要求：

1）当屋面结构具有足够的承载能力时，宜采用在原防水层上增设一道刚性防水层的方法进行屋面翻修。翻修时应先清除原防水层表面损坏部分，按本规程的有关要求对渗漏的节点等部位进行维修后，再新增设一道刚性防水层，刚性防水材料宜采用补偿收缩混凝土，其做法应符合国家《屋面工程技术规范》的规定。

2）在原刚性防水层上增设柔性防水层进行翻修时，应先清除原防水层表面损坏部分，对渗漏的节点等部位进行维修后，再铺设柔性防水层，其做法应符合国家现行《屋面工程技术规范》的规定。

3）原刚性防水层全部铲除重做刚性防水层时，应将屋面基层清理干净，并对屋面预制板缝等屋面节点及裂缝部位进行防水处理后，再按国家现行《屋面工程技术规范》的规定重做刚性防水层。

2. 刚性防水屋面的维修技术

(1) 水泥砂浆面层修补

1) 面层局部损坏，可将起壳破损部分凿起，将基层混凝土裂缝嵌补密实，补做防水层后，再将全部接缝用钢丝板刷清除灰尘，沿缝涂一薄层环氧树脂。

2) 细石混凝土面层普遍起壳损坏，可将原细石混凝土面层铲除凿毛，并彻底清洁，然后重新捣细石混凝土防水层。

3) 若屋面面层普遍渗漏、局部修补有困难时，可将混凝土面层刷洗清洁后，加做聚合物水泥防水涂料（JS防水涂料）。

(2) 混凝土板裂缝嵌补

1) 沿缝隙用快钢凿成V形或U形缝槽，凿缝要求缝槽尖端与原裂缝一致，缝槽中垃圾灰尘应彻底清除。

2) 嵌缝材料有聚氨酯密封膏、丙烯酸酯密封膏、硅酮建筑密封膏、丙酮胶液、改性沥青胶、环氧树脂等。用嵌缝材料填嵌槽内一半为度，然后再用水泥砂浆封槽。封槽时应先刷纯水泥浆，封槽砂浆的砂子应经清洗，并控制水分越少越好；嵌补要紧密压实，嵌补后砂浆上面应遮盖并洒水养护，保持经常润湿以免产生收缩裂缝。

3) 还可用改性苯乙烯焦油嵌缝油膏和聚氯乙烯胶泥等，采用时可不封槽，但必须注意在灌缝或嵌缝上表面堆缝或贴缝，如图6-14，以扩大与板面的胶结面积。嵌缝油膏上面可盖一层玻璃布，玻璃布与缝两边粘结用苯乙烯焦油清漆作胶粘剂。

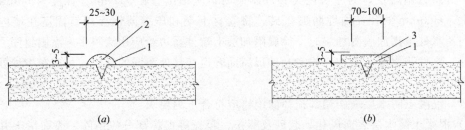

图6-14 刚性防水层裂缝修补

(a) 堆缝法；(b) 贴缝法；

1—嵌缝；2—环氧胶泥；3—玻璃布油毡、一毡二油

(3) 板缝的修补（包括分格缝的修补）

1) 清除已损坏的贴缝条，挖去老化及失去防水能力的油膏或胶泥。用钢丝刷或毛刷清理干净，并沿缝的方向剔成倒"八"字形，以增大新老混凝土间的接触面。

2) 洒水冲洗湿润，并刷1:1素水泥浆一遍。

3) 用1:2水泥砂浆填约30～50mm。

4) 用大于等于C20细石混凝土灌缝，充分捣实。初凝前压光一次，初凝后缝内放水养护，养护时间不少于7d。

5) 养护后进行检查，如还有渗漏再用1:2水泥砂浆嵌实，至不漏为止。

6) 清除槽口污垢，刷冷底子油一道，然后嵌入新油膏，涂上与胶泥同性质的粘结剂一道，再嵌入新胶泥，并与缝槽紧密粘牢，无空隙。最后用玻璃丝布或500号石油沥青油毡贴缝。

(4) 冷施工防水材料修补裂缝

采用冷施工的防水材料应使用聚氨酯、丙烯酸酯、水性沥青基再生橡胶涂料和氯丁胶乳沥青等防水涂料维修平屋面裂缝,其施工方法(工作顺序和施工要求)如下:

1) 清理基层。将裂缝部位油毡防水层上松浮的绿豆砂扫除,灰吹干净(屋面不能有积水)。

2) 干铺玻璃纤维布。报纸在下,玻璃纤维布在上,干铺在裂缝部位。

3) 刷第一度(遍)涂料。在玻璃纤维布上刷第一度涂料,玻璃纤维布网格较大,涂料可通过网孔渗下去,第一度涂料要刷得厚而均匀。

4) 刷第二度涂料。在玻璃纤维布刷满第二度涂料。

5) 滚铺报纸。边刷第二度涂料时同时边滚铺报纸,报纸下面刷满涂料才能与玻璃纤维布紧密粘结,做到无气泡、无皱折。

6) 刷第三度涂料。在报纸上刷一度涂料,要刷得厚而均匀。

7) 刷第四度涂料。待第三度涂料干后刷第四度涂料。

防水层成膜后总厚度大于 20mm。

(5) 增设钢丝网水泥防水层

当屋顶结构能够承受增加的钢丝网水泥防水层重量,则可采用此法进行屋面维修。在钢丝网水泥中,由于配置了稠密的网筋,钢丝与砂浆的接触面积比普通钢筋混凝土大,钢丝网水泥接近于匀质弹性材料,用钢丝网水泥作防水层具有抗裂性好、抗渗性好、自重轻等优点。

1) 对所用材料的要求

① 水泥。宜采用强度等级不低于 C42.5 的普通硅酸盐水泥;不同强度等级、不同品种、不同牌号的水泥不得混合使用。

② 黄砂。宜采用天然中砂,平均粒径 0.35~0.5mm,最大粒径为 3mm,空隙率小于 40%,含泥量不得大于 2%,云母含量不得大于 0.5%。砂浆中不准掺入氯化物外加剂,以免引起钢丝网和钢筋的腐蚀。

③ 应采用清洁水。

④ 钢材。冷拔钢丝抗拉强度不低于 420MPa,采用直径为 0.9~1.0mm 的钢丝编织成 10mm×10mm 的钢丝网,纵向 1m 内网格不少于 100 格。

2) 施工方法

① 铺钢丝网。先用冲击钻在防水层板面上钻孔,孔距 200mm,呈梅花型布置,孔径为 6mm,孔深≥25mm。在孔内打入木楔,木楔比板面高 5mm。安放钢筋 $\phi 4@100mm$,钢筋用马钉锚固在木楔上。铺钢丝网时要拉紧铺平,网边搭接长度等于或大于 50mm,用 20 号镀锌铁丝将网绑扎在 $\phi 4$ 钢筋上。

② 砂浆制备。砂浆配合比(重量比)为水泥:砂:水=1:2:0.5。水泥砂浆宜采用机械搅拌,搅拌时间需 3~5min;手工搅拌要干拌 3 次,湿拌 3 次,保证均匀,不得有结块存在。砂浆应随拌随用,初凝后砂浆不得再使用。

③ 粉抹成型。操作时气温低于 5℃时,不宜施工。粉抹砂浆前,要清除钢丝网内各种污物,板面浇水湿润,但不能有积水。水泥砂浆应用小型平板振动器振实,随即用铁板抹

平，阴角部位应抹成小圆角，钢丝网水泥厚度为20mm。砂浆终凝前用铁板第二次抹平压光，使防水层表面无砂眼及气泡，光滑平整。砂浆保护层厚等于或大于5mm。

④ 养护。应用草包覆盖，浇水养护不宜少于14d，并避免踩踏。

3．维修混凝土刚性屋面的注意事项

(1) 维修时必须以屋面结构有足够的刚度和良好的整体性为前提，当结构需增大强度、减少变形时，屋面的修补与结构的补强措施应一起统筹考虑。对于危害结构安全的严重裂缝必须会同设计部门和施工单位，依照我国现行设计和施工规范进行更换或加固处理。

(2) 在维修前，必须事先弄清裂缝是否为"活裂缝"，即修补完后原有裂缝是否会再出现，若为"活裂缝"，就必须注意修补材料一定要有足够的柔性，以适应其开展。

(3) 为保证质量，屋面维修应选择良好的气候条件。酷暑、严寒、风砂、雨雪天气切勿进行屋面维修。

(4) 维修屋面应选用普通硅酸盐水泥。矿渣硅酸盐水泥及火山灰质硅酸盐水泥早期强度低，凝结缓慢，干缩性比普通水泥大，易产生干缩裂缝，故不宜使用。另外，禁止使用过期和受潮水泥。

(5) 分格缝必须与板缝对齐，其深度可全部或部分贯穿防水层；防水层内的钢筋网在分缝处必须断开；在产生局部负弯矩的屋面板板端处一定要配置$\phi6 \sim \phi8$构造钢筋，用以减少板的变形；屋面坡度要力求准确以减少积水，提高屋面的防水能力；此外，横缝的贴缝卷材必须置于纵缝的贴缝卷材之上，卷材边缘应粘结牢。

(三) 涂膜防水屋面的维修

1．涂膜防水屋面维修的方法

(1) 起鼓的防治及修补

1) 防治

铺贴涂料增强层的毡或布时应采取刮挤手法，将空气排出，使用的加筋布或毡以及基层一定要干燥，其含水率不得超过《屋面防水技术规范》的规定，如果基层干燥有困难，必须做排气屋面。

2) 修补

如果鼓泡较小，用针刺破一个小孔，排净空气，再用针筒注入相关涂料，然后用力滚压与基层粘牢，针孔处用密封材料封口。如起鼓较大且还有继续增大的趋势，那就要将鼓泡切开翻起，先用喷灯烤干，然后将涂膜层重新复原粘实，上面再用比切口周边大100mm的涂膜层覆盖并黏牢。

(2) 裂缝的防治与修补

为避免龟裂，水泥砂浆找平层水灰比要小，宜掺微膨胀剂，铺设的卷材或涂膜防水层宜采用空铺、点粘、条粘法施工。

修补方法：应沿裂缝凿去原防水层，将两边防水层掀起，缝中嵌填密封材料，再铺300mm宽卷材条空铺，上面再铺抹防水涂料加筋处理。

(3) 防水层剥离的防治与修补

1) 防治

严格控制找平层的表面质量，施工前应多次清扫干净，施工时基层表面必须干燥（特别是聚氨酯），遇霜雾天必须待霜雾退去、表面干燥后再施工。

2）修补

切开防水层、清扫找平层并使其干燥（喷灯烤干），涂刷粘结剂重新粘合，并在切开的缝上覆盖宽300mm的卷材条粘贴牢固。交角处剥离的防水层一般应切开，将立面涂膜层翻起，清扫找平层后，满粘法铺贴一层卷材，并与平面防水层压接粘结，再将立面原防水层翻上重新粘贴，防水层的搭接宽度应不小于150mm。

（4）防水层脱缝的防治和修补

1）防治

防水层接缝部位要清理干净，必要时须用溶剂或棉纱擦洗干净，施工时严防砂粒、尘土夹入。

2）修补

翻开原搭接缝清洗擦干，重新用相融涂料粘合，并在接口处用密封材料封口。

（5）防水层积水的防治及修补

1）防治

① 防水层施工前，对找平层坡度进行严格检查，遇有低洼或坡度不足时，应经修补后才能施工。

② 水落口标高必须考虑天沟排水坡度高差、周围坡度尺寸的改变以及防水层施工后的厚度因素。在施工时须经测量后确定。

2）修补

① 低洼处可采用水泥砂浆或聚合物砂浆（较薄处）铺抹找坡，也可用沥青砂浆铺抹找平。

② 反梁过水孔标高不准，孔径过小，须凿开重新处理。

（6）防水层破损的防治及修补

1）防治

① 施工前应认真清扫找平层，保证无砂粒石碴。遇有大风时应停止施工，防止灰砂、玻璃纤维布或纤维毡等被风刮起影响铺毡质量。

② 在涂膜防水层上砌筑架空板砖墩时，必须待防水层达到实干后再砌筑，在砖墩下应加垫一块卷材，并均匀铺垫砂浆砌砖。在防水层上施工保护层时应采取"前铺法"，施工人员操作及运输尽量不直接在已做好的保护层上活动。

2）修补

涂料防水层修补的方法是：在已开裂和破损的防水层上清理干净浮砂杂物，裁剪两块比破损处周边宽10cm的玻璃丝布，用与屋面相同的防水涂料仔细地粘贴平整，然后在表面上再刷二遍防水涂料，在刷最后一遍涂料时随涂刷随撒蛭石粉保护层，将保护层扫平压牢。

① 若防水层因太薄而渗漏，可在原防水层上清理干净后再涂刷2～3遍防水涂料，增加厚度，使防水层起到防水作用。

② 施工时气温以10～30℃为宜。气温过高，结膜过快，容易产生气泡，影响涂膜的完整性；气温过低，或结膜太慢，影响施工速度。铺贴玻璃丝布时，要边倒涂料，边推铺，边压实平整。在屋面板接缝处要用油膏嵌填密实。要求基层含水率不得大于8％～10％。要保

持找平层平整、干燥、洁净。

2. 涂料防水屋面维修的质量要求及其验收

（1）维修完成后屋面防水层应平整，不得积水，屋面无渗漏现象。

（2）天沟、檐沟、水落口等防水层构造应合理，封固严密，无翘边、空鼓、折皱，排水畅通。

（3）涂膜防水层厚度应符合规范要求，涂料应浸透胎体，防水层覆盖完全，表面平整无流淌、堆积、皱皮、鼓泡、露胎现象，防水层收口应贴牢封严。

（4）铺设保护层应与屋面原保护层一致，覆盖均匀，粘结牢固，多余保护层材料应清除。

（5）涂膜防水屋面维修工程竣工后，须经蓄水检验，不渗漏方为合格。

二、坡屋面的维修

（1）瓦屋面的实际坡度若小于30%，又经常大面积渗漏雨水时，应将其全部拆除，重新调整屋面坡度，待符合要求后，再铺设屋面。

（2）因檩木显著挠曲而形成渗漏水，应视檩木的挠曲程度，采取不同的处理方法。

1）当挠曲量大于房间跨度1/200以上或者大于20mm以上，但仅局部檩木发生了挠曲，且屋面基层下凹不严重时，可对基层和檩木采取加固措施，然后用麻刀灰将瓦片之间嵌填密实即可。

2）若檩木挠曲量过大，或普遍发生挠曲，造成屋面基层下凹严重时，则必须进行局部或全部翻修。局部翻修是在对檩木进行更换或加固处理后，屋面重新铺瓦；全部翻修则需要将屋面全部拆除，更换变形严重或尺寸过小的檩木，再重新进行屋面施工；翻修时，还要对导致檩木挠曲变形或因檩木变形而损坏的构件（屋架、平瓦）同时进行检查、加固或更换。

（3）由于平瓦本身裂缝、砂眼、翘曲等质量缺陷而形成的屋面渗漏水，应通过更换新瓦解决。

（4）由于挂瓦条间距过大造成的渗漏，应把瓦片揭下，重新弹线钉挂瓦条。施工时要严格按修缮工程规范标准进行，严格控制挂瓦条的尺寸，上下瓦片的搭接尺寸要符合质量验收标准。

（5）由于挂瓦条刚度不够弯曲严重或挂瓦条高度偏差大，致使平瓦下滑造成的漏水，在维修时要更换挂瓦条。此外，尽量不采用干挂瓦法。在挂瓦时，可先在挂瓦条上打一道较干的麻刀灰，随即挂瓦，再稍用力将平瓦压一下，使麻刀灰和平瓦与挂瓦条粘在一起，防止平瓦的下滑，并加大了挂瓦条的刚度。

（6）对于脊瓦搭接过小形成的漏水，应揭下脊瓦，然后按规定要求的搭接尺寸（不少于50mm），重新铺挂。

（7）脊瓦与平瓦间砂浆开裂的维修办法，一是把已产生裂缝的砂浆剔掉，并且把脊瓦与平瓦之间的砂浆缝剔进约15mm，用水浇润，再补一道砂浆，但不能超过脊瓦的下缘，还要把砂浆表面压实抹光；二是将脊瓦揭下，重新以混合砂浆坐浆再铺脊瓦。

三、墙体渗漏的防治

（一）墙体治漏的技术要求

1. 治漏前对查勘工作的要求

治漏前，必须查清具体的渗漏情况，才能有针对性地采取相应的治漏方法。查勘时，可采取下列方法。

(1) 观察法

对现场进行查勘，发现渗漏部位，找出渗漏点和水源处，并对其部位进行反复观察，划出标记，做好记录以利作出正确判断。此法适宜在雨天进行。

(2) 淋水检查法

在墙面进行加压冲水约1h，发现漏痕。此法必须在初步查勘并已确定渗漏方位和范围的情况下采用，能较准确地确定漏点。特别是在屋面、墙面同时渗漏的情况下更适宜采用。

(3) 资料分析判断法

对结构较为复杂的建筑物，仅靠观察是不够的，必须查清原设计的防水构造设计、施工中有无变更，实际与原资料是否一致，特别是结构变形引起的渗漏更需要观察与资料相互对应分析判断。

2. 墙体勾缝、补洞的技术要求

清理基层，扩缝或扩洞，将缝凿成V字形，清除浮碴、积垢、油渍并用水冲净吹干。涂刷底胶，嵌、填嵌缝材料，要求压紧、填满、表面刮平，两侧或四周接口处压实。

3. 涂料防水的技术要求

基面要求清洁、无浮浆、无水渍。涂料的配合比、制备和施工必须严格按各类涂料要求进行。

涂料选择：使用油溶性或非湿固性材料时，基面应保持干燥，其含水率≤8%。若在潮湿基面上施工，应选择湿固性涂料、含有吸水能力组分的涂料或水性涂料。

涂料的施工应沿墙自上而下进行，不得漏喷涂、跳跃式或无次序喷涂。喷涂次数不少于二遍，后一道涂料必须待前一道涂料结膜后方可进行，且涂刷方向应与前一道方向垂直。

防水层初期结膜前（一般24h）不能受雨、雪侵蚀，在成膜过程中，如因雨水冲刷产生麻面或脱落时，必须重新修补、涂刷。涂膜防水层可用无纺布、玻璃布作加筋材料。

4. 工程验收及质量要求

(1) 墙体维修工程完工后3d（冬期10d），对墙面进行冲水或雨淋试验，持续2h后无渗漏可定为合格。

(2) 隐蔽工程，如基层、嵌缝、补洞等部位每道工序须检查并做好记录。

(3) 检查的程序及方法应包括：目测→实测→试验→跟踪观察→定期回访。

(二) 墙体渗漏的防治方法

1. 女儿墙渗漏的预防

为避免渗水出现，女儿墙不设分隔缝；保温层应与女儿墙断开，预留50～80mm伸缩缝，内填油毡纸卷或嵌填密封油膏以构成柔性结构，防止保温层膨胀推开女儿墙的墙身，产生墙身开裂导致渗漏；女儿墙压顶的抹灰层坡度应流向屋面，并应设置滴水或鹰嘴，以防止雨水爬墙。

2. 窗台倒泛水向室内渗水的预防

为防止产生渗漏，室外窗台应低于室内窗台板20mm，并设置顺水坡，使雨水排放畅通；外窗框的下框应设置止水板；铝合金和涂色镀锌钢板推拉窗的下框的轨道应设置泄水孔，使轨道槽内的雨水能及时排出；金属窗外框与室内外窗台板的间隙必须采用密封胶进行封闭，确保水密性；窗台抹灰时间应尽量推迟，待结构沉降稳定后才进行；室外窗台饰面层应严格控制水泥砂浆的水灰比，抹灰前要充分湿润基层，并应涂刷素浆结合层，下框企口嵌灰必须饱满密实、压严。

3. 门窗口部位渗水的预防

为防止产生渗漏，墙体预埋件安装数量、规格必须符合要求；木制门窗框身与外墙连接部位的间隙，应自下而上进行嵌填麻刀水泥砂浆或麻刀混合砂浆，要分层嵌塞密实，待达到规定强度后再用水泥砂浆找平；铝合金和深色镀锌钢板门窗框与墙体的缝隙，应采用柔性材料（如矿棉条或玻璃棉毡条）分层填塞，缝隙外表面留 5～8mm 深的槽口，嵌填水密性密封材料，如图 6-15 所示；塑料门窗框与洞口的间隙应用泡沫塑料或油毡卷条填塞，填塞不宜过紧，以免框体变形，门窗框四周的内外接缝应用水密性密封膏嵌缝严密，如图 6-16 所示。

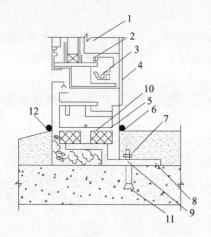

图 6-15 铝合金门窗节点缝隙处理
1—玻璃；2—橡胶条；3—压条；4—内扇；5—外框；
6—密封膏；7—砂浆；8—地脚；9—软填料；
10—塑料垫；11—膨胀螺栓；12—密封膏

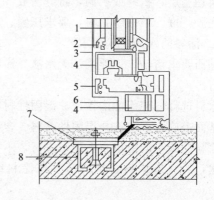

图 6-16 塑料门窗框与洞口的间隙处理
1—玻璃；2—玻璃压条；3—内扇；
4—内钢衬；5—密封条；6—外框；
7—地脚；8—膨胀螺栓

4. 预埋件根部渗水的预防

预埋件（落水管卡具、旗杆孔、避雷带支柱、空调托架、接地引下线竖杆等）安装必须在外墙饰面之前；抹灰时，对预埋件的根部严禁急压成活或挤压成活；安装铁预埋件之前，必须认真进行除锈和防腐处理，使预埋件与饰面层结合牢固。

5. 变形缝部位渗水的预防

变形缝内严禁掉入砌筑砂浆和其他杂物，保持缝内洁净、贯通，按结构要求填油麻丝加盖镀锌钢板，变形缝的距离要符合构造要求；制作密闭镀锌钢盖板应符合变形缝工作构造要求，确保沉降、伸缩的正常性，安装盖板必须平整、牢固、接头处必须顺水方向压接严密；在外墙变形缝中应设置止水层，保证变形缝的水密性。

6. 基础防潮层失效的预防

防潮层应采用 1:2.5 膨胀水泥砂浆或掺防水粉（剂）的防水水泥砂浆，其厚度为

20mm。防潮层砂浆表面用木抹子揉平，待终凝前，即可进行抹压2～3遍，以尽量填塞砂浆毛细管通路，严禁在压光时撒干水泥和刷水泥素浆；要求连续施工，若必须留置施工缝时，则应设置在门口位置。

7. 散水坡渗水的预防

屋面无组织排水房屋的散水坡宽度应宽于挑檐板150～200mm，使雨水能落在散水坡上；垫层应采用碎石混凝土，散水坡应与墙身勒脚断开，防止建筑物沉降时破坏散水结构的整体性；散水坡设置的纵向、横向伸缩缝均应采用柔性沥青油膏或沥青砂浆嵌填饱满密实；散水坡的标高必须高于房区路面标高，排水应通畅，严防产生积水而渗泡基础。

8. 外墙渗漏的防治

（1）外墙饰面抹灰层渗水的预防

为防止裂缝，抹灰之前应将基层表面清理干净，对头缝必须采取水泥砂浆进行修整，砌体的缺陷和孔洞应先用108胶：水泥＝1：4的水泥胶浆涂刷一道，再用1：3水泥砂浆或聚合物水泥砂浆（柔性水泥砂浆）分层抹平整；饰面抹灰层应采取分层做法；饰面层的分格缝内必须采取湿润后勾缝的方法；对不同基体材料交接处应铺钉钢丝网以防产生温度裂缝；为防止雨水爬墙，在墙身凸出腰线、泛水檐口或窗口的天盘均应做鹰嘴或滴水线槽（如图6-17、图6-18）。

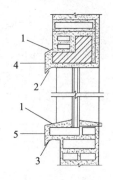
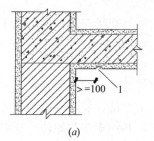

图6-17 窗口
1—流水坡度；2—滴水槽；
3—滴水线；4—窗楣；5—窗台

图6-18 墙身凸出腰线
(a) 泛水檐口；(b) 腰线
1—止水槽；2—滴水槽

（2）墙面大面积渗漏维修治理

1）清水墙面灰缝渗漏，应剔除并清理渗漏部位的灰缝，剔除深度为15～20mm，浇水湿润后，用聚合物水泥砂浆勾缝，沟缝应密实，不留孔隙，接搓平整，渗漏部位外墙应喷涂无色或与墙面相似色防水剂二遍。

2）当墙面（或饰面层）坚实完好，防水层起皮、脱落、粉化时，应清除墙面污垢、浮灰，用水冲刷，干燥后，在损坏部位及其周围150mm范围喷涂无色或与墙面相似色防水剂或防水涂料二遍。损坏面积较大时，可整片墙面喷涂防水涂料。

3）面层风化、碱蚀、局部损坏时，应剔除风化、碱蚀、损坏部分及其周围100～200mm的面层，清理干净，浇水湿润，刷基层处理剂，用1：2.5聚合物水泥砂浆抹面二遍，粉刷层应平整、牢固。

9. 原构造防水的修复

线型构造防水常见形式为滴水线、挡水台，常设部位在女儿墙压顶处，屋面檐口，腰线，窗台，上、下外墙板接缝处；构造防水的功能是使水流分散，减少接缝处的雨水流量和压力。如线型构造部分轻度或局部破坏，其他大面积完好无损，可采用高强水泥浆、防水胶泥等材料进行修补，恢复其排水功能。

10. 用防水材料修复

当雨水渗入墙身及室内时，采用油溶型或水乳型防水材料进行嵌缝或涂刷。修复方法有两种：

(1) 外墙外涂堵水法

在外墙板的外侧面采取防水措施，通过防水材料堵塞雨水浸入。

(2) 外墙内涂堵水法

在外墙板的内侧面采取防水措施，通过防水材料堵塞雨水侵入。

(三) 工程验收及质量要求

(1) 墙体维修工程完工后3d（冬季10d），对墙面进行冲水或雨淋试验，持续2h后无渗漏可定为合格。

(2) 隐蔽工程：如基层、嵌缝、补洞等部位每道工序须检查并做好记录。

(3) 检查的程序及方法应包括：目测→实测→试验→跟踪观察→定期回访。

四、厕、浴、厨间渗漏的维修

(一) 厕、浴、厨间渗漏维修的要求

(1) 修缮前，应对厕浴间进行现场查勘，确定漏水点，针对渗漏原因和部位，制定修缮方案。

(2) 检查管道与楼面或墙面的交接部位，卫生洁具等设施与楼地面交接部位，地漏部位，楼面、墙面及其交接部位等所产生的渗漏现象。

(3) 维修防水层时，先做附加层，管根应嵌填密封材料封严。

(4) 修缮选用的防水材料，其性能应与原防水层材料相容。

(5) 在防水层上铺设面层时不应损伤防水层。

(6) 排水坡度要求：地面向地漏处排水坡度一般为2‰，高档工程可为1‰；地漏排水以地漏边向外50mm处坡度为3‰～5‰；地漏标高应根据门口至地漏的坡度确定，必要时可设门槛。

(7) 厕、浴、厨间防水层高度要求：原则上地面防水层做在面层以下，四周卷起，高出地面100mm，管根防水用建筑密封膏处理好；淋浴间墙面防水高度不小于1800mm；浴盆临墙防水高度不小于800mm；蹲坑部位防水高度应超过蹲台地面400mm；墙面防水与地面防水必须交接好。

(8) 质量要求

1) 修缮施工完成后，楼地面、墙面及给排水设施不得有渗漏水现象。

2) 楼地面排水坡度应符合设计要求，排水畅通，不得有积水现象。

3) 涂膜防水层应无裂缝、脱皮、流淌、起鼓、折皱等现象，涂膜厚度应符合房屋渗漏修缮技术规程的规定。

4) 给排水设施安装应牢固，连接处应封闭严密。

(9) 检查验收

厕、浴间维修完工后，须经 24h 蓄水检查，以不渗漏为标准，方为合格，再行验收。
（二）厕、浴、厨间楼地面的维修
1. 裂缝维修
（1）对 2mm 以上裂缝
沿裂缝清除面层和防水层，剔槽宽度和深度均不小于 10mm，清理槽内外的浮灰及杂物，槽内嵌填密封材料，铺带胎体增强材料涂膜防水层，再与原防水层搭接好。
（2）对 0.5～2mm 的裂缝
沿裂缝剔除面层 40mm 宽，清除裂缝部位的浮灰及杂物，铺涂膜防水层。
（3）对 0.5mm 以下裂缝
可不铲除面层，清理裂缝表面，沿裂缝走向涂刷两遍宽度不小于 100mm 的高分子涂膜防水材料。
2. 地面积水
凿除面层，修复防水层，铺设地面，重新安装地漏，地漏接口外沿嵌填密封材料。
3. 管道穿过地面的维修
（1）穿楼地面管道根部积水渗漏
沿根部剔凿沟槽，其宽度和深度不小于 10mm，清理浮灰杂物，槽内嵌填密封材料，根部涂刷高度和水平宽度均不小于 100mm、涂刷厚度不小于 1mm 的高分子防水涂料。
（2）管道与楼地面间的裂缝
清理干净裂缝部位，绕管道及根部涂刷两遍合成高分子防水涂料，其涂刷宽度和高度均不小于 100mm，涂刷厚度不小于 1mm。
（3）穿楼地面的套管损坏
更换套管，将套管封口并高出地面 20mm，把根部密封。
4. 楼地面与墙面交接部位裂缝或酥松的维修
（1）裂缝
应将裂缝部位清理干净，涂刷带胎体增强材料的涂膜防水层，其厚度不小于 1.5mm，平面及立面涂刷范围均不应小于 100mm。
（2）酥松
凿除损坏部位，用 1∶2 水泥砂浆修补基层；铺带胎体增强材料涂膜防水层，其厚度不小于 1.5mm，平面及立面涂刷范围应不小于 100mm，新旧防水层搭接不应小于 50～80mm，压槎方向顺水流方向。
（三）厕、浴、厨间墙面的维修
（1）墙面粉刷起壳、剥落、酥松等损坏部位应凿除并清理干净后，用 1∶2 防水砂浆修补。
（2）墙面裂缝渗漏的维修应按"墙体渗漏的防治方法"处理。
（3）涂膜防水层局部损坏，应清除损坏部位，修整基层，补做涂膜防水层，涂膜范围应大于剔除周边 50～80mm。裂缝大于 2mm 时，必须批嵌裂缝，然后再刷防水涂料。
（4）穿过墙面管道根部渗漏，宜在管道根部用合成高分子防水涂料涂刷二遍。管道根部空隙较大且渗漏水较为严重时，应按"厕、浴、厨间楼地面维修"中的"穿楼地面管道根部积水渗漏"的维修方法处理。

(5) 墙面防水层高度不够引起的渗漏，维修时应符合下列规定：

1) 维修后的防水层高度，淋浴间防水高度不应小于1800mm；浴盆临墙防水高度不应小于800mm；蹲坑部位防水高度应超过蹲台地面400mm。

2) 在增加防水层高度时，应先处理加高部位的基层，新旧防水层之间搭接宽度不应小于80mm。

(6) 浴盆、洗脸盆与墙面交接处渗漏水，应用密封材料嵌缝密封处理。

（四）给排水设施的维修

给排水设施的维修一般应由设备维修专业人员进行。由于给排水设备、管道本身以及其与墙面、地面交接部位的渗漏往往不易准确判断渗漏点，需要设备和土建维修人员相互配合、进行综合治理。

1. 设备功能性渗漏维修及给排水管道节点维修应符合下列规定：

(1) 设备必须完好，安装牢固。所有固定管件、预埋件均应做防水、防锈处理。

(2) 设备堵塞应疏通，管道节点渗漏应予以排除。

(3) 设备、管道维修时应注意保护已有防水层。维修工程结束后，必须检查与设备、管道接合部位的防水，如有损伤，应按楼地面和墙面渗漏维修的有关规定处理。

2. 卫生洁具与给排水管连接处渗漏维修应符合下列规定：

(1) 便器与排水管连接处漏水引起楼地面渗漏时，宜凿开地面，拆下便器。重新安装便器前应用防水砂浆或防水涂料做好便池底部的防水层。

(2) 便器进水口漏水，宜凿开便器进水口处地面进行检查。皮碗损坏应更换，更换的皮碗，应用14号铜丝分两道错开绑扎牢固。

(3) 卫生洁具更换、安装、修理完成，经检查无渗漏水后，方可进行其他修复工序。

五、地下室渗漏的维修

（一）地下室渗漏的维修范围及要求

(1) 地下室渗漏的维修是指地下室室内地面、墙体渗漏水的堵漏和修补工程。

(2) 查清渗漏原因，找出水源和渗漏部位，根据漏水点的位置制定堵修方案。

(3) 检查渗漏水可采用下列方法：

1) 漏水量较大或比较明显的渗漏水部位，可直接观察确定。

2) 慢渗或不明显的渗漏水，可将潮湿表面擦干，均匀撒一薄层干水泥粉，出现湿痕处，即为渗漏水孔眼或缝隙。

3) 出现湿一片的现象时，可用速凝水泥胶浆（水泥：促凝剂＝1∶1）在漏水处表面均匀涂抹一薄层，再撒一层干水泥粉，表面出现湿点或湿线处，即为渗漏水部位。

(4) 施工应避免破坏结构和完好的防水层。对结构性裂缝的渗漏水，应在结构处于稳定、裂缝不再继续扩展的情况下进行堵修施工。

(5) 堵漏的原则是先把大漏变小漏，缝漏变点漏，片漏变孔漏，逐步缩小渗漏水范围，最后堵住漏水。堵漏施工顺序应先堵大漏、后堵小漏；先高处、后低处；先墙身、后底板。

(6) 防水材料的选用应符合下列规定：

1) 防水混凝土，其配合比应通过试验确定，抗渗等级应高于原防水设计要求。掺用的外加剂宜采用防水剂、减水剂、加气剂及膨胀剂等。

水泥砂浆宜掺外加剂或使用膨胀水泥的水泥砂浆，其配合比应就材料组成按有关规定执行。

2）防水卷材、防水涂料及密封材料，应具有良好的弹塑性、粘结性、抗渗透性、耐腐蚀性及施工性能。

3）注浆材料应具有抗渗性高、粘合力强、耐久性好及良好的可灌性。

(7) 渗漏墙面、地面堵修部位的松散石子、浮浆等应清除，堵修部位的基层必须牢固，应用水冲刷干净。阴阳角处应做成半径为50mm的圆角，严禁在阴阳角处留搓。

(二) 地下室防水混凝土结构维修

1. 裂缝漏水的处理

(1) 水压较小的裂缝可用"裂缝漏水直接堵塞法"，采用速凝材料直接堵漏。堵修时，应沿裂缝剔出深度不小于30mm、宽度不小于15mm的U形沟槽。用水冲刷干净，应用速凝水泥胶浆等速凝材料填塞，挤压密实，使速凝材料与槽壁紧密粘结，其表面低于板面不应小于15mm。经检查无渗漏后，用素浆、砂浆沿沟槽抹平、扫毛，并用掺外加剂的水泥砂浆分层抹压做防水层（如图6-19）。

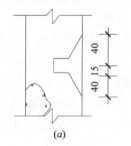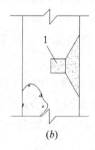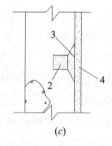

图 6-19 裂缝漏水直接堵塞法
(a) 剔槽；(b) 填槽；(c) 抹防水层
1—胶浆；2—防水层；3—素灰；4—砂浆层

操作时，沿裂缝方向以裂缝为中心剔好八字形边坡沟槽，深30mm，宽15mm，将沟槽清洗干净，把水泥胶浆捻成条形，在胶浆将要凝固时，迅速塞在沟槽中，以拇指用力向槽内及沟槽两侧挤压密实；若裂缝过长，可分段堵塞，分段胶浆间的接搓应以八字形相接，并用力挤压密实；堵塞完毕经检查已无渗水现象时，再在八字形边坡内抹素灰、砂浆各一层，并与基层面相平。

(2) 水压较大裂缝，可采用"下线堵塞法"处理。可在剔出的沟槽底部沿裂缝放置线绳，用水泥胶浆等速凝材料填塞并挤压密实。抽出线绳，使漏水顺线绳流出后进行堵修。裂缝较长时，可分段堵塞，段间留20mm空隙，每段用胶浆等速凝材料压紧，空隙用包有胶浆钉子塞住，待胶浆快要凝固时，将钉子转动拔出，钉孔采用孔洞漏水直接堵塞的方法堵住。堵漏完毕，应用掺外加剂的水泥砂浆分层抹压，做好防水层（如图6-20）。

操作时，与上述方法一样剔好八字形沟槽，在槽底沿裂缝处放置一根小绳，长200~300mm，绳直径视漏水量而定。较长的裂缝应分段堵塞，每段长100~150mm，段间留有20mm空隙，将胶浆堵塞于每段沟槽内，迅速将槽壁两侧挤压密实，然后把小绳抽出。再压实一次，使水顺绳孔流出。每段间20mm的空隙，可用"下钉法"缩小孔洞，把胶浆包在铁钉上,待胶浆将要凝固时,插入20mm的空隙中,用力将胶浆与空隙四周压实,同时转动铁钉,并立即拔出,使水顺钉孔流出。经检查除钉孔外无渗漏水现象时,沿沟槽坡抹素灰、砂浆各一层,表面扫毛。再按孔洞漏水"直接堵塞法"的要求,将钉孔堵塞。

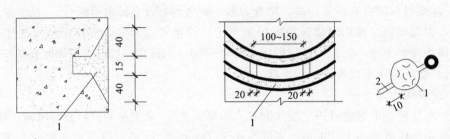

图6-20 裂缝漏水下线堵塞法与下钉法
1—胶浆;2—铁钉

(3) 水压较大的裂缝急流漏水,可在剔出的沟槽底部每隔500～1000mm扣一个带有圆孔的半圆铁片,把胶管插入圆孔内,按裂缝渗漏水直接堵塞法分段堵塞。漏水顺胶管流出后,应用掺外加剂的水泥砂浆分层抹压,拔管堵眼,抹好防水层。

(4) 局部较深的裂缝且水压较大的急流漏水,可采用注浆堵漏,作业时应符合下列规定:

1) 裂缝处理。沿裂缝剔成V形边坡沟槽,用水冲刷,清理干净。

2) 布置注浆孔。注浆孔位置宜选择在漏水旺盛处及裂缝交叉处,其间距视漏水压力、漏水量、缝隙大小及所选用的注浆材料而定,间距宜500～1000mm。注浆孔应交错布置,注浆嘴用速凝材料稳牢于孔洞内。

3) 封闭漏水部位。混凝土裂缝表面及注浆嘴周边应用速凝材料封闭,各孔应畅通,应试注检查封闭情况。

4) 灌注浆液。确定注浆压力后(注浆压力应大于地下水压力),注浆应按水平缝自一端向另一端、垂直缝先下后上的顺序进行。当浆液注到不再进浆、且邻近灌浆嘴冒浆时,应立即封闭,停止压浆,按此依次灌注直至全部注完。

5) 封孔。注浆完毕,经检查无渗漏现象后,剔除注浆嘴堵塞注浆孔,应用掺外加剂的水泥砂浆分层抹压防水面层。

2. 堵漏修补

堵漏修补是地下室局部维修的一种有效的方法,需要根据不同的原因、部位、渗漏的情形和水压的大小,进行不同的处理。堵漏修补的一般原则是:逐步把大漏变小漏,片漏变孔漏,线漏变点漏,使渗漏集中于一点或数点,最后把点漏堵塞。

(1) 水压较小的裂缝可采用速凝材料直接堵漏。堵修时,应沿裂缝剔出深度不小于30mm、宽度不小于15mm的U形沟槽。用水冲刷干净,应用速凝水泥胶浆等速凝材料填塞,挤压密实,使速凝材料与槽壁紧密粘结,其表面低于板面不应小于15mm。经检查无渗漏后,用素浆、砂浆沿沟槽抹平、扫毛,并用掺外加剂的水泥砂浆分层抹压做防水层。

操作时先根据渗漏水情况,以漏水点为圆心剔槽,剔槽直径为10～30mm、深30～50mm。所剔槽壁必须与基面垂直,不能剔成上大下小的楔形槽。剔完槽后,用水将槽冲洗干净,随即配制水泥胶浆(水泥:促凝剂＝1:0.6),捻成与槽直径相接近的锥形团。在胶浆开始凝固时,以拇指迅速将胶浆用力堵塞于槽内,并向槽壁四周挤压严实,使胶浆与槽壁紧密结合。堵塞完毕后,立即将槽孔周围擦干撒上干水泥粉检查是否堵塞严密,如检查时发现堵塞不严仍有渗漏水时,应将堵塞的胶浆全部剔除,槽底和槽壁经清理干净后重新按上述方法进行堵塞。如检查无渗水时,再在胶浆表面抹素灰和水泥砂浆各一层,并将砂浆表面扫成条纹,待 3d 后砂浆有了一定强度,再和其他部位一样做好防水层。

(2) 当水压较大(水头 2～4m),漏水孔洞较大时,可采用"下管引水堵漏法"处理。首先彻底清除漏水处空鼓的面层,剔成孔洞,其深度视漏水情况而定,漏水严重的可直接剔至基层下的垫层处,将碎石清除干净。在洞底铺粒径为 5～32mm 碎石一层,在碎石上面盖一层与孔洞相等面积的油毡(或铁皮),油毡中间开一小孔,用胶皮管插入孔中,使水顺胶管流出(若是地面孔洞漏水,则在漏水处四周砌筑挡水墙坝,用胶皮管将水引出墙外)。用速凝材料灌满孔洞,挤压密实,表面应低于结构面不小于 15mm。堵塞完毕,经检查无渗漏水后,拔管堵眼应用掺外加剂的水泥砂浆分层抹压至板面齐平(如图 6-21)。

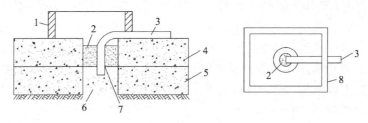

图 6-21 孔洞下管引水堵漏法
1—挡水墙;2—填胶浆;3—胶皮管;4—混凝土垫层;
5—垫层;6—碎石;7—油毡一层;8—挡水墙

(3) 孔洞漏水水压很大时(水位在 4m 以上),采用木楔等堵塞孔眼。将水止住,用速凝材料封堵,经检查无渗漏水后,应用掺外加剂的水泥砂浆分层抹压密实至板面齐平。

操作方法是将漏水处剔成一孔洞,孔洞四周松散石子应剔除干净。根据漏水量大小决定钢管直径。钢管一端打成扁形,用水泥胶浆把铁管稳设在孔洞中心,使钢管顶端略低于基层表面 30～40mm。按钢管内径制作木楔一个,木楔表面应平整,并涂刷冷底子油一道,待水泥胶浆凝固一段时间后(约 24h),将木楔打入钢管内,楔顶距钢管上端约 30mm,用 1:1 水泥砂浆(水灰比约 0.3)把楔顶上部空隙填实,随即在整个孔洞表面抹素灰、砂浆各一层。砂浆表面与基层表面相平,并将砂浆表面扫出毛纹。待砂浆有一定强度后,再与其他部位一起做防水层。

3. 各种防水材料在堵漏防渗中的应用

(1) 氰凝堵漏

氰凝是一种有机的堵漏材料,又称聚氨酯化学灌浆堵漏材料。其使用方便、性能可靠,是一种新型有效的堵漏材料,在地下室堵漏中已得到广泛应用。氰凝灌浆材料的基本成分为聚氨酯,其中含有异氰酸基团。将其注入混凝土裂缝中,异氰酸基团遇水在催化剂作用下发生反应,黏度逐渐增加,生成不溶于水的凝胶体,并与混凝土紧密结合,达到堵漏目的。

氰凝浆液灌浆堵漏适用于混凝土结构蜂窝孔洞处的渗漏,施工缝、变形缝、止水带、混凝土构造结合不严的渗漏，以及混凝土结构变形开裂或局部出现缝隙的渗漏。

氰凝浆液灌浆施工按下列7个步骤进行：

1）基层处理。将裂缝剔成沟槽，清理干净，找出水源，做好记录。

2）布置灌浆孔。应选漏水量大的部位为灌浆孔，使灌浆孔的底部与漏水裂缝、孔隙相交。水平缝宜由下向上选斜孔；竖直缝宜正对裂缝选直孔。浆孔底部留100～200mm保护层，孔距500～1000mm。

3）埋设注浆嘴。注浆嘴埋入的孔洞直径应比注浆嘴直径大30～40mm，埋深不小于50mm。

4）封闭漏水。采用促凝砂浆，将漏浆、跑浆处堵塞严实。

5）试灌。注浆嘴埋设有一定强度后，做调整压力，调整浆液配比、试灌。

6）灌浆。浆液可采用风压罐灌浆和手压泵灌浆，机具用过后，用丙酮清洗。

7）封孔。浆液凝固，剔除注浆嘴，严堵孔眼，检查无漏水时，抹水泥浆。

（2）氯化铁防水砂浆堵漏

用于地下室砖石墙体大面积轻微渗漏。氯化铁防水砂浆配比：水泥：砂：氯化铁：水＝1：2.5：0.03：0.5。氯化铁水泥浆配比：水泥：水：氯化铁＝1：0.5：0.03。

整治方法：清理基面，将原抹面凿毛，洗刷干净。抹2～3mm厚氯化铁水泥浆一道，再抹4～5mm厚氯化铁防水砂浆一道，用木抹搓毛。第二天用同样的方法再抹氯化铁水泥浆和氯化铁防水砂浆各一道，最后压光。砂浆抹面12h后喷水养护7d。

（3）矾水剂堵漏

矾水防水剂是以水玻璃为基料，加入一定比例的水和硫酸铜（又称蓝矾）、重铬酸钾（又称红矾）等金属盐配制而成的一种促凝防水堵漏材料。矾水防水剂根据"矾"的品种数量分为二矾、三矾、四矾、五矾防水剂。各品种的性能和使用方法基本相同。

1）二矾防水剂

二矾防水剂配制原材料较少且易购得，可由房屋维修施工单位自行配制。重量配合比为：

水玻璃	400
蓝矾	1
红矾	1
水	60

二矾防水剂的配制方法：先把水烧开（100℃），加入蓝矾和红矾，继续加热，不断搅拌至全部溶解，起锅冷却至30～40℃，倒入水玻璃中，搅拌均匀，即成为二矾防水剂。

二矾防水剂使用时与水泥（普通硅酸盐水泥）或水泥砂浆以1：0.5的比例拌和，配制成促凝水泥浆、快凝水泥胶浆和快凝水泥砂浆，用以堵塞局部渗漏。

2）五矾防水剂

五矾防水剂可由专业防水厂家或商店购得，也可由房屋维修施工单位自行配制，用于局部严重渗漏部位。五矾防水促凝水泥浆、快凝水泥胶浆和快凝水泥砂浆的配比：水泥（强度等级C32.5以上普通硅酸盐水泥）或水泥砂浆与五矾防水剂配比为1：0.5。

整治方法：先将漏水部位凿成深30mm以上、宽60～80mm的沟槽，然后放入棉丝或引水管（棉丝应与五矾防水剂湿拌），再将氟化铁防水砂浆分几次堵住渗漏部位，压好茬口，下部留出水孔，然后抹素灰 2～3mm，最后外抹 1∶2 水泥砂浆。如果再在它的表面涂刷一层环氧树脂或氰凝剂，效果更好。

(4) 环氧树脂

用于基面产生不规则裂纹引起的渗漏。所需材料：环氧树脂一般用 6101 型；固化剂使用乙二胺，掺量为环氧树脂的 10%～20%；增塑剂一般使用邻苯二甲酸二丁酯，用量为环氧树脂的 10%；填料根据不同情况用玻璃纤维布、水泥、立德粉等。

整治方法：根据基面裂纹渗漏情况，应先把水堵住，再涂刷环氧树脂。裂纹大于 1mm 以上时，应把裂纹凿成宽 5～10mm、深 5mm 的凹槽，用环氧腻子填平，再涂树脂溶液一次。因受力而产生的裂纹应改用弹性材料（如塑料油膏）为宜。

(5) 用塑料油膏整治断裂造成的渗漏

整治方法：先把断裂渗漏部位凿成宽 60～80mm、深 30mm 的凹槽，用快干水泥封闭水源。然后用 1∶2 水泥砂浆将槽口抹平搓毛，养护 7d，待表面干燥后，涂刷油膏两次。第一次涂刷塑料油膏要加 10% 的二甲苯，使之稀释，搅拌均匀，涂刷 2mm 厚、宽 100～120mm，随涂随用木板反复搓擦。第二次直接将熬好的塑料油膏再涂刷一遍，总厚度在 5mm 以上。涂完后用喷灯烤油膏周围，边烤边搓，增加粘结性。油膏涂刷后在表面抹一层水泥砂浆保护层，厚 5mm，宽度应超过涂刷宽度 20mm。若治理尚未渗漏的裂纹部位，可不凿凹槽，按上述做法，直接将塑料油膏涂在基面。

(6) 粘贴橡胶板整治伸缩缝渗漏

整治方法：在伸缩缝两侧轻微拉毛，宽度为 200mm，使其表面平整、干燥、清洁。将橡胶板用锉锉成毛面，搭接部位锉成斜坡，在基面和橡胶板上同时均匀涂刷快速胶粘剂，待表面呈现弹性，迅速粘贴，粘贴后用工具压实，以增强与基面的密实性。最后在橡胶板四周涂刷环氧立德粉。使用快速胶粘剂，若挥发使黏度增大时，可以按照胶粘剂的使用说明用相应溶解稀释。

(7) 卷材贴面法补漏

对于地下室卷材防水层的局部渗漏水，首先将迎水面部分卷材分层去掉，表面清理干净后抹面，然后再逐层补贴卷材，最后再加铺 1～2 层卷材盖住。

对于基层裂缝（结构变形稳定后的裂缝）和伸缩缝漏水，可在裂缝外壁沿裂缝加铺卷材防水层，也可采用自粘油毡加铺防水层。

对于防水层设计标高过低的渗漏水，在地下室内部净空允许的情况下，在背水面（房屋内部）加铺二毡三油，再做混凝土（外抹面）保护层。铺贴防水层时，应保持干燥状态，卷材边要用胶粘剂粘牢封严。

(三) 水泥砂浆防水层和特殊部位

水泥砂浆防水层的渗漏是指局部洇渗漏水、防水层空鼓、裂缝渗漏水，防水层阴阳角处渗漏水；特殊部位的渗漏是指变形缝渗漏水、施工缝出现渗漏水。均应按以上"堵漏修补"方法堵漏修补。

(四) 地下室防水的整体维修

地下室的整体维修是在保持原有主体结构的情况下，增设、重做和加强原有防水层。在维修施工中，较常用的有外防内涂、外防内做两种方法。在地下水位较高、水压大、地质情况复杂的情况下，考虑采用渗排水防水和砂桩、石灰桩间接防水等方法。由于地下室的整体维修工程量大、技术复杂，还可能对周围环境产生一定影响，一般应由专业设计、施工单位实施。

1. "外防内涂"防水

外防内涂是指在背水面主体表面涂刷氰凝涂膜防水层或抹硅酸钠水泥浆（防水油）防水层，以增加地下室的墙体和地面的不透水性。

氰凝涂膜防水层，是利用氰凝浆液遇水后发泡膨胀，向四周渗透扩散，最终生成不溶水的凝胶体。涂刷时分二层进行：第一层是将配好拌匀的氰凝浆液用橡胶片顺一个方向涂刮均匀，固化24h后；垂直于第一层涂刷的方向作第二层，做法相同。然后固化24h（以手感不粘为宜）后再做保护面层。为施工方便也可在第二层涂刷后尚未固化时，稀撒干净的中八厘石碴，固化后即牢固粘成一体，再做水泥砂浆保护面层。

硅酸钠水泥浆是利用在水泥浆中掺加一定比例的硅酸钠防水剂，使水泥在水化过程中析出的氢氧化钙与硅酸钠反应生成不溶于水的硅酸盐，填充砂浆内的空隙和堵塞泌水通路，达到防水的目的。其做法是首先将基层表面凿毛清洗干净，刷水泥浆一遍，随后做1∶2.5水泥砂浆找平层，再涂一道硅酸钠防水剂，涂刷均匀后，随即戴胶皮手套涂刷水泥浆。涂刷密实后，接着涂刷第二遍硅酸钠防水剂，再涂刷水泥浆，最后抹1∶2.5水泥砂浆保护层，水泥砂浆的施工要按刚性防水做法要求进行。保护层初凝后洒水养护不少于14d。要求做到密实、无裂缝、无空鼓等，阴阳角均做成圆角。

2. "外防内做"防水

外防内做防水即"内套盒法"，因为地下室在新建时，多为外防外做，即将防水层设在迎水面。在整体维修时，外防外做有很大困难，有时条件也不允许，因此采用外防内做方法。外防内做的方法，虽能防止地下水进入室内，但基础和结构主体内部长期受潮，也会造成结构腐蚀，使承载能力下降。因此有的工程在外防内做的同时，加强结构和内做防水层。

3. 渗排水防水方法

在地下水位较高、水压大的情况下或者地下工程面积大，埋置较深，受高温影响等情况，采用上述一般的防水方法很难做到不渗水。采用渗排水防水的方法，可以排除地下室工程附近的水源，降低地下水位，因此是一种比较有效的防水方法。

渗排水防水方法的原理与建筑工程施工中常用的"井点降水方法"相同，是当地下水进入渗水层后，通过带孔渗水管或依靠渗水层本身坡度，流入集水井内，利用排水设施将水排走。在地下室新增设渗排水防水层，是在房屋四周挖洞，重新设置渗排水防水系统后，再进行回填土。

4. 砂桩、石灰桩间接防水

地下室在使用过程中，由于长期浸泡，周围的土中水已饱和，形成松散、软弱土层，造成了地下水的压力增大，严重时还会造成基础下沉或倾斜等。为了保护防水层不被破坏，可采取砂桩、石灰桩等来加固饱和软土层，增加土的密实度，减少水的压力，间接地起到防水作用，结构本身亦得到加强。

用于排水的砂桩（砂井），其直径一般为300～500mm，间距为砂桩直径的7～8倍，砂桩布置宜采用梅花形。最外排砂桩轴线位置距离地下室混凝土基层的边缘不少于1～2m，以免在打桩时，将地下室混凝土结构挤坏，在砂桩顶部设0.2～1.0m厚的排水砂垫层,将砂桩连接起来,以便排水和扩散应力。排水砂垫层内要设置专门的排水管,将水排出。

石灰桩是在桩孔中填石灰粉(掺10%～20%砂),灌入量一般为1.5～2.0倍桩孔体积,当生石灰吸收土中水分变为熟石灰时,体积增大,土的孔隙比和含水量减少,可以阻止水的通过,减轻水对地下室的静水压力,达到防水的目的。

第四节 新型防水材料的应用

新型建筑防水材料主要包括改性沥青防水卷材、高分子防水卷材、防水涂料、密封材料、堵漏材料等。随着科学技术的不断进步,人们对防水材料的质量要求越来越高,传统的沥青、油毡防水性能已经远远不能满足防水工程的要求。新型的防水材料是近十多年发展起来的,我国的新型建筑材料虽然起步较晚,但发展较快,并注意到多品种、多档次、系列化产品的发展,在建筑防水工程中起到非常重要的作用。现代新型建筑的发展,表现出我国的建筑技术已经发展到一个新的水平。面对建筑的防水问题,也提出了新的更高的要求。现代建筑使用的防水材料不仅有良好的防水性能,还有较高的耐高温、低温的性能,以适用使用期的温度变化。还有较好的强度及延伸率,并要有优异的耐老化等特点,以适应基层的变化。新型防水材料的典型代表是用高分子材料为主体,这代表着防水新材料的发展趋势。

新型防水材料具有较强的抗渗透性、施工操作简便、速度快,易于掌握等特点,并广泛适用于建筑物的屋面、墙体、厕浴间、地下室防水等,使用范围较广。根据建设部[1998] 2000号文件,关于进一步推广应用建筑业十项新技术中对新型建筑防水材料应用技术要求,在屋面防水中重点推广高档SBS、APP高聚物改性沥青卷格和氯化聚乙烯橡胶共混卷材,其应用比例将逐年大幅度提高。1999年7月,中国建筑防水材料工业协会专家委员会发表了"我国建筑防水材料生产和应用现状及发展的研究报告",在该报告的发展规划部分明确提出了包括重点提高三元乙丙防水卷材的技术路线;2005年预计需求量为1500万m^2,到2010年预计需求量为3300万m^2。但是,到目前为止从使用的数量到质量,我国的防水材料与国外相比存在相当大的差距。国外的防水材料已过渡到以改性沥青油毡与高分子防水卷材为主,而我国的纸胎油毡仍占70%,产品结构很不合理,急需有一个根本的改变。近年来国家建材局在一系列文件中多次明确指出,在建筑防水材料方面逐步淘汰传统的纸胎沥青油毡,大力发展高分子改性沥青油毡,积极推进高分子防水卷材的使用,在高分子防水卷材方面重点推广三元乙丙防水卷材。

一、新型防水卷材

新型建筑防水卷材主要分为高聚物改性沥青基防水卷材和高分子防水卷材两类。高聚物改性沥青防水卷材主要品种有SBS改性沥青卷材、APP改性沥青卷材、氯丁橡胶改性沥青卷材和丁苯橡胶改性沥青卷材等。高分子防水卷材主要有EPDM、PVC、氯化聚乙烯、氯磺聚乙烯卷材和聚乙烯-丙纶双面复合卷材等。

(一)改性沥青基防水卷材

1. 改性沥青基防水卷材的应用

(1) APP改性沥青防水卷材

APP改性沥青防水卷材属塑性体，由热塑性塑料不规则聚丙烯（APP）改性沥青等浸渍胎基，表面撒以细砂、矿物粒（片）料或覆盖聚乙烯膜加工而成的一种高档次的防水卷材，可大幅度提高沥青的软化点，而且使沥青的低温柔性也显著改善。APP改性沥青防水卷材具有优良的耐热性和较好的低温性能，特别适用高温、高潮湿地区，可广泛用于工业与民用建筑的屋面、地下防水工程以及墙体、隧道、地铁、桥梁等建筑物的防水。

（2）SBS改性沥青防水卷材

SBS防水卷材是用热塑性弹性体SBS（苯乙烯－丁二烯－苯乙烯）合成橡胶改性沥青制得的防水卷材。SBS改性沥青防水卷材属弹性体，具有一般纸胎沥青油毡不可比拟的优点：弹性大、抗拉强度和延伸率高；不脆裂、耐疲劳、抗老化、韧性强；具有优良的抗温性，低温柔性好、高温不流淌，温度适应性比纸油毡扩大30～40℃；施工操作简便、环境适应性广、造价低、维修方便。SBS改性沥青卷材具有良好的耐水性，经过长时间使用后几乎没有物理性变化，施工后构造物即使遇到收缩、膨胀、振动变化，它的防水层具有优良的伸缩性，仍旧保持完好。

该系列防水卷材适用于工业与民用建筑结构的屋面、墙体、厕浴间、地下室的防水、防潮，以及桥梁、停车场、游泳池、隧道、蓄水池等的建筑物的防水。尤其适用于寒冷地区和结构变形频繁的建筑物防水。

（3）氯丁橡胶、丁苯橡胶改性沥青卷材的应用与上相仿。

2．改性沥青基防水卷材维修施工

APP、SBS两种改性沥青防水卷材的维修施工要求在施工前应准备汽油喷灯、材料桶、鬃刷、压板、剪刀、卷尺等施工工具。

（1）基层处理

基层为水泥砂浆找平层，必须坚实平整，干燥（含水量在9%以内），并清扫干净。

（2）涂刷冷油

在干燥的基层上均匀涂刷SBS防水冷油，干燥2～3小时（以不粘脚为好）。

（3）热熔铺贴施工

把卷材按位置摆正、点燃喷灯、用喷灯均匀加热卷材和刷有冷涂料的基层，待卷材表面熔化后，随即向前滚实压平。注意在滚压时，不要卷入空气及异物。然后再将边缘和其他复杂重要部位封好，以防翘边。

（4）加保护层

需加保护层的用户，可在做好的防水面上刷一层橡胶沥青涂料，边刷边撒沙粒或云母粉等保护层即可。

（二）高分子防水卷材

1．聚氯乙烯（PVC）防水卷材

聚氯乙烯（PVC）防水卷材是以聚氯乙烯树脂（PVC树脂）为主要基料，掺入适量的改性剂、抗氧剂、增塑剂、紫外线吸收剂、增韧改性剂、润滑剂、着色剂、填充剂等添加剂，经混合、塑炼、挤出、整形、冷却定型、检验、卷取、包装等工艺流程加工而成的防水材料。聚氯乙烯防水卷材造价低、耐老化、抗紫外线性能好，具有拉伸强度高、延伸率和断裂伸长率大，低温柔软性好、耐高低温性能好等优点，而且热熔性能好、施工方便。施工有机械固定，热合、冷粘等方法。卷材接缝时，既可采用冷粘法，也可以采用热风焊接法,使其形成接缝粘结牢固、封闭严密的整体防水层。特别适用于屋面防水。

2. 氯化聚乙烯防水卷材

氯化聚乙烯防水卷材,简称CPE防水卷料,是以氯化聚乙烯树脂和橡胶、助剂、填料为原料经密炼、混炼和压延而成。该卷材具有优良的防水、耐老化、耐腐蚀、抗撕裂等性能。氯化聚乙烯是聚氯乙烯氯化而成的一种含氯聚烯烃,由于氯原子的引入,使得原结构中的双键及枝化处等易引起化学降解和热降解的缺陷消失,因而其具有优良的耐候耐老化性、耐油、阻燃、耐低温等性能。适用于屋面、地面外墙及排水沟、堤坝等的防水工程的防水防潮。

3. 三元乙丙橡胶防水卷材

三元乙丙橡胶防水卷材是近几年发展较快的一种高档新型高分子防水卷材。由三元乙丙橡胶（EPDM）掺入适量的丁基橡胶、硫化剂、促进剂、补强剂和软化剂等,经过密炼、拉片、过滤、挤出（或压延）成型、硫化、检验、分卷、包装等工序精制而成的弹性体防水卷材。

三元乙丙防水卷材是公认的一种高性能防水材料。美国早在20世纪50年代就研制成功和开始使用三元乙丙防水材料,是应用三元乙丙防水卷材最成功和用量最大的国家。目前美国的年用量达1亿m^2。在所有防水材料中占首位;日本的三元乙丙防水材料1995年产量为1500万m^2;到目前为止,在美国和日本三元乙丙防水卷材一直是防水材料中的主体材料。我国从1979年开始研制三元乙丙防水卷材,1981年正式生产,近几年得到很大发展。适用于屋面、地下室、地下铁道、地下停车站的防水,并用于受振动、易变形建筑的防水。

（1）产品优点

1）具有优异的耐气候性、耐老化性,使用寿命可达50年。

2）拉伸强度高,延伸率大,对基层伸缩或开裂的适应性强。

3）使用温度范围宽,能在严寒或酷热环境中长期使用;重量轻、可冷施工,操作简便,对环境无污染。

（2）施工方法

1）正确选择配套材料。包括基层处理剂、基层胶黏剂、接缝胶粘剂、密封材料、表面着色涂料、溶剂、金属压条、水泥钢钉等。

2）施工工艺流程：

基层表面清理、修整 → 喷、涂基层处理剂 → 节点附加增强处理 → 定位、弹线、修整 → 铺贴卷材 → 接头处理、节点密封 → 清理、检查、修整 → 保护层施工

二、新型防水涂料

涂料防水层应采用反应型、水乳型、聚合物水泥防水型或水泥基、水泥基渗透结晶型防水涂料。

（一）聚氨酯防水涂料

聚氨酯防水涂料的主要成分是氨基甲酸酯。其涂层是一种富于弹性的无缝橡胶防水层。聚氨酯防水涂料是一种新型的防水涂料,具有防水性能好、强度高、弹性好、手感柔软等特点,并且,由于聚氨酯防水涂料在施工过程中不需明火加热,避免了由此对建筑内

塑料管道的损伤，而且在墙壁、地板、管道接缝处施工非常简便。聚氨酯防水涂料由于其防水性能好、易于施工等特点，是我国重点推广的防水涂料产品。

聚氨酯防水涂料的品种很多，主要品种有单组分、双组分聚氨酯防水涂料；纯聚氨酯防水涂料和焦油、沥青等材料改性聚氨酯防水涂料。单组分聚氨酯防水涂料有水性、溶剂型的，双组分聚氨酯防水涂料一般为反应、溶剂型的。

目前我国市场上的聚氨酯防水涂料以双组分、溶剂型为主。由于纯聚氨酯涂料成本高，因此双组分焦油改性聚氨酯防水涂料（俗称851）曾经占主导地位，单组分及纯聚氨酯防水涂料生产量很小。近几年来，北京、上海等地行政主管部门纷纷发布文件，禁止采用焦油改性的防水涂料，以保护环境与保障人体健康。许多生产企业已改用沥青等材料代替焦油改性生产以聚氨酯为主要基料再添加多种助剂、填料制成的单组分防水涂料。单组分聚氨酯防水涂料可克服双组分施工时需现场调配所带来的诸多不便，使用方便，而且施工成本与原来双组分聚氨酯防水涂料基本持平，正在进入市场。

聚氨酯防水涂料可以广泛应用于屋顶（水泥基、砖基、金属基、石基）、厨房、卫生间、地下室、水池、游泳池、水处理池、饲养池、桥梁、公路、涵洞防水、大型粮库、水下工程等防水工程。

（二）改性沥青防水涂料

改性沥青防水涂料是以 SBS、APP、氯丁橡胶、丁苯橡胶等高聚物改性沥青为主要基料，再添加多种助剂、填料制成的单组分防水涂料。该涂料在常温状态下不需加热即可正常施工，无环境污染。涂刮于施工基面上，数小时后形成富有弹性的橡胶状防水层。涂膜致密、涂层整体无接缝，耐水性好，对基层粘结力强；具有良好的耐热性、低温柔性、弹性高、延伸性大，能适应基层微量变化。

改性沥青防水涂料根据高聚物改性材料不同可分为 SBS 改性沥青涂料、APP 改性沥青涂料和丁苯橡胶改性沥青涂料等品种。主要用于建筑物的防水、防渗、防潮、隔气、补漏。如：屋面、外墙、厕浴间、地面、地下室、接缝处以及管道、沟、池等方面的防水和补漏。

（三）有机硅外墙防水涂料

有机硅外墙防水涂料。其性能独特、质量上等、生产无污染、产品无毒、施工无刺激，以水为分散介质的新型外墙防水涂料，被建设部列为"九五"重点推广应用的建筑防水材料之一。并经25个省、市、自治区的数百万平方米的建筑上使用，均取得了良好的防水效果。有机硅外墙防水涂料经喷涂（或涂刷）在建筑物墙体上，即形成肉眼看不到的一层物质，并能渗入墙内数毫米，这种有机硅涂膜具有透气功能和强烈的憎水性，且做到墙面不渗漏，不改变外墙本色。当雨水吹打在建筑物上或遇湿气时，即呈水珠自然流淌，阻止水分侵入，又因基底材料的毛细孔未封闭，墙体内的潮气仍可透过防水物质无障碍地向外散发，达到了既能防水又能透气的目的，从而保持建筑物墙面的完整和美观。

材料具有优良的防水、防潮、防霉、防污染、防盐析、防酸雨腐蚀和防风化等功能。与国内同类产品相比，具有优良的防水抗渗性能、耐久性好、使用寿命长，能有效地保护建筑物外墙本色，施工方便，适用范围广，防水效果可达十年以上。有机硅外墙防水涂料广泛适用于多种外墙基材和坡屋面，如清水墙面、石灰、水泥砂浆饰层、混凝土表面等均具有良好的防水、防渗、防漏和防盐析功能，也可解决仓库、古建筑、石碑、瓷砖、马赛克、大理石、花岗石等饰面的防水、防污、保色、防泛碱，以及各类面砖墙面、民用住宅及其他建筑的渗漏。

（四）丙烯酸弹性防水涂料

丙烯酸弹性防水涂料是以丙烯酸酯乳液为主料，加入适量的表面活性剂、改性剂、增塑剂、成膜剂、颜料及填料配制而成的弹性防水涂料。丙烯酸酯防水涂料具有良好的弹塑性、粘结性、防水性及耐候性。该涂料以水为稀释剂，无毒、无味、无污染，且不燃，使用安全、施工方便，可用于潮湿的基层施工，并能提供多种色彩。

1. 使用范围

丙烯酸酯水涂料的基层可为钢筋混凝土、轻混凝土、沥青和油毡以及金属表面。它还可以用于防水层的维修及保护（作为保护涂层）。可广泛适用于各类建筑防水工程：

（1）各种类型、各种形状的屋面以及天沟雨篷等各种不规则部位；

（2）建筑内、外墙的防水工程和渗漏的维修；

（3）厕浴间地面、墙面的防水工程和渗漏的维修；

（4）地下室、冷库等防水工程及防水层的维修等。

2．施工应注意事项

（1）施工前应将涂料充分搅拌均匀，以免分层影响施工质量。

（2）一般分2～3道涂刷。只有在前一道涂层干燥后方可进行下一道涂层施工，通常需间隔4～8h。

（3）涂膜硬化前严禁人踩或机械碰撞。

3．施工方法

（1）基面应平整、清洁，如有较大缝隙应预先处理。

（2）可采用滚、刷、刮涂等方法施工。

（3）用量：每平方米2kg左右，分三次涂刷，接点部位需加强处理。

（五）聚合物水泥防水涂料（JS防水涂料）

聚合物水泥防水涂料是以丙烯酸酯等聚合物乳液和水泥为主要原料，加入其他外加剂制得的双组分复合型的水性建筑防水涂料。由于这种涂料由"聚合物乳液-水泥"双组分组成，当两个组分混合后形成高强坚韧的防水涂膜。该涂膜既有有机材料弹性高，又有无机材料耐久性好的双重优点，因此具有刚柔相济的特性，既有聚合物涂膜的延伸性、防水性，也有水硬性胶凝材料强度高、易与潮湿基层黏结的优点。可在潮湿或干燥基面上直接施工，刷涂、刮涂、滚涂均可，施工方法简便。可以调节聚合物乳液与水泥的比例，满足不同工程对柔韧性与强度等的要求。该种涂料以水作为分散剂，解决了因采用焦油、沥青等溶剂型防水涂料所造成的环境污染以及对人体健康的危害。所以近年来在国内外发展迅速，是国家建设部下文推荐的十三种防水材料之一，经国家经济贸易委员会2001年第32号公告批准，JC/T 894—2001《聚合物水泥防水涂料》行业标准于2002年6月1日起正式实施。

1．产品应用

聚合物水泥防水涂料可在潮湿或干燥的砖石、砂浆、混凝土、金属、木材、各种防水层（例如沥青、橡胶、SBS防水卷材、APP防水卷材、聚氨酯涂膜等）上直接施工。因而广泛使用于新旧屋面、地下室、外墙、厕浴间、隧道、桥梁、沟池等各种建筑设施的防水、密封、装饰和补漏。

2. 施工方法

(1) 拌料

聚合物水泥防水涂料为液料和粉料双组分，根据涂料用途和技术性能，按液料和粉料的比例分为Ⅰ、Ⅱ两种类型。Ⅰ型弹性大、Ⅱ型强度高，配比（质量比）为：

Ⅰ型液料：粉料＝1：0.8

Ⅱ型液料：粉料＝1：1.2

(2) 维修施工

1) 基层处理。基面应平整、清洁，如有较大缝隙应预先做嵌缝密封处理。

2) 涂料施工时，首先必须将液料加以搅拌后再和粉料混合均匀。在施工现场先将液料倾入搅拌桶中，在手提式搅拌器不断搅拌下将粉料徐徐加入其中，至少搅拌 5min，彻底混合均匀，使呈浆状无团块（用 60～80 目尼龙网过滤后使用效果更佳）。

3) 涂料施工

聚合物水泥防水涂料施工应采用多层做法，一般采用滚涂、刷涂、刮涂等方法进行施工。前一层干后涂刷后一涂层，直至达到要求厚度。涂层胎布可采用聚酯无纺布或表面处理的中碱玻纤布等。

4) 保护层施工

聚合物水泥施工须在防水层完工 2 天后进行，可用聚合物水泥砂浆做保护层。

三、新型防水密封材料

建筑密封材料系指用于填塞建筑构件的接缝、门窗框四周与墙的接缝、玻璃镶嵌部位以及裂缝，起止水密封作用的材料。建筑密封材料分为定型材料和不定型材料两类。定型密封材料指密封条、止水带等密封材料，不定型密封材料使用前为膏状，如腻子、密封膏等。这里所述新型建筑防水密封材料系指不定型密封材料。不定型密封材料按其基本组成材料和建筑防水应用划分，主要品种有 PVC 油膏、PVC 胶泥、改性沥青油膏、丙烯酸、氯丁、丁基密封腻子、氯磺化聚乙烯、聚硫、硅酮、聚氨酯、窗用弹性密封膏、中空玻璃用弹性密封膏等十几个品种。现介绍几种常见的建筑防水密封材料的组成、应用和施工（含维修施工）方法。

（一）聚氨酯密封膏

聚氨酯密封膏是由含异氰酸酯基（－NCO）的聚氨酯预聚体为主剂（A 组分）和含多羟基（－OH）或胺基（－NH_2）的固化剂及掺入的交联剂、补强剂、稳定剂、增黏剂等（B 组分）组成的高分子密封材料。聚氨酯密封膏具有遇水膨胀的特性，其膨胀率高，并能与干燥的水泥砂浆和混凝土紧密结合，是高档的建筑密封膏。

1. 适用范围

(1) 混凝土建筑物沉降缝、伸缩缝、施工缝及金属结构的密封防水。

(2) 用于贮水池、游泳池、蓄水池、阳台、厕浴间、穿墙管等接缝密封。

(3) 机场跑道、人行道、桥梁、广场、道路的接缝密封。

(4) 装配式建筑屋面板、外墙板、镀锌屋面板的裂缝的修补、密封防水。

2. 施工要点

(1) 接缝处理

1) 施工前必须对接缝进行清理，必要时采用钢丝刷或铲刀清理。

2）较深的接缝先填泡沫塑料或麻丝作背衬材料，施工部位必须干燥。

（2）配料：A组分与B组分之重量比为1∶2。将A组分倒进B组分搅拌均匀即可使用。

（3）施工操作

1）填嵌水平接缝时，将配好的胶液慢慢填入接缝空隙直到饱满为止。

2）垂直缝的施工办法：待配好的胶液初凝成膏状胶体时，方可用挤压枪或灰刀批嵌入接缝内。

3．注意事项

（1）施工温度宜在5℃以上，施工时要保持施工环境空气流通。

（2）当进行垂直缝施工时，若胶液太稀，可掺入A、B料总量约5%～10%的增稠剂搅拌成膏状胶体使用，配好的材料应在40min内用完。

（3）挤嵌入缝内的胶体必须密实饱满，不得有空洞、断头现象，嵌满后应及时修整密封胶使其表面光滑、美观。

（4）为避免施工过程胶液沾污饰面，应在施工缝两边贴上隔离纸。

（5）施工完毕的工具，若需要清洗，可用二甲苯或丙酮。

（二）丁基防水密封膏（腻子）

丁基防水密封膏是以丁基橡胶为基料，掺入一定的辅助材料复合而成。它与水泥、混凝土、陶瓷、橡胶、塑料、木材和各种金属材料具有很好的黏附力和防水密封性能，特别是具有优异的气密性、水密性和延伸性，适应基层适量变形，温度适用范围为宽，是中档的防水堵漏密封材料。

1．适用范围

丁基防水密封膏适用于内外墙拼缝，刚性屋面伸缩缝，彩钢板和轻型复合板建筑，管道与楼面接触缝，门窗框与墙接缝，管道连接和卫生间等方面的防水密封，以及通风装置，空气调节系统，组合式冷库，电冰箱、箱涵接头、隧道及净水厂、污水厂水池接缝等方面的防水密封和粘结密封。

2．施工方法

（1）清理基层：施工前应先将基层面清理干净，保持干燥，不得有浮灰、油污。

（2）打底涂料：将丁基防水密封腻子剪成小块浸泡于200号溶剂汽油（或者普通汽油）或二甲苯中24小时，然后搅拌均匀即为底涂料。用油漆刷将底涂料刷于缝两侧或施工面上，待表干后即可进行密封腻子的施工。施工配比为腻子∶汽油＝1∶4。

（3）腻子施工：在已清理过的基面上，根据缝隙大小，可用油灰刀或刮刀将该密封膏嵌于缝道内，随即就能起到防水密封之功效。在水中浸泡工作的应加保护层。

3．注意事项

（1）200号溶剂汽油（或者普通汽油）为易燃品，施工或维修施工时，不得使用明火，施工现场禁止抽烟。溶剂汽油、普通汽油等易燃物品必须妥善保管，不得随意堆放。

（2）甲苯、二甲苯对人体有毒害作用，要注意防护。特别是在室内施工、维修时要通风换气，施工人员要戴防毒口罩。

（三）硅酮建筑密封膏

硅酮建筑密封膏是以聚硅氧烷为主要成分的单组分和双组分室温固化型的建筑密封材

料。单组分硅酮建筑密封膏是将其各组分混合均匀后密封包装，施工时利用空气中的水分发生交联反应，形成橡胶弹性体；双组分硅酮建筑密封膏是将其各组分（不包含交联剂）混合均匀后密封包装，交联剂单独密封包装，施工时两组分混合均匀，利用空气中的水分发生交联反应，形成三维网状橡胶弹性体。硅酮建筑密封膏温度适应范围宽、耐候性好，硫化后的硅酮建筑密封膏在-20~250℃范围内能够长期保持弹性，是高档的防水堵漏密封材料。

1. 硅酮建筑密封膏的类型及适用范围

硅酮建筑密封膏分为醋酸型、酮型、醇型和胺型，各类型的优缺点见表6-3。

硅酮建筑密封膏　　　　　　表6-3

分　类	优　点	缺　点
醋酸型	强度大，黏结好，透明	有醋酸味及腐蚀性
酮型	无臭味无耻，黏结性强	有腐蚀（对铜）
醇型	无毒、无臭、无腐蚀	熟化性差，粘结性差
胺型	对水泥黏结性好，无腐蚀	生成胺

酸性仅限于玻璃安装，中性除玻璃安装外，也可用于石材、金属、混凝土。

普通硅酮密封膏（非结构型）适用于建筑物的非结构部位的密封，如门窗嵌缝、厕浴间防水密封、建筑伸缩缝的密封等。对于建筑玻璃幕墙的结构粘结工程，必须按照国家经贸委、建设部等部门发布的《关于加强硅酮结构密封胶管理的通知》[1997] 354号使用高黏结性硅酮结构密封胶及耐候性柔性密封胶。

2. 普通硅酮密封膏的使用方法

普通硅酮密封膏的使用应按所使用的产品说明书中所规定的使用方法，一般维修施工可参考以下施工方法：

（1）表面准备：干燥、清洁、无油脂等脏物；

（2）在缝的两边贴上防污带；

（3）将膏挤入缝中；

（4）10min内压实、刮平；

（5）刮平后立即去除防污带；

（6）用肥皂与清水将工具与手上黏上的膏清除；

（7）避免膏与皮肤、特别是眼睛的接触。

3. 使用注意事项

（1）单组分硅酮建筑密封膏

1）醋酸型固化时放出醋酸，所以对于铜、铁、铅等基层，要避免使用醋酸型硅酮建筑密封膏。

2）必须根据不同基层涂刷专用打底料。

3）对于混凝土、硅酸钙等碱性物质，应避免使用醋酸型密封膏。

4）施工时，对皮肤、眼睛要进行保护，施工后应尽早刮平，以免表面固化后不易刮平。

5）贮存时应将室温控制在35℃以下。

(2) 双组分硅酮建筑密封膏

1) 对于不同的粘结基层,应选用不同的打底料。

2) 基料与固化剂的混合料每次不宜混合过多,搅拌要均匀,防止混入气泡。一次拌合应全部用完,不要留有余料。

3) 当采用酒精等溶剂清洗基层时,擦洗后要待完全固化后才能施工。

第五节 案 例

案例 6-1

某工厂铸造车间,系装配式单层工业厂房,屋面板为大型钢筋混凝土自防水屋面板,由于室内温度较高,所以厂房屋面未设保温层,屋架上屋面板板头接缝处防水做法为细石混凝土灌缝,上做二毡三油。使用到第二年雨期,正值生产期间,厂房却多处漏雨,无法生产。

进行屋面检查后发现,大部分裂缝都发生在沿屋面板支座(屋架)的上端,裂缝通长并与屋脊垂直(如图 6-22a)。经过分析了解,出现这样的情况是因为屋面板在温度的变化下产生了胀缩而拉裂油毡所致。

本案根据厂房屋面的构造和使用环境,处理方法选用国家行业标准《房屋渗漏修缮技术规程》(CJJ 62—95)的屋面渗漏修缮工程"密封材料嵌缝维修裂缝"和"防水卷材贴缝维修裂缝"复合的方法。做法是:在裂缝处去除原油毡防水层,在原灌缝的细石混凝土上凿出深 2mm 的槽,并在槽内灌入硅酮建筑密封膏,干后干铺一层 400mm 宽的油毡条作隔离层(延伸层),干铺油毡的两端用玛琋脂粘贴,粘贴宽度 20mm。这样在实铺面层油毡时,玛琋脂就不会从干铺油毡条两侧流入而使干铺油毡起不到延伸层的作用。修补按图 6-22 (b) 所示进行。

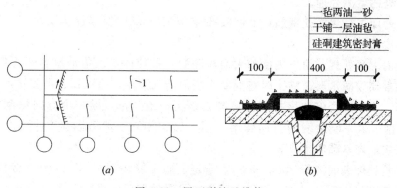

图 6-22 屋面裂缝及维修
(a) 屋面裂缝;(b) 裂缝修补
1—裂缝

干铺油毡作隔离延伸层的防裂作用是:当基层开裂而拉伸防水层时,干铺油毡将在 360mm 的范围内变形,其相对应变值小,一般不超过油毡的横向延伸度(常温下约 5%),因而不会被拉裂。假设基层产生 2mm 裂缝,对于 360mm 宽的干铺油毡来说,其拉应变还不超过1%，若不设干铺油毡，则铺贴在屋面的油毡将可能在2mm的范围内拉伸，这时拉应变将达到100%，必然要被拉裂。这种处理方法还有个优点，就是处理后屋面上不容易产生二次油毡破损。厂房的屋面经过以上方法处理后，效果很好，再未出现漏雨现象。

案例 6-2

某商务大厦，24层，高102m，建筑面积达3.8万m^2。该工程地下室共三层，埋深12m，设有大型超市、车库、仓库、办公室等。外墙和底板设计采用三道防水：SBS弹性体沥青卷材；混凝土结构自防水；焦油聚氨酯防水涂膜。内墙采用两道防水：刚性防水层和焦油聚氨酯防水涂膜。但地下室防水工程在混凝土结构自防水、刚性防水层墙面和卷材施工中出现质量问题，主要是：

(1) 施工单位在外墙和底板防水混凝土施工时施工缝处理不当；

(2) 地下室墙面和地面出现裂缝处并大量渗漏，混凝土表面也出现渗水；

(3) 外墙、基础SBS弹性体沥青卷材搭接处未粘牢固，基础与外墙交接处卷材折断；

(4) 室内刚性防水层墙面与地面相交处未能按设计要求施工，出现烂根现象；

(5) 未做好穿墙套管处的防水处理；

(6) 内墙面大面积潮湿，致使内墙面焦油聚氨酯涂料无法施工。

施工单位曾多次进行补漏，但未能达到有效的治理。后经业主、施工单位、设计单位的调研、认证，决定采用灌、喷、涂结合的技术对地下室地面及墙面进行防水堵漏处理。处理方法如下：

(1) 地面与墙面裂缝堵漏。首先找出漏水点，凿"V"型槽，凿掉表层混凝土和卷材层，打毛混凝土表面并对混凝土基面用钢丝刷清理，并用水冲洗干净，用快硬水泥埋灌浆嘴，用五矾快凝水泥胶浆封缝，喷涂5mm厚的聚合物水泥砂浆（JS柔性水泥砂浆），养护5d后，采用氰凝灌浆堵漏灌浆嘴进行化学灌浆，灌浆压力为0.3MPa。采用同样材料进行墙套管处的堵漏处理。

(2) 在地面进行渗漏处理前，沿墙底部抹高500mm的氰凝涂膜防水层，以防止混凝土墙体底部渗漏。

(3) 墙面渗漏处理。由于内墙面大面积潮湿，致使内墙面焦油聚氨酯涂料无法施工，因此增加氰凝涂膜防水层。施工时将混凝土表面清洗干净，涂刷氰凝涂膜防水层。涂刷时分二层进行：第一层，将配好拌匀的氰凝浆液用橡胶片刮，顺一个方向涂刮均匀，固化24h后，垂直于第一层涂刷的方向作第二层，做法相同。然后固化24h（以手感不粘为宜）后再做焦油聚氨酯防水涂膜。

该工程共处理表面渗漏2000多m^2，裂缝、施工缝28条，共116m。经灌涂处理后，地下室无明显渗漏。地面与墙面进行大面积防渗漏处理后，混凝土表面干燥，取得了满意的防水效果。

复习思考题

1. 试述房屋防水主要部位的防水要求。
2. 试述各种屋顶的组成及防水构造。

3. 试述刚性抹面防水各构造层的作用及其做法。
4. 卷材防水屋面渗漏的表现有哪些？试简述其维修方法。
5. 刚性防水屋面渗漏的表现有哪些？试简述其维修方法。
6. 涂膜防水屋面渗漏的表现有哪些？如何防治及修补？
7. 试述墙体治漏的技术要求。
8. 试述厕浴间渗漏的部位和防治对策。
9. 用什么方法找出漏水点的准确位置？
10. 试述下管堵塞法和下线堵塞法的原理。
11. 可应用哪些防水材料堵漏？如何操作？
12. 试述地下室防水的整体维修的常用方法及其原理。

第七章 房屋装饰及维修

房屋是供人们生产、居住、生活和进行社会活动的建筑物。房屋建筑需要使用建筑材料构成实体，还需要使用装饰材料对房屋的内外表面进行装饰装修，以满足人们的各种需要。房屋建筑作为物质和文化产品，建筑装饰装修对其功能发挥和保值升质具有重要的作用。随着我国经济的快速发展和人民生活水平的提高，房屋装饰维修得到很大发展，在人们的物质和精神生活中占有重要地位。

建筑装饰装修工程涉及设计、施工和验收等各个阶段和环节，要求高、专业性强、过程复杂。因此，房屋装饰装修工程必须符合国家现行的标准、规范和规程的要求，保证房屋装饰装修工程及其以后的维修工程的质量和对环境的要求。

第一节 房屋装饰装修概述

房屋装饰装修，是指为了保护房屋建筑的主体结构、完善房屋的使用功能，采用装饰装修材料或饰物，对房屋的内外表面和使用空间环境所进行的处理和美化过程。房屋建筑装饰装修应当做到安全适用、优化环境、经济合理，并符合城市规划、消防、供电、环保等有关规定和标准。

房屋装饰维修，是指为确保房屋装饰的完好和正常使用所进行的日常维修、季节性维护及日常管理等工作。通过对房屋装饰的日常养护，可以维护房屋装饰和设备的功能，使发生的损坏及时得到修复；对一些由于外部环境条件的突变或隐蔽的物理、化学损坏导致的猝发性损坏，不必等大修周期到来就可以及时处理。同时，经常检查房屋装饰装修的完好状况，从养护入手，可以防止事故发生，延长大修周期，并为大中修提供查勘、设计和施工的可靠资料，最大限度地延长房屋的使用年限。同时，房屋装饰维修能不断改善房屋的使用条件和外部环境。

一、房屋装饰装修目的

随着我国经济建设的发展和人民生活水平的提高，人们对房屋的使用条件有了更高的要求，房屋不再只是栖身和工作的场所，还应该舒适、方便、美观，既满足人们物质生活的需要，还要满足人们精神生活的需要。

1. 功能合理，按需装饰

建造房屋的目的是使用。不同类型的房屋建筑性质不同，使用目的不同，建筑装饰也不同。建筑物按照使用功能可以分为居住建筑、公共建筑、工业建筑和农业建筑。居住建筑主要是指提供家庭和集体生活起居用的建筑物，如住宅、宿舍、公寓等，由多个不同功能的房间组成，不同的房间有不同的装饰需要。公共建筑主要是指人们进行各种社会活动的建筑物，包括办公楼、医院、学校、剧场、商业建筑、体育场馆、酒楼、旅馆等，内部又可划分为不同功能的房间，装饰装修的特色更是不尽相同。工业建筑是指为工业生产服务的各类建筑，如生产车间、辅助车间、动力用房、仓储建筑等。为了适应其生产或工艺需要进行的装修，主要用以保护主体结构，在提倡人与环境和谐相处的现代，也要作适当美化。

2. 环境协调，舒适安全

房屋的外形和内部空间应通过装饰装修相互协调，既表达共性，又显示个性；既突出局部，又照顾整体。装饰装修是艺术和技术的结合，需要处理好实体空间和虚体空间的关系，除了协调好内部和外部艺术环境以外，还要选择优质优良的装饰材料，规范精湛的施工技术。通过装饰装修达到室内外环境舒适，保障人们身心健康的目的。

二、装饰装修内容

房屋是由实体构件墙、柱、梁、楼板、楼梯等依次组合而成的，用界面进行划分，包括室内和室外两大部分。

1. 室外部分

主体部分是外墙面，上有门、窗、外廊、门廊、雨篷、阳台、遮阳板、各种幕墙、墙面分格装饰线、外窗台、窗套、檐口、有组织外排水装置及屋顶。此外还有外楼梯、坡道、台阶、平台、露台、散水、花池、栏杆、室外地面、周边道路等。

2. 室内部分

主体部位有地面、楼面顶棚和内墙面。内墙面上有门、窗、墙裙、踢脚、内窗台、暖气罩、窗帘盒、壁柜、吊柜、壁龛、挂镜线等。此外还有内楼梯、地台或台阶、坡道、花池等细部装饰以及既满足功能需要又有装饰作用的各种灯饰、陈设等。

三、装饰装修注意事项

为保证装饰装修工程的质量和安全，房屋的装饰装修需要在不破坏结构的前提下进行。

（1）房屋装饰装修应根据国家标准《建筑装饰装修工程质量验收规范》(GB 50201—2001)，严格施工程序和工艺顺序进行操作及验收。

（2）房屋建筑装饰装修工程必须进行设计，并出具完整的施工图设计文件。房屋建筑装饰装修工程设计必须保证建筑物的结构安全和主要使用功能。当涉及主体和承重结构改动或增加荷载时，必须由原设计单位或具备相应资质的设计单位核查有关原始资料，对既有建筑结构的安全性进行核验、确认。

（3）房屋装饰装修工程所用材料的品种、规格和质量应符合设计要求和国家现行标准的规定。当设计无要求时应符合国家现行标准的规定。严禁使用国家明令淘汰的材料。房屋装饰装修工程所用材料的燃烧性能应符合现行国家标准《建筑内部装修设计防火规范》(GB 50222—2002)、《建筑设计防火规范》(GBJ 16—87、2001年版）和《高层民用建筑设计防火规范》(GB 50045—95、2001年版）。房屋装饰装修工程所用材料应符合国家有关建筑装饰装修材料有害物质限量标准的规定。房屋装饰装修工程所用的材料应按设计要求进行防火、防腐和防虫处理。

（4）承担房屋建筑装饰装修工程施工的单位应具备相应的资质，并应建立质量管理体系。承担房屋建筑装饰装修工程施工的人员应有相应岗位的资格证书。建筑装饰装修工程施工中，严禁违反设计文件擅自改动建筑主体、承重结构或主要使用功能；严禁损坏房屋原有绝热设施；严禁损坏受力钢筋；严禁在预制混凝土空心楼板上打孔安装埋件；严禁未经设计确认和有关部门批准擅自拆改水、暖、电、燃气、通讯等配套设施。

（5）施工单位应遵守有关环境保护的法律法规，并应采取有效措施控制施工现场的各种粉尘、废气、废弃物、噪声、振动等对周围环境造成的污染和危害。

（6）不允许破坏防水层，需改动卫生间、厨房间防水层的，应当按照防水标准制订施工方案，并做闭水试验；禁止将没有防水要求的房间或者阳台改为卫生间、厨房间。

（7）房屋装饰装修过程中，应当遵守施工安全操作规程，按照规定采取必要的安全防护和消防措施，不得擅自动用明火和进行焊接作业，保证作业人员和周围住房及财产的安全。

四、房屋装饰修缮的注意事项

不论何种类型、结构的房屋在使用一段时间后，其装饰装修都会因自然和人为等原因出现不同程度的老化、损坏，房屋装饰修缮就是为了恢复或改善原有房屋装饰装修的使用功能，延长房屋装饰装修的使用年限所采取的技术方法。为了保证原有房屋装饰的经济美观，应注意以下要求：

（1）房屋原有装饰完好部分应充分利用。室外装饰的修缮，其形式、用料、色泽应与周围环境相协调。

（2）在查勘各种装饰损坏时，应同时检查其基层的牢固程度，在不能满足要求时应予加固。

（3）房屋装饰的修缮不得损坏原有房屋结构，当需改变结构时必须进行验算。

（4）房屋装饰的修缮应符合现行国家标准《建筑设计防火规范》（GBJ 16—87）的有关规定。

（5）房屋装饰装修工程的修缮应符合现行国家标准《住宅装饰装修工程施工规范》（GB 50327—2001）和《住宅室内装饰装修管理办法》（建设部令第110号）的有关规定。

第二节　墙面装饰及维修

墙面装饰是指房屋建筑为了满足使用要求、保护墙体、提高建筑的美观性、艺术性，应用装饰材料，在墙面进行施工形成装饰层的过程。

一、墙面装饰的类型

墙面装饰按位置分为外墙面装饰和内墙面装饰两大部分。

外墙面装饰是建筑装饰的重要内容之一，其目的在于：提高墙体的抵抗自然界中各种因素如灰尘、雨雪、冰冻、日晒等侵袭破坏的能力，保护墙体；改善墙体的维护功能；美化建筑物；改善环境。

内墙面装饰是建筑室内装饰的主要内容之一，其目的在于：美化室内环境；保护墙体；提高墙体的维护功能；改善、提高室内的使用功能。

墙面装饰按装饰材料和施工方法分为抹灰工程、饰面板（砖）工程、涂饰工程、裱糊及软包工程和幕墙工程等。常见装饰工程及应用见表7-1。

二、墙面装饰构造

（一）抹灰类

抹灰工程分为一般抹灰、装饰抹灰和清水砌体勾缝等分项工程。抹灰按部位可分为内

饰面装饰分类　　　　　　　　　　表 7-1

类　别	室 外 装 饰	室 内 装 饰
抹灰工程	水泥砂浆、混合砂浆、聚合物水泥砂浆、拉毛、水刷石、干黏石、斩假石、假面砖、喷涂、滚涂等	纸筋灰、麻刀灰粉面、石膏粉面、膨胀珍珠岩灰浆、混合砂浆、拉毛、拉条等
贴面工程	外墙面砖、马赛克、水磨石板、天然石板等	釉面砖、人造石板、天然石板等
涂饰工程	石灰浆、水泥浆、溶剂型涂料、乳液涂料、彩色胶泥涂料、彩色弹涂等	大白浆、石灰浆、油漆、乳胶漆、水溶性涂料、弹涂等
裱糊及软包工程		塑料墙纸、金属面墙纸、木纹壁纸、花纹壁纸、纤维布、纺织面墙纸及锦缎等
幕墙及铺钉工程	各种金属饰面板、石棉水泥板、玻璃	各种木夹板、木纤维板、石膏板及各种装饰面板等

墙面抹灰和外墙面抹灰。内墙面抹灰主要采用一般抹灰；外墙面抹灰一般采用水泥砂浆和装饰抹灰。

1．一般抹灰工程

一般抹灰工程按建筑物的使用要求和质量标准，分为普通抹灰和高级抹灰，当无设计要求时，按普通抹灰施工和验收。一般抹灰工程适用于石灰砂浆、水泥砂浆、水泥混合砂浆、聚合物水泥砂浆和麻刀石灰、纸筋石灰、石膏灰等工程施工。为有利于基层与抹灰层的结合及面层的压光，防止出现空鼓、裂缝、脱落等质量问题，一般抹灰应分层进行，见图 7-1。

2．装饰抹灰工程

装饰抹灰的种类有水磨石、水刷石、斩假石、干黏石、仿石、假面砖、拉毛灰、拉条灰、洒毛灰、彩色抹灰、喷砂、喷涂、滚涂和弹涂等。为保证抹灰层与基层（墙体）黏结牢固、装饰抹灰表面均匀平整和防止出现裂缝，抹灰需分层进行，即底层灰、中层灰和面层灰。图 7-2 为砖墙基层上的水刷石装饰抹灰构造层次。

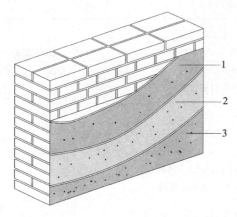

图 7-1　抹灰分层组成
1—底层；2—中层；3—面层

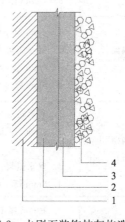

图 7-2　水刷石装饰抹灰构造层次
1—墙体；2—水泥砂浆底层；
3—水泥砂浆中层；4—水泥石粒砂浆面层

装饰抹灰的种类很多，底层的构造和施工方法基本相同，只是面层的做法不同。现说明几种常用的抹灰做法。见表 7-2。

常用抹灰做法说明　　　　　表 7-2

抹 灰 名 称	做 法 说 明	适 用 范 围
纸筋灰墙面（一）	1. 喷内墙涂料 2. 2mm 厚纸筋灰罩面 3. 8mm 厚 1：3 石灰砂浆 4. 13mm 厚 1：3 石灰砂浆打底	砖基层的内墙
纸筋灰墙面（二）	1. 喷内墙涂料 2. 2mm 厚纸筋灰罩面 3. 8mm 厚 1：3 石灰砂浆 4. 6mm 厚 TG 砂浆打底扫毛，配比：水泥：砂：TG 胶＝1：6：0.2，水适量 5. 涂刷 TG 胶浆一道，配比：TG 胶：水：水泥＝1：4：1.5	加气混凝土基层内墙
混合砂浆墙面	1. 喷内墙涂料 2. 5mm 厚 1：0.3：3 水泥石灰混合砂浆面层 3. 15mm 厚 1：1：6 水泥石灰混合砂浆打底找平	内墙
水泥砂浆墙面（一）	1. 6mm 厚 1：2.5 水泥砂浆罩面 2. 9mm 厚 1：3 水泥砂浆刮平扫毛 3. 10mm 厚 1：3 水泥砂浆打底扫毛或划出纹道	砖基础外墙或有防水要求的内墙
水泥砂浆墙面（二）	1. 6mm 厚 1：2.5 水泥砂浆罩面 2. 6mm 厚 1：1：6 水泥石灰砂浆刮平扫毛 3. 6mm 厚 2：1：8 水泥石灰砂浆打底扫毛 4. 喷一道 108 胶水溶液，配比：108 胶：水＝1：4	加气混凝土基层外墙
水刷石墙面（一）	1. 8mm 厚 1：1.5 水泥石子（小八厘）或 10mm 厚 1：1.25 水泥石子（中八厘）罩面 2. 素水泥浆一道（内掺水重的 3%～5%108 胶） 3. 12mm 厚 1：3 水泥砂浆打底扫毛	砖基层外墙
水刷石墙面（二）	1. 8mm 厚 1：1.5 水泥石子（小八厘） 2. 素水泥浆一道（内掺水重的 3%～5%108 胶） 3. 6mm 厚 1：1.6 水泥石灰砂浆刮平扫毛 4. 6mm 厚 2：1.8 水泥石灰砂浆打底扫毛	加气混凝土基层外墙
斩假石墙面（剁斧石）	1. 斧剁斩毛两遍成活 2. 10mm 厚 1：1.25 水泥石子（米粒石内掺 30% 石屑）罩面赶平压实 3. 素水泥浆一道（内掺水重的 3%～5%108 胶） 4. 6mm 厚 1：3 水泥砂浆打底扫毛或划出纹道	外墙
水磨石墙面	1. 10mm 厚 1：1.25 水泥石子罩面 2. 刷素水泥浆一道（内掺水重的 3%～5%108 胶） 3. 12mm 厚 1：3 水泥砂浆打底扫毛	墙裙、踢脚处

3. 清水砌体勾缝工程

清水砌体勾缝有清水砌体砂浆勾缝和清水砌体原浆勾缝两种。多用于清水外墙装饰，现在室内装饰中的部分装饰墙亦采用清水砌体勾缝。

（二）饰面板（砖）工程

饰面板（砖）工程包括饰面板安装、饰面砖粘贴等分项工程。饰面板安装工程适用于内墙饰面板安装工程和高度不大于24m、抗震设防烈度不大于7度的外墙饰面板安装工程。饰面砖粘贴工程适用于内墙饰面工程和外墙饰面工程。

1. 饰面板安装工程

饰面板安装包括木饰面板、塑料饰面板等有机饰面板材，大理石、花岗岩和青石等板材，以及水磨石、合成石等人造石饰面板材的安装施工。通常采用绑、挂、灌浆、粘贴、钉等施工工艺，在墙体表面上进行装饰施工。图7-3是大理石和花岗岩板的安装示意图。

2. 饰面砖粘贴工程

饰面砖粘贴通常是把各种小型块料面砖直接粘贴到墙体表面的一种装饰方法。常用的贴面材料有瓷砖、马赛克、大理石、花岗岩等饰面砖。这类装饰耐久、施工方便、易于清洗，并具有很强的装饰性，房间、特别是厨房和卫生间常被人们所选用。施工做法是，将墙面扫净、浇水湿润，用1∶3水泥砂浆打底，顺手用搓板搓毛。打底后再找规矩，画出皮数杆，养护三天后再用水泥浆或聚合物水泥浆粘贴饰面砖。

3. 铺钉类装饰装修工程

铺钉类装饰装修是指将天然板条或各种人造薄板钉在墙面和用胶黏剂粘贴在墙面上的一种高档和特殊要求的装饰方法。所用装饰材料主要有木板、胶合板、纤维板、密度板、宝丽板、富丽板、仿人造革饰面板、防火板、塑料板、木纹纸、木皮、镜子面板、金属板和木线等。铺钉类装饰装修由骨架和面板两部分组成，施工做法是，在砌体内预埋木砖或在砌体上用电锤打眼、钉入木楔，干铺油毡一层，在木砖或木楔处钉立木龙骨，木龙骨外侧刨光，钉或粘贴基层板，再粘贴面板。图7-4是铺钉类装饰装修构造示意图。

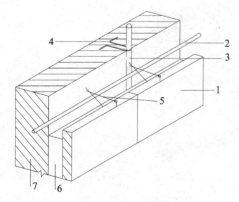

图7-3 大理石和花岗岩板安装示意图
1—大理石或花岗岩面板；2—横筋；3—立筋；
4—预埋铁件；5—铜丝或镀锌铁丝；6—水泥砂浆；7—墙体

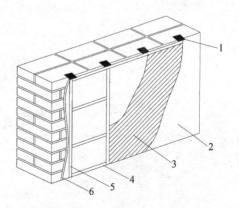

图7-4 铺钉类装饰装修构造示意图
1—木砖（木楔）；2—面层；3—油毡垫层；
4—横木龙骨；5—竖木龙骨；6—砂浆粉刷层

（三）涂饰工程

涂饰是指将各种涂料涂刷于墙体表面，利用形成的膜层，保护墙体并起到装饰效果的一种装饰方法，适用于内墙和外墙饰面工程。由于它是各种装饰做法中最简便、最经济、最便于维修更新的一种装饰方法，故得到了广泛的应用。在住宅内墙涂饰中涂料按其成膜物的不同可分为无机涂料和有机涂料两大类。无机涂料包括石灰浆、大白浆、水泥浆及各种无机高分子涂料等。有机涂料依其稀释剂的不同，分溶剂型涂料、水溶性涂料和乳胶涂料等。在住宅内墙涂饰中使用的涂料品种有水性涂料、溶剂型涂料和美术涂料，注意不得使用氡、甲醛、苯、氨、重金属和总挥发性有机物（VOC）等有毒有害量物质超标的涂料。涂饰工程因施工面积大，所用材料如不符合有关环保要求的，将严重影响住宅装饰装修后的室内环境质量，故在可能情况下，应优先使用绿色环保产品。

（四）裱糊及软包工程

裱糊及软包类装饰是高级室内装饰最常用的一种。裱糊工程是将壁纸、墙布、微薄木等裱糊在室内墙面的抹灰层上的一种装饰方法。软包工程是在室内墙面的抹灰层上敷设柔性塑料泡沫、麻绒等柔软材料为垫层，再在其上外包装饰布、绸缎、合成装饰布等装饰布料，形成柔软装饰层的过程。裱糊及软包工程施工工期短、装饰效果好，增加室内的美观。

（五）幕墙工程

幕墙工程包括玻璃幕墙、金属幕墙、石材幕墙等幕墙，主要用于外墙饰面。幕墙，特别是玻璃幕墙和金属幕墙具有很强的装饰性，在现代建筑、特别是高层建筑中应用广泛。幕墙工程主要部分的构造可分为两个部分，一是幕墙饰面板，二是固定饰面板的骨架。骨架支撑幕墙饰面板并将其固定，然后通过连接件与主体结构连接。幕墙工程对设计、施工和验收均有很高的要求，各个过程和环节必须符合国家现行有关标准、规范和规程的要求。图7-5是元件式玻璃幕墙安装示意图。

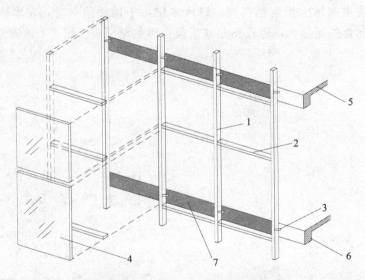

图7-5 元件式玻璃幕墙安装示意图

1—竖向龙骨；2—横向龙骨；3—联结件；4—幕墙玻璃；5—楼板；6—楼板梁；7—矿棉隔热层

三、墙面装饰装修的施工和质量要求

1. 抹灰工程要求

（1）抹灰前基层表面的尘土、污垢、油渍等应清除干净，并应洒水湿润，防止基层表面的灰尘降低抹灰层的黏结度，同时通过基层表面洒水湿润后抹上的砂浆不致因砂浆中的水分被基层吸收而造成脱壳（黏结不牢而分层）空鼓。

（2）抹灰工程应分层进行。抹灰层的总厚度应符合设计要求：水泥砂浆不得抹在石灰砂浆层上，罩面石膏灰不得抹在水泥砂浆层上。当抹灰总厚度大于或等于35mm时，应采取加强措施。

（3）抹灰层表面应平正和顺、无凹陷、凸起、阴阳角必须找直，分格缝和灰线应清晰美观。

（4）抹灰层与基层之间及各抹灰层之间必须黏接牢固，抹灰层应无脱层、空鼓，面层应无爆灰和裂缝。

（5）水刷石面层（包括干黏石）的石子必须与水泥砂浆黏结牢固，颗粒分布均匀、平整无掉粒、空洞和接茬痕迹。

（6）斩假石面层必须剁纹清晰、均匀、顺直、棱角无缺损。

（7）抹灰工程的质量偏差应符合质量验收规范中的允许值。

此外，在室外抹灰中，由于抹灰面积大，为防止面层裂纹和便于操作，或立面处理的需要，常对抹灰面层做线脚分隔处理。面层施工前，先做不同形式的木引条，待面层抹完后取出木引条，即形成脚线。

2. 贴面工程要求

（1）石材、墙地砖品种、规格、颜色和图案应符合设计的要求，釉面砖、花岗石面砖等材料的放射性指标应符合安全要求，外面砖的吸水率、抗冻性应符合规定要求。饰面板表面应无泛碱等污染，不得有划痕、缺棱掉角等质量缺陷。不得使用过期和结块的水泥作胶结材料。

（2）墙地砖施工前应对其规格、颜色进行检查，尽量减少非整砖，且使用部位适宜，有突出物体时应按规定进行套割，边缘应整齐。墙裙、贴脸突出墙面的厚度应一致。

（3）采用湿作业法施工的饰面板工程，石材应进行防碱背涂处理，减少"水渍"现象发生。饰面板与基体之间的灌注材料应饱满、密实。

（4）墙地砖铺贴应平整牢固，图案清晰、无污积和浆痕，表面色泽基本一致，接缝均匀，板块无裂纹、掉角和缺棱，单块板边角空鼓不得超过数量的5%。

（5）阴阳角处搭接方法、非整砖使用部位应符合设计要求。

（6）有防水要求的楼地面（如卫生间间、厨房等）在面层下应做防水层，防水层四周与墙接触处，应向上翻起，高出地面不少于250毫米，地面面层流水坡向地漏，不倒泛水、不积水，24小时蓄水试验无渗漏。

（7）饰面板安装、黏贴的允许偏差应符合质量验收规范中的允许值。

3. 涂饰工程质量要求

（1）涂料的品种、颜色、性能应符合设计的要求，产品质量符合现行标准。

（2）基层腻子应平整、坚实、牢固，无粉化、起皮和裂缝；内墙腻子的黏结强度应符合国家标准；厨房、卫生间墙面必须使用耐水腻子。

（3）油漆表面应平整、光洁，无漏刷、脱皮和斑迹，清漆木纹清晰，大面无裹棱、流坠和皱皮，颜色基本一致、无刷纹。五金、玻璃洁净。

（4）乳胶漆严禁脱皮、漏刷、透底，大面无流坠、皱皮，表面颜色一致，无明显漏刷和透底，刷纹通顺，喷点均匀，门窗灯具洁净。

4．裱糊工程质量要求

（1）壁纸、墙布的品种、颜色和图案，应符合设计的要求，黏接剂应按壁纸和墙布的品种选用。

（2）裱糊工程的基体应干燥，表面应平整、干净、阴阳角顺直，不同材质基层的接缝处应黏贴接缝带。

（3）基层腻子应坚实牢固，不得粉化、起皮和裂缝，裱糊前应用封闭底胶涂刷基层。

（4）壁纸墙布必须裱糊牢固，表面色泽一致，花纹图案吻合，不得有气泡、空鼓、裂缝、翘边、皱折、斑污和胶痕。各幅拼接应横平竖直，距1.5m正视不显拼缝。

（5）壁纸、墙布与各种装饰线条、设备线盒应交接严密，不得有缝隙，其边缘平直整齐，不得有纸毛、飞刺。

（6）阴阳角垂直，棱角分明，阴角处搭接应顺光，阳角处无接缝。

四、墙面维修

（一）抹灰工程的损坏与维修

1．常见的损坏现象

（1）抹灰面层酥松脱落：常见底层内墙面发生酥松，往往因勒脚处外墙渗水或基础内防潮层损坏引起。

（2）抹灰面层空鼓：抹灰层与基层脱离，或抹灰层与抹灰层之间局部脱离。

（3）裂缝：抹灰面层局部裂缝应加以区别结构沉降引起或抹灰层收缩引起。

（4）面层爆裂：常见于混合砂浆抹灰中，主要是砂浆中含有未熟化的石灰粒，使用在抹灰层中后，吸收到潮气而产生爆裂。

2．损坏原因

抹灰层的损坏原因是多方面的，但主要是施工质量，自然因素，以及人为的使用不当而引起的。

（1）施工质量的影响：① 抹灰前对基层清理不够、墙体浇水不足、各层的抹灰间隔时间不当，压得不实，各分层之间没能黏结成整体。② 灰浆配比不准、搅拌不均匀、胶结材料过期、砂子过细、砂中泥浆含量过大。③ 抹灰后养护不当，夏天时未能及时浇湿面层，或冬季时未能做到防冻措施。④ 修补后在新旧连接处发生裂缝。

（2）自然因素的影响：① 结构变形，由于地基发生不均匀沉降或地震影响、墙体和抹灰面同时开裂。② 胀缩，由于温度变化引起抹灰面的开裂。③ 雨水浸蚀和冻融，由于抹灰面层存在细裂缝，雨水进入缝隙后在冬季时结冰膨胀，使缝隙增大，抹灰层脱离鼓起，甚至影响室内使用。

（3）人为的使用不当等因素：① 由于管道漏水，造成室内外墙面受水侵袭；维修人员进入顶棚检修时损坏顶棚，导致抹灰层开裂、脱落。② 室内外墙体和顶棚通过的热力管道未加套管，使用时管子膨胀，使管子附近抹灰损坏。③ 因抹灰面层都在外部，有时搬运家具、重物、车辆也易撞坏抹灰面层。

3. 抹灰工程的修补

(1) 抹灰层脱落。如大面积脱落，为了便于施工，可将剩余的部分全部铲除重做；对局部损坏的抹灰层可用钢凿先将计划重做部分外围通凿一遍，以防计划的修补面积无谓扩大。

1) 为了防止新旧抹灰之间干后产生细裂缝，因此在凿除损坏部分后的原抹灰接头处，必须凿得平直，与基层成直角，切忌产生波形，这样可防止接头产生裂缝。

2) 凿除的基层面必须清理干净，浇水湿润，然后在原抹灰层接头处刷一层 1：2.5 水泥砂浆，加强新旧抹灰层之间的黏结。

3) 严格按照抹灰层的分层要求抹浆，但需防止新抹的砂浆厚度超过原抹灰层，以免影响美观。

(2) 空鼓修补。如空鼓面积不大，而四周边缘连接牢固时可继续观察，暂不处理。对大面积的空鼓、脱皮时应全部铲除修补。

(3) 裂缝的修补。裂缝的处理相对来讲有一定的难度，除了因结构沉降而引起的裂缝外，尽量避免开凿、补缝。防止造成原来的一条细裂缝变成二条，这样更影响使用美观。

1) 细裂缝处理：避免开凿，使用与面层相同的材料抹嵌。如必须凿补时，可将裂缝凿成 V 字形，上口宽 20mm 以上，清除缝中垃圾，浇水湿润，采用高于原抹灰砂浆配比的砂浆分层嵌补，其中所说的分层嵌补应避免在一天内完成，以防干缩后又发生裂缝。

2) 结构引起裂缝的处理：若抹灰面层与墙体同时开裂时，应先查出裂缝原因，由技术部门对沉陷或其他引起开裂的原因处理后，裂缝不再扩展方可凿补，否则补后仍将有裂缝出现。

(4) 灰面爆裂的修补。对因生石灰熟化而引起的面层爆裂，其表面现象往往是突起一爆裂点，并不会引起其他损坏现象，因此仅需将突起点挑走，检查内部是否还有石灰粒存在，如无石灰粒碴时就可以进行修补。

4. 抹灰工程养护的注意事项

(1) 定期检查。每年至少一次，但在梅雨季、台风期间应加强检查。对顶棚、屋顶檐口、外墙抹灰应重点检查，以防抹灰层脱落伤人毁物；对窗台、腰线、勒脚处应注意是否损坏，以免雨水渗漏进室内。

(2) 不要在抹灰面层上乱钉、乱凿，注意抹灰面层平整。

(3) 屋面检修油毡防水层时，应注意保护外檐抹灰面层避免被沥青污染。

(二) 饰面工程损坏及维修

1. 饰面工程中常见的损坏情况及修补

(1) 饰面材料局部脱落。使用过程中饰面材料脱落、起壳，其主要原因是外墙面砖在黏贴前面砖浸水不妥、底面不干净、贴得不实，基层湿润不够、饰面砖之间（称灰缝）嵌缝不严密、冬季进水冻胀等因素造成。

修补方法：首先清理表面污渍、碱渍；然后可用水泥浆再次勾缝，或用环氧树脂按灰缝勾涂；对损坏严重处应凿除后再镶贴，面砖在铺贴前必须浸湿，切忌边贴边湿润，或者浸水时间过长使面砖的吸水过多，镶贴的面砖会游动影响美观，甚至当场掉落。

（2）饰面板与结合层黏贴牢固，但结合层与基层脱离。如局部脱落时，可将基底清理干净，如表面较光滑时可适当凿毛、浇水湿润按原工程做法修补；若有空鼓但与周围面层连接牢固时，可先将空鼓处用电吹风吹去灰尘，并可将内部水分吹干，用环氧树脂灌浆方法黏结。

（3）饰面板与基层黏结牢固，但饰面有裂缝。由于墙体自身收缩变形影响饰面而裂缝，修理时用环氧树脂修补基层裂缝。如有相同的饰面材料时可用切割机和凿子挖去破损饰面板，再镶贴上去。

2. 饰面工程的日常养护及检查

（1）对饰面工程要定期检查，检查时可用小锤轻击或观察墙面上有没有水渍印的方法进行。

（2）重点检查外墙檐口、腰线、屋面部位的外墙、雨水管等。发现问题及时修补，以免冬季受损，冻坏饰面。

（3）加强检查突出墙体的雨篷、阳台的结构是否稳固，并注意饰面有无破损。

（4）未经专业人员审查许可不得任意凿墙、打洞，防止损坏墙面装饰及结构。

（5）饰面应定期清洗，应选用与饰面板料相匹配的清洁剂，防止清洁剂中的强酸或强碱使饰面板变色、发花。

（三）裱糊工程的修补和养护

1. 裱糊工程的修补

（1）表面空鼓（起泡）、长霉、污染。产生原因是环境潮湿，涂胶有遗漏，或浆糊陈旧脱胶等因素。

起泡的处理可用针头或装饰刀割成十字形放出内部气体，再注入黏接剂贴压平实。长霉污染处可用淡肥皂水轻擦。

（2）皱折。裱糊面形成水波状的凸起，影响美观。如基层胶液尚未收干，可将墙纸揭起重贴；如胶液已干结，则要把墙纸揭下，将基层清理干净后重新黏贴。

（3）翘边。壁纸边沿脱离开基层而卷翘起来。主要原因是基层有灰尘、油污等或表面粗糙、干燥或潮湿；胶黏剂胶性小，局部不均匀或过早干燥；阳角处裹过阳角的壁纸宽度少于2cm，未能克服壁纸的表面张力所致。处理方法是将翘边翻起，查看原因。属于基层有污物的，待清理后，补刷胶黏剂黏牢；属于胶黏剂黏性小的，则换较强黏性的胶；若翘边已坚硬，除应使用较强的胶黏剂外，还应加压，待黏牢后才能去掉压力，若不能粘牢，撕掉重裱。

（4）离缝。指墙纸之间垂直拼缝处有超过规定的缝隙，产生原因是黏贴过程中过大的推力使墙纸张大，干结后墙纸回缩，造成离缝，为避免产生应在施工时尽量做到对缝正确。对于离缝的壁纸可用同色的乳胶漆画描在缝隙内；对于较严重的部位，可以用相同的壁纸补贴或撕掉重贴。

2. 裱糊工程的养护

（1）定期检查，发现起泡、长霉、污染、皱折、卷边等现象及时处理。

（2）不要在面层上乱钉、乱涂、乱凿或任意涂写。

（3）梅雨季时尽量少开窗，平时注意通风，防止壁、墙纸受潮。

（4）搬动重物家具应注意保护裱糊面层，以防碰坏。

（四）油漆与涂刷（水性）工程养护及维修

将油漆或水性涂料涂于物体表面形成固态涂膜，起到保护物体和装饰美化等作用，又能防止被涂面受污染与溶蚀，延长物品的使用寿命。

1. 油漆工程质量要求

（1）混色油漆工程严禁脱皮、漏刷和反锈。漆膜的色彩必须符合设计要求。

（2）清漆工程严禁漏刷、脱皮和斑迹。对中高级的硝基漆项目必须达到木纹清晰、不起花、漆膜丰满、平正光滑、光亮。

（3）美术油漆图案的颜色和所用的材料必须符合设计选定的色板要求。

（4）漆膜底层及面层均应符合国家规范和质量标准的规定。

2. 常见质量问题及防治方法

（1）脱皮。底层腻子强度不够，比较酥松，而面层结膜时产生的应力超过底层腻子，使面层膜失去附着力而产生卷皮；基层腻子打磨后粉尘没有清除干净，降低了与面层的附着力；基层腻子长期受潮，造成腻子酥松而面层脱皮。

治理方法：底层腻子与面层涂料要配套使用，涂刷过程中应时刻注意基层的粉尘清除。

（2）流挂。在漆膜表面有串珠一样的漆点或漆膜过厚。主要是涂刷不均匀产生流挂；涂料太稠不易刷开而产生流淌；基层尚未干燥就进入下一道的涂刷产生流挂。

防治方法：涂刷要均匀，发现流挂及时补正；涂料太稠时可适量加入稀释剂；基层必须干燥，对局部不干燥处可用碘钨灯或喷灯烘烤。

（3）漆膜粗糙。漆膜表面不光、粗糙，甚至表面有灰尘细粒可见。

防治方法应在操作时注意周围环境的卫生情况，必要时可洒水湿润地面。

（4）漆膜皱纹。涂层干燥收缩后形成许多弯曲细密的波纹。其原因是漆膜过厚、溶剂挥发过快或底漆未干透就刷面漆。油漆黏度过高，成膜时间过长，施工环境不良或未干时受阳光曝晒所造成。

治理方法：当附着力较好时，可将面层皱皮处磨平磨光，重做面层。当附着力较差时应将面层油漆铲除（不清除底层油漆）打磨平整，重新涂刷。

（5）失光。指漆膜表面失去应有的光泽。其原因是面层漆膜未干结前受到水气的附着，或底面漆的材料不配套发生咬底现象。

处理时如面层附着牢固，可以用汽油揩擦，清理表面，经打磨、清扫后重做面层。如面层附着力不好，应清除面层重做。

（6）中、高档硝基清漆。要求木纹清晰但在完工后未能达到要求，常见的质量问题有泛白、起泡、咬底等。

处理方法：严格按照油漆工艺要求操作，选择的木材必须干燥；涂硝基清漆时要掌握每道揩涂的间隔时间等。

3. 油漆工程的日常养护

（1）油漆工程要定期检查，发现漆膜起黏、流淌时应重新刷涂。

（2）油漆工程易受污染，故清洗时应选用清水或清洁剂、淡肥皂水擦拭，忌用碱水以免失去光泽、损坏漆膜。

（3）注意对漆膜的保护，不随意乱钉，乱凿或铁器刮磨。

(4) 搬运家具重物时应注意不要碰伤漆面。

(5) 潮湿的房间要经常通风，以防止油漆受潮老化。

(6) 有油漆或乳胶漆涂刷的厨房要注意油烟排除，以防止腐蚀，污染墙面。

第三节 楼地面装饰及维修

楼地面是指楼层地面（简称楼面）和底层地面（简称地面）。由于楼面和地面有许多相同之处，故又都通常称为楼地面。

楼地面的装饰，不仅可以满足房间的使用要求，如防潮、防水、耐腐蚀、保湿、有弹性等，还可以营造良好的室内氛围。

一、楼地面的构造组成

楼地面一般由基层、垫层和面层组成。当地面不能满足特殊要求时，还需增加相应的构造层次。如结合层、找平找坡层、防水层、保温层等。

二、楼地面的分类

楼地面按面层材料不同可分为水泥砂浆地面、水磨石地面、地砖地面、大理石地面、木地板地面、地毯地面等。

1. 水泥砂浆地面

水泥砂浆地面是用水泥砂浆抹压而成。其构造简单、造价低，但装饰效果差。图7-6为水泥砂浆地面的构造层次、图7-7为水泥砂浆楼面的构造层次。

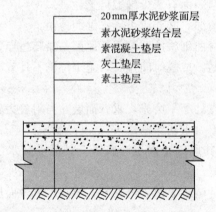
图7-6 水泥砂浆地面的构造层次示意图

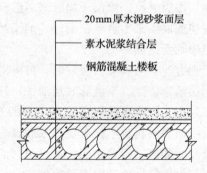
图7-7 水泥砂浆楼面的构造层次示意图

2. 水磨石地面

水磨石地面是用水泥作胶结材料，大理石等中等硬度的石材作骨料而形成的水泥石屑浆浇抹硬结后，经打磨而成。为防止由于温度变化引起面层开裂和便于施工与维修，常用玻璃条、铜条、铝条等分格条将面层进行分格，同时还起到了地面装饰的作用。图7-8为水磨石地面的构造层次示意图。

3. 块料楼地面

块料楼地面是采用水泥砂浆、聚合物水泥砂浆等胶结材料将块料铺贴、黏接在地坪或楼板的混凝土基层上而成。块料楼地面主要有地砖地面和石材地面，地砖地面是用大小不同的块材地砖铺贴而成。石材地面是用大理石、花岗岩、青石等块料铺贴而成。图 7-9 为卫生间地砖地面的构造层次。

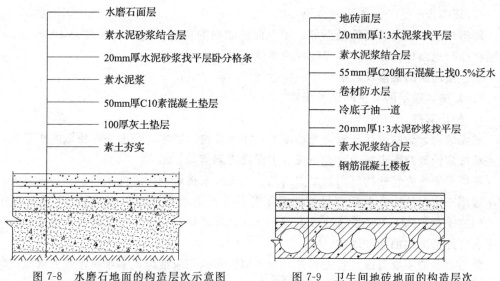

图 7-8　水磨石地面的构造层次示意图　　　图 7-9　卫生间地砖地面的构造层次

4．木地面

木地面按构造方式不同分为空铺式与实铺式。

（1）空铺式木地面

空铺式木地面是将支承木地板的搁栅架空搁置，使地板下有足够的空间便于通风，防止木地板受潮变形。图 7-10 为空铺式木地面的构造层次。

（2）实铺式木地面

实铺式木地面又分为铺钉式和黏贴式两种做法。铺钉式木地面是将木搁栅搁置在楼板结构层上，搁栅上再铺钉木地板。而黏贴式木地面将木地板用黏结材料在找平层上的地面。图 7-11 为实铺式木地面的构造层次。

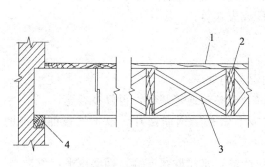

图 7-10　空铺式木地面的构造层次
1—企口木板；2—木搁栅；3—剪力撑；4—沿缘木

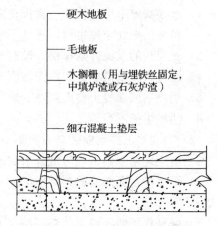

图 7-11　实铺式木地面的构造层次

5. 地毯楼地面

地毯是一种高级地面的装饰做法。其柔软、温暖、舒适、豪华，但价格较贵。其构造地毯的铺设可分为满铺和局部铺设两种。

6. 踢脚板

踢脚板位于室内墙面的最下部，用于保护墙根的构造。其高度一般为100～200mm，材料往往与地面材料相同，获得较好的整体效果。

三、楼地面的维修及养护

(一) 整体面层的常见问题及维修

1. 地面起砂

水泥地面起砂的表面现象为光洁度差，颜色发白不坚实，表面先有松散的水泥灰，随着走动增多，砂粒逐步松动，直至成片水泥硬壳剥落。

造成水泥地面起砂的原因是多方面的：水泥砂浆掺合物砂级配不当，水灰比过大，养护不适当；水泥地面在未达到足够的强度时就上人走动或进行下道工序；冬季低温施工时，门窗未封闭或无供暖设备造成大面积冰冻；原建材不符要求，如水泥受潮或砂粒过细等都有可能造成地面起砂现象。

防治起砂的主要方法：首先要针对起砂原因采取相应措施，如水灰比过大就要严格控制水灰比等。其次，维修措施应根据具体情况而定，在楼地面起砂不大的情况下，可采取两种方法进行维修，一是起砂部用磨石水磨，直到地面露出坚硬、平整、光亮的表面；二是清理面层，再用钢丝刷清除松动砂粒并冲洗干净，最后在湿润面层下纯水泥浆罩面、压光。在楼地面起砂面积较大的情况下，用107胶水泥浆修补：首先清除浮砂并冲洗干净，凹凸不平处用水泥拌合少量107胶做成腻子嵌平，再用107胶加水泥搅拌匀刷地面一遍，以加强地面的黏连力，随后用107胶水泥浆分层涂刷3～4遍，3天后进行打磨、打蜡工作，以增强地面的耐磨性和耐久性。另外应注意107胶用量约为水泥重量的20%左右，多了强度会下降，少了黏结力不强。

2. 水泥楼地面裂缝

(1) 水泥楼地面裂缝主要有以下几种原因：

1) 地基基础不均匀沉降、楼板支座产生负弯矩，使楼面产生裂缝；

2) 楼板的板缝处理粗糙，降低了楼板的整体性，使楼面产生裂缝；

3) 大面积的水泥砂浆抹面，没有设置分格缝，使楼地面产生收缩裂缝；

4) 原材料质量低劣，如水泥强度等级低或失效等；

5) 现浇钢筋混凝土楼面温差变形裂缝；

6) 使用维护不当等。

(2) 出现水泥楼地面裂缝应根据不同情况分别处理：

1) 由于地基基础不均匀沉降引起的裂缝，先整治地基基础，再修补裂缝；

2) 提高楼地面面层的整体性，可在楼板上做一层钢筋网片，以抵抗楼面端部的负弯矩；

3) 处理楼板的板缝，其施工顺序为清洗板缝，水泥砂浆灌缝，捣实压平，养护；

4) 根据质量要求，严格选用原材料；

5) 严格控制施工质量；

6）大面积的楼地面面层，应做分格；

7）对一般的裂缝，可将裂缝凿成 V 型，用水清扫干净后，用 1∶1～1∶2 的水泥砂浆嵌缝抹平压光；

8）对于大面积裂缝，且影响使用的面层，应铲除重做。

3. 水磨石地面的裂缝、光亮度差、细洞眼多的维修

水磨石地面裂缝的主要原因：地面回填土不实，高低不平；造成垫层厚薄不匀，引起地面裂缝；基层未清理干净；暗敷电线管线太高，也易引起地面裂缝。其防治措施，关键在于面层下面的基层处理，如回填土应层层压实，冬季施工中的回填土要采取保温措施，同时务必注意将基层清理干净等。

水磨石地面光亮度差，细洞眼多，产生原因既有磨光的磨面规格问题，也有金刚石砂轮规格问题；同时磨光过程中的二次补浆未采用擦浆而采用刷浆法，造成打磨时的洞眼出现。其防治措施主要为：对于表面粗糙光亮度差的，应重新用细金刚石砂轮或油面打磨，直至光滑。洞眼较多的，应重新擦浆，直到打磨消除洞眼为止。

（二）块料面层的常见问题及维修

块料饰面不仅用于地面装修，也用于墙面装修。常见的损坏及维修和墙面饰面工程相似，在此不在再赘述。

（三）木地板的维修

木地板，主要存在问题是地板起鼓、地板缝不平、表面不平整及踩时有响声等现象。

地板起鼓主要因局部板面受潮所致，或未铺防潮层，或地板未开通气孔。防治措施：铺设地板时，踢脚部分需留存一定缝隙确保木地板伸缩自由而不起鼓；应注意木板的干燥及施工环境的干燥；遇到起鼓时应将起鼓的木地板面层拆开，在毛地板上钻通风孔若干，晾几天时间，待干燥后重新封板。

木地板缝不平，常常是因为板条规格不准或板潮所致。修补缝隙一般可用相同的材料刨成刀背形薄片，胶嵌入缝内刨平。

木地板表面不平整，一般多为电刨、手刨同时用，板面吃力深浅不匀，或房内水平弹线不准所致。若已造成上述情况，可将高处刨平或磨平，或调整木搁栅高度。

地板踩踏时的响声往往是由于木搁栅未被固定住，产生移动而发生响声；木搁栅含水率大或施工环境湿度大造成木搁栅部分松动，也会导致上述结果。防治措施：木搁栅铺设后应做隐蔽验收，合格后方可铺设毛地板。发现声响及时处理，或加绑镀锌铁丝或补钉垫木。现在一般可用膨胀螺栓固定。

四、有水房间的维修

有水房间是指厨房、厕所、卫生间等设置有给排水管道的房间。其渗漏是一项严重频发的通病，若不能及时维修，将直接影响用户的正常使用。

（一）有水房间地面渗漏的维修

1. 有水房间楼地面渗漏的原因

（1）楼地面设计不够合理，在土建设计中未考虑到楼板的四角容易出现裂缝而未采取相应措施。

（2）在施工图设计中各工种配合不好，在给排水施工图中没有标清预留孔的位置，导致施工时随意预留孔洞，或在土建施工图中没有标清预留孔的处理方法，导致施工时随意

处理预留孔洞等。

(3) 预留孔洞的位置不准确，安装给排水设施时易造成防水层破坏。

(4) 在有水房间楼板浇筑施工中，模板移位、下沉，钢筋被踩陷，造成楼板产生裂缝；另外楼板的蜂窝麻面、起砂等缺陷也易造成楼板渗漏。

(5) 先砌筑台、支墩、隔板、小便槽，后进行面层施工，积水易从其底部没有面层的部分渗漏。

2．有水房间楼地面渗漏的防治

(1) 在土建施工图中楼板四个角和预留孔四周等部位加设防裂的构造。

(2) 在设计中要考虑各工种的配合，确保各工种表示的预留孔洞位置和处理方法一致。

(3) 采用正确的施工方法预留孔洞或凿洞，精心施工，填塞缝隙，切实做好防水层。

(4) 楼板出现裂缝、蜂窝等缺陷引起渗漏时，可将损坏处清除干净，并浇水湿润，再分层抹上防水砂浆或局部作防水层。

(5) 严格按图施工，遵守施工验收规范，避免出现裂缝、蜂窝、麻面、起砂状况。

(6) 穿楼板的管道预留处理时，要将管道周围的混凝土清除干净，然后用防水油膏等防水抹料在管道四周做好防水层。

(二) 有水房间卫生器具安装不牢固、连接处渗漏的维修

1．主要原因

(1) 土建墙体施工时，没有按规定预埋木砖。

(2) 固定卫生器的螺栓规格不合适，不牢固。

(3) 卫生器具与墙面接触不够严实。

(4) 大便器与排水管道处，排水管甩口高度不够，大便器出口插入排水管的深度不够。

(5) 大便器与冲洗管，存水弯头、接口与排水管接口不填塞油麻丝，填塞砂浆不严实，造成接口有漏洞或裂缝等。

2．防治措施

(1) 固定卫生器具用的木砖应刷好防腐油，在墙体施工时预埋好，严禁后装木砖或木塞。

(2) 固定卫生器具的螺栓规格要合适，要采取合格的金属螺栓。

(3) 凡固定卫生器的托架或螺丝不牢固的，应重新安装。卫生器具与墙面间如有较大缝隙，要用水泥砂浆填饱满。

(4) 大便器排水管出口高度必须合适，并高出地面10mm。

(5) 排水管接口中，铸铁管承插口塞油麻丝为深度的1/3，接口砂浆要掺水泥量50%的防水剂做成防水砂浆，砂浆应分层塞紧捣实。

(6) 大便器与冲洗管接口（非绑扎型）用油麻丝填塞，然后用1∶2水泥砂浆嵌填密实。若大便器与冲洗管用胶皮绑扎连接时，须用14号铜丝（不得用铁丝）以相反方向分别绑扎两道。所有排水管接口，均要先试水后隐蔽。

(三) 有水房间墙面渗水的原因和防治

有水房间楼地面的渗漏现象，如没及时处理，那其渗水面积将会沿楼地面及墙体的毛

细孔延伸扩大，因此有水房间墙面渗水确是一个容易发生又不可忽视的质量通病。

1. 有水房间墙面渗水的原因

（1）地面排水坡度不合适，墙根处过低而积水。

（2）墙裙处没作防水处理，墙裙气鼓、开裂或用白灰砂浆作面层。

（3）大便器等水卫设备与楼板连接不紧密，且未作防水处理，水顺着本层楼板底面流到板边的墙上。

（4）设计中未考虑在楼板的四周设置附加钢筋，板面出现裂缝后，水顺着裂缝流到板边的墙上。

2. 防治措施

（1）地漏集水半径大于6m时，找坡较难，此时需在墙裙外用水泥砂浆或防水砂浆抹平浇筑。

（2）有水房间在浇捣楼地面的同时做出反边。

（3）在有水房间设置涂膜防水（如聚氨酯涂膜防水）代替各种卷材防水，使地面和墙面形成一个无接缝和封闭严整的整体防水层。

（4）在整治有水房间墙面渗水时，首先查出其原因，其次对引起渗漏的根源进行处理，最后对墙根进行防水处理。

第四节　顶棚装饰及维修

顶棚是位于建筑物楼板、屋顶板之下的装饰层，又称为天花板或天棚。

一、顶棚的分类

顶棚按其构造方式有直接式顶棚和悬吊式顶棚两种做法。

1. 直接式顶棚

直接式顶棚是指在楼板之下做抹灰、粉刷、粘贴装饰面材的装修。

2. 悬吊式顶棚

悬吊式顶棚也称为吊顶，是将装饰面层悬吊在屋面下或楼板底的装修。顶棚应具有足够的净度高度，以便于安装灯具、通风设施及敷设各种管线等。

二、悬吊式顶棚的分类及构造

（一）常见悬吊式顶棚的分类

1. 按其外观分类

（1）平滑式顶棚

（2）井格式顶棚

（3）分层式顶棚

2. 按顶棚的表面材料分类

（1）木顶棚

（2）石膏板顶棚

（3）合成材料板顶棚

3. 按顶棚的龙骨材料分类

（1）轻钢龙骨顶棚

(2) 铝合金龙骨顶棚

(3) 木龙骨顶棚

4. 按照顶棚内灯具的布置分类

(1) 带形光栅顶棚

(2) 发光顶棚

5. 按照顶棚荷载能力的大小分类

(1) 上人顶棚

(2) 非上人顶棚

(二) 悬吊式顶棚的构造

悬吊式顶棚一般由支承、基层、面层组成。

1. 支承部分

顶棚的支承部分，又称为承载部分，主要承受饰面材料的重量和其他荷载（顶面灯具、消防设施、各种饰物、上人检查和自重等）。支承部分由承载龙骨（主龙骨或大龙骨）和吊杆（吊筋）组成。荷载通过吊筋和承载龙骨传递到屋架或楼板等主体结构。承载龙骨的材料有木材和轻金属两种。吊筋一般为断面较小的型钢、钢筋或木吊筋。

2. 基层部分

悬吊式顶棚的基层部分由次龙骨（中龙骨）和间距龙骨（小龙骨）构成。次龙骨和间距龙骨主要用木材、型钢及轻金属等材料制成。

3. 面层部分

木龙骨吊顶所用的面层多为人造板材，如刨花板、纤维板、胶合板以及金属网与板条抹灰等；轻金属龙骨吊顶的面层一般选用矿棉板、石膏纤维板、钙塑泡沫板、聚苯乙烯泡沫板等质量轻、吸声性能及装饰功能好的板材。

(三) 各类悬吊式顶棚的构造及特点

1. 轻钢龙骨悬吊式顶棚

轻钢龙骨悬吊式顶棚是指顶棚的基层部分的龙骨是轻钢型材，是常用的一种吊顶形式。它具有强度高、刚度大、承载力大、防火性能好和施工方便等特点。轻钢龙骨吊顶按其承载能力可分为上人吊顶和非上人吊顶。

轻钢龙骨吊顶的承重龙骨的间距一般 1000mm 左右。安装时，第一根主龙骨离墙边距离等于或小于 200mm。次龙骨通过龙骨吊钩固定于主龙骨之下。次龙骨的主要作用是固定饰面板，故次龙骨的间距要由饰面板的规格来决定。为了便于面板的四周均可固定，故次龙骨之间要设置横撑龙骨。吊杆（吊筋）是楼板、屋顶结构层与龙骨之间的连接件。吊杆在布置时应均匀分布。上人吊顶的吊杆间距为 1000~1200mm，非上人吊顶的吊杆间距为 800~1000mm。主龙骨端部距离第一个吊点等于或小于 300mm，否则应增设吊点，以防止主龙骨变形。吊杆与结构层的固定方式可通过结构层内的预埋件、射钉枪固定射钉或膨胀螺栓与吊杆焊接或螺钉连接。吊顶用的面板一般有三种。一种是植物类板材，如胶合板、纤维板等。一种是矿物及有机合成类板材，如纸面石膏板、纸面防火石膏板、穿孔石膏吸声板、矿棉板等。另外一种是金属类板材，如铝合金板材、铝材、薄钢板等。U形上人轻钢龙骨悬吊式顶棚的构造见图 7-12。

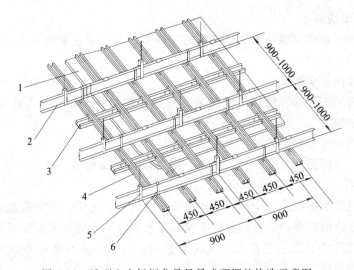

图 7-12 U 型上人轻钢龙骨悬吊式顶棚的构造示意图
1—顶棚面板；2—主龙骨；3—横撑龙骨；4—U 型轻钢龙骨；5—主龙骨吊件；6—龙骨吊挂

2．铝合金悬吊式顶棚

铝合金悬吊式顶棚是指顶棚的基层部分是铝合金型材，以各类胶合板、纤维板、石膏板、金属装饰板、合成装饰板等为罩面板。也是现在常用的一种吊顶形式。它具有自重轻、刚度大、防火性好，便于施工等特点。铝合金悬吊式顶棚的基本构造与轻钢龙骨悬吊式顶棚相同。

3．高低错台吊顶

为了丰富室内的造型，满足音响、照明设备的安装要求和对较大空间的限定，以达到某种特殊效果，顶棚常做成高低状态的吊顶。在顶棚错台处要保证其连接的牢固性，使饰面不被破坏。

4．光带吊顶

顶棚安装灯具的方法一般有两种，一种是直接悬挂于顶棚之下；另一种是需嵌入到顶棚内部。嵌入式灯具，在需安装灯具的位置，用龙骨按灯具的外形尺寸围合成孔洞边框，使之放在次龙骨之间，以作为安装灯具的连接点。

5．发光顶棚

发光顶棚是用有机灯光片、彩绘玻璃等透光材料作为装饰面板的顶棚。其光线均匀柔和，减少了室内空间的压抑感。

其构造做法是用吊杆固定龙骨，龙骨在有透光板处需设置上下两层，以便于固定灯座及透光板。透光板可采用搁置、承托或螺钉固定的方式与龙骨连接。

6．开敞式吊顶

开敞式吊顶是指吊顶的饰面不封闭，可透过吊顶看到吊顶内的建筑结构和各种设备。这种吊顶具有既遮又透的感觉，减少了吊顶的压抑感。

开敞式吊顶直接用吊筋固定装饰构件，故无需龙骨与面板。由于不封闭，吊顶内的管道和楼板底常全部涂黑或涂以其他色彩，以取得良好的视觉效果。

开敞式顶棚灯具的布置有内藏式、嵌入式、悬吊式、吸顶式等。

7. 顶棚装饰线脚

顶棚装饰线脚是指顶棚与墙体交接处的装饰做法。通常在墙体内预埋铁件、木砖等，用射钉将线脚与之固定。

三、顶棚装修质量要求

直接式顶棚因其直接在楼板之下抹灰、粉刷或粘贴装饰面材等，质量要求与墙面抹灰、贴面装饰相同。

悬吊式顶棚的质量要求如下：

(1) 吊顶工程所用材料的品种、规格、颜色以及基层构造、固定方法应按设计要求，并符合现行标准。

(2) 吊顶龙骨不得扭曲、变形，木质吊顶应进行防火处理，直接接触墙面或卫生间吊顶用的龙骨还要涂刷防腐剂；吊顶位置正确，吊杆顺直、龙骨安装牢固可靠，四周平顺。

(3) 轻型灯具可吊在主龙骨上，重量大于3kg的灯具或吊扇不得借用吊顶龙骨，应另设吊钩与结构联结。

(4) 吊顶罩面板与龙骨应连接紧密，表面应平整，不得有污染、折裂、缺棱、掉角、锤伤、钉眼等缺陷，接缝应均匀一致，压条顺直，无翘曲，罩面板与墙面、窗帘盒、灯具等交接处应严密。

(5) 粘贴的罩面板不得有脱层；搁置的罩面板不得有漏、透、翘现象；纸面石膏罩面板其厚度应该在9mm左右，一般用镀锌螺钉固定在龙骨上，钉头应涂防锈漆。

(6) 卫生间的罩面板宜采用塑料或金属扣板，不应采用受潮易变形的石膏板、矿棉板、胶合板等板材。

四、吊顶工程的常见问题及预防

1. 吊顶造型不对称，罩面板布局不合理

石膏板、矿棉板安装后出现面板局部不合理，造型不对称的现象，其原因主要有以下几个方面：未在房间四周拉十字中心线；未按设计要求布置主龙骨和次龙骨；铺安罩面板流向不正确。

为防止此类问题出现应采取以下措施：按吊顶设计标高，在房间四周的水平线位置拉十字中心线；严格按设计要求布置主龙骨和次龙骨；铺安罩面板时，中间部分应先铺整块罩面板，余量应平均分配在四周最外边一块，或不被人注意的次要部位。

2. 拼板接缝不平不严

这类问题主要是由于操作不认真，主、次龙骨未调平；选用材料不配套，板材加工不符合标准或固定螺钉的排钉装订顺序不正确，多点同时固定等原因造成。

因此板与板之间要留有一定缝隙，安装主龙骨后，拉通线检查其是否正确、平整，然后边安装边调平；应使用专用机具和选用配套材料，加工板材尺寸应保证符合标准，减少原始误差和装配误差，保证拼板处平整；按设计挂放石膏板，固定螺钉从板的一个角或中线开始依次进行，以免多点同时固定引起板面不平，接缝不严。

3. 金属板吊顶接缝明显

接缝处接口露白茬主要是缺口部位未经修整造成的；接缝不平，接缝处产生错位主要是由于板条切割时切割角度控制不好。

为防止上述问题出现，金属板下料时应控制好切割角度，切口部位应用锉刀将其修

平；出现切口白茬，用相同色彩的胶黏剂（如硅胶）对接口部位进行修补，对切口白茬进行遮掩，并使接缝密合。

五、吊顶工程的日常养护

1. 定期检查、及时处理

定期检查一般不少于每年1次。对容易出现问题的部位重点检查，尽早发现问题并及时处理，防止产生连锁反应，造成更大的损失。对于使用磨损频率较高的工程部位，要缩短定时检查的周期，如台面、踢脚、护壁，以及细木制品的工程。

2. 加强保护与其他工程衔接处

墙台面及吊顶工程经常与其他工程相交叉，在相接处要注意防水、防腐、防胀。如水管穿墙加套管保护，与制冷、供热管相接处加绝热高强度套管。墙台面及吊顶工程在自身不同工种相接处，也要注意相互影响，采取保护手段与科学的施工措施。

3. 保持清洁与常用的清洁方法

经常保持墙台面及吊顶清洁，不仅是房间美观卫生的要求，也是保证材料处于良好状态所必需的。灰尘与油腻等积累太多，容易导致吸潮、生虫以及直接腐蚀材料。所以，应做好经常性的清洁工作。清洁时需根据不同材料各自性能，采用适当的方法，如防水、防酸碱腐蚀等。

4. 注意日常工作中的防护

各种操作要注意，防止擦、划、刮伤墙台面，防止撞击。遇有可能损伤台面材料的情况，要采取预防措施。在日常工作中有难以避免的情况，要加设防护措施，如台面养花、使用腐蚀性材料等，应有保护垫层。在墙面上张贴、悬挂物品，严禁采用可能造成损伤或腐蚀的方法与材料，如不可避免，应请专业人员施工，并采取必要的防护措施。

5. 注意材料所处的工作环境

遇有潮湿、油烟、高温、低湿等非正常工作环境时，要注意墙台面及吊顶材料的性能，防止处于不利环境而受损。如不可能避免，应采取有效的防护措施，或在保证可复原条件下更换材料，但均须由专业人员操作。

6. 定期更换部件，保证整体协调性

由于墙台面及吊顶工程中各工种以及某一工程中各部件的使用寿命不同，因而，为保证整体使用效益，可通过合理配置，使各工种、各部件均能充分发挥其有效作用，并根据材料部件的使用期限与实际工作状况，及时予以更换。

第五节 门窗装饰及维修

门窗是房屋的围护结构，主要解决房屋的采光和通风问题，同时还起着疏散和交通的作用。门窗应满足防风隔雨、保温隔热、隔声等要求。

一、概述

1. 门窗的分类

（1）按开启方式分

门窗有平开式、推拉式、固定式、转式、折叠式等。

（2）按材料分

门窗有木、钢、铝合金、塑料、塑钢门窗等。

2. 门窗的安装

门窗框的安装方式有立口和塞口两种。施工前先将门窗框立好，后砌墙，称为立口；而在砌墙时先留出洞口，以后在安装门窗框，称为塞口。为加强门窗框与墙的连接，允许预先在墙内埋设木砖或铁脚，其上下间距不应大于 600mm。

门窗框与墙之间的缝隙应填塞密实，以防风、雨等对室内的侵袭，并满足保温、隔声等的要求。

二、门的构造组成

门主要是由门框、门扇和五金零件组成。门框是由上槛、下槛、边框组成。门扇是由上冒头、中冒头、下冒头和边梃、门芯板等组成。门的五金零件主要有门把手、门锁、铰链、闭门器和门挡（门吸）等。其中闭门器可自动开启门，门挡（门吸）是用来防止门扇和门把手与墙壁的碰撞，并在墙壁处吸门。

一般单扇门宽 900～1000mm，双扇门宽 1500～1800mm；门高 2100～2300mm。当门高大于或等于 2400mm 时，门上应设门亮子。

三、窗的构造组成

窗主要是由窗框、窗扇和五金零件组成。窗框是由上框、下框、中横框、中竖框、边框组成。扇框是由上冒头、下冒头和边梃组成。

一般窗扇宽为 400～600mm，窗扇高为 800～1500mm。

四、木门窗的维修

木门窗框（扇）的损坏主要表现在变形、腐朽与虫蛀等方面。

（一）木门窗框（扇）损坏变形的原因和防治

1. 损坏变形及原因

木门窗的变形一般存在门窗扇倾斜下垂、弯曲和翘曲、缝隙过大、走扇等现象。

（1）木门窗扇倾斜下垂。木门窗扇倾斜下垂的现象一般表现为，不带合页的立边一侧下垂，四角不成直角，门扇一角接触地面，或窗框和窗扇的裁口不吻合，造成开关不灵。造成其下垂的原因主要是：① 制作时榫眼不正，装榫不严。② 因受压门窗框倾斜变形，带动门窗扇受压变形。③ 使用中用门窗扇挂重物，造成榫头松动，下垂变形。

（2）弯曲和翘曲。木门窗扇的弯曲和翘曲的现象一般有：平面的纵向弯曲，有时是门窗框弯曲，有时是门窗的边框弯曲，使门窗变形开关不灵；门窗纵向和横向同时弯曲。关上门窗，四边仍有很大缝隙，而且宽窄不匀，使得插销、门锁变位，不好使用。其原因：① 使用中受潮，湿胀干缩引起变形。② 受墙壁压力或其他外力影响造成的门窗翘曲。

（3）缝隙过大。此现象除上述原因外，在制作时质量不合要求，留缝过大。

（4）走扇。走扇的现象即门窗没有外力推动时会自行转动而不能停止在任何位置上。其原因：① 门窗框安装不垂直，门窗扇随之处于不垂直状态，造成自开现象。② 安装用的木螺丝顶帽大或螺丝顶帽没有拧入合页，当两面合页上的螺丝帽相碰，造成门窗扇自动开扇。③ 由于门窗扇变形，使框与扇不合槽，经常碰撞。

2. 木门窗框（扇）变形的防治

（1）将木材干燥到规定的含水率，即原木或方木结构应不大于25％；板材结构及受拉构件的连接板应不大于18％；通风条件差的木构件应不大于20％。

(2) 对要求变形小的门窗框，应选用红白松及杉木等制作。

(3) 掌握木材的变形规律，合理下锯，多出径向板。遇到偏心原木，要将年轮疏密部分分别锯割，在截配料时，要把易变形的阴面部分木材挑出不用。

(4) 门窗框重叠堆放时，应使底面支承点在一个平面内，并在表面覆盖防雨布，防止翘曲变形。

(5) 门窗框在立框前应在靠墙一侧涂上底子油，立框后及时涂刷油漆，防止其干缩变形。

(6) 提高门窗扇的制作质量，打眼要方正，两侧要平整；开榫要平整，榫肩方正；手工拼装时，要拼一扇检查一扇，掌握其扭歪情况，在加楔子时适当纠正。

(7) 对较高、较宽的门窗扇，应适当加大截面，以防止木材干缩或使用时用力扭曲等。

(8) 使用时，不要在门窗扇上悬挂重物，对脱落的油漆要及时涂刷，以防止门窗受力或含水量变化产生变形。

(9) 选择五金规格要适当，安装要准确，以防止门窗扇下垂变形。

(10) 门窗框在立框前变形，对弓形反翘、边弯的木材可通过烘烤使其平直；立框后，可通过弯面锯口加楔子的方法，使其平直。

(二) 木门窗框（扇）腐朽、虫蛀的原因及防治

1. 腐朽、虫蛀的原因

(1) 门窗框没有经过适当的防腐处理，使引起腐朽的木腐菌在木材中具备了生存条件。

(2) 采用易受白蚁、家天牛等虫蛀的马尾松、木麻黄、桦木、杨木等木材做门窗框扇，没有经过适当的防虫处理。

(3) 在设计施工中，细部考虑不周全不到位，如窗台、雨篷、阳台、压顶等没有作适当的流水坡度和未做滴水槽，使门窗框长期潮湿。

(4) 浴室、厨房等经常受潮气和积水影响的地方，没有及时采取相应措施。

(5) 木窗框（扇）油漆老化，没有及时涂刷养护。

2. 木窗框（扇）腐朽、虫蛀的防治

(1) 在紧靠墙面和接触地面的门窗框脚等易受潮部位和使用易受白蚁、家天牛等虫蛀的木材时，要进行适当的防腐防虫处理。

(2) 加强设计施工中的细部处理，如注意做好窗台、雨篷、阳台、压顶等处的排水坡度和滴水槽。

(3) 在使用过程中，对老化脱落的油漆及时修护涂刷，一般以3~5年为油漆周期。

(4) 门窗脚腐朽、虫蛀时，可锯去腐朽、虫蛀部分，用小榫头对半接法换上新材，加固钉牢。新材的靠墙面必须涂刷防腐剂，搭接长度不大于20cm。

(5) 门窗梃端部腐朽，一般予以换新，如冒头榫头断裂，但不腐朽，则可采用安装铁曲尺加固；若门窗冒头腐朽，可以局部接修。

五、钢门窗的维修

钢门窗的损坏主要表现在变形、锈蚀、断裂等方面。

(一) 钢门窗变形的原因及防治

1. 钢门窗损坏变形的原因
（1）制作安装质量低劣，存在翘曲、焊接不良等情况，使日久变形。
（2）安装不牢固，框与墙壁结合不严密，不坚实，致使框与墙壁产生裂缝。
（3）地基基础产生不均匀沉降，引起房屋倾斜等，导致钢门窗变形。
（4）钢门窗面积过大，因温度升高没有膨胀余地。
（5）钢门窗上的过梁刚度或强度不足，使钢门窗承受过大压力而变形。
（6）运输过程中处理不当摔碰、扭伤以致配件脱落丢失等。
2. 钢门窗变形的防治
（1）提高钢门窗的制作安装质量，对钢门窗面积过大的，应考虑其胀缩余地。
（2）当外框弯曲时，先凿去粉刷装饰部分，将外框敲正。敲正时，应垫以硬木，用锤轻轻敲打，并注意不可将扇敲弯。
（3）内框"脱角"变形，放在正确位置后，重新焊固，内框直料弯曲时用衬铁会直。
（4）凡焊接接头在刷防锈漆前须将焊渣铲清。要求较高时，可用手提砂轮机把焊缝磨平，接换的新料必须涂防锈漆二度。

（二）钢门窗锈蚀和断裂的原因和防治
1. 钢门窗锈蚀和断裂的原因
（1）没有适时对钢门窗涂刷油漆。
（2）外框下槛无出水口或内开窗腰头窗无坡水板。
（3）厨房、浴室等易受潮的部位通风不良。
（4）钢门窗上油灰脱落，钢门窗直接暴露于大气中。
（5）钢窗合页卷轴因潮湿、缺油而破损等。
2. 钢门窗锈蚀和断裂的防治
（1）对钢门窗要定时涂刷油漆，对脱落的油漆要及时修补。
（2）对厨房、浴室等易受潮的地方，在设计时要考虑改善通风条件。
（3）外窗框料锈蚀严重的，应锯去锈蚀部分，用相同窗料接换，焊接牢固；外框直料下部与上槛同时锈蚀时，应先接脚，再断下槛料焊接。
（4）内框局部锈蚀严重时，换接相同规格的新料。
（5）钢窗玻璃油灰脱落时，先将旧油灰清理干净，然后用油灰重新嵌填。

六、铝合金、塑钢门窗维修
铝合金、塑钢门窗的损坏主要表现在开启不灵和渗水方面。
（一）开启不灵的原因和防治
1. 铝合金、塑钢门窗开启不灵的原因
（1）轨道弯曲、两个滑轮不同心，互相偏移及几何尺寸误差较大。
（2）框扇搭接量小于80%，且未作密封处理或密封条组装错误。
（3）门扇的尺度过大，门扇下坠，使门扇与地面的间隙小于规定量2cm。
（4）平开窗窗铰松动，滑块脱落，外窗台超高等。
2. 铝合金、塑钢门窗开启不灵的防治
（1）门窗扇在组装前按规定检查质量，并校正正面、侧面的垂直度、水平度和对角线；调整好轨道，两个滑轮要同心，并正确固定。

(2) 安装推拉式门窗扇时，扇与框的搭接量不小于80%。
(3) 开启门窗时，方法要正确，用力要均匀，不能用过大的力进行开启。
(4) 窗框、窗扇及轨道变形，一般应进行更换。
(5) 扇铰变形，滑块脱落等，可找配件进行修复等。

(二) 铝合金门窗渗水的原因和防治

1. 铝合金门窗渗水的原因
(1) 密封处理不好，构造处理不当。
(2) 外层推拉门窗下框的轨道根部没有设置排水孔。
(3) 外窗台没有设排水坡或外窗台流水的坡度反坡。
(4) 窗框四周与结构有间隙，没有用防水嵌缝材料嵌缝。

2. 铝合金门窗渗水的防治
(1) 横竖框的相交部位，先将框表面清理干净，再注上防水密封胶封严。
(2) 在封边和轨道的根部钻直径2mm的小孔，使框内积水通过小孔尽快排向室外。
(3) 外窗台流水坡反坡时，应重做流水坡，使流水形成外低内高的顺水坡，以利于排水。
(4) 窗框四周与结构的间隙，可先用水泥砂浆嵌定，再涂上一层防水胶。

七、门窗工程的养护

门窗是保证房屋使用正常、通风良好的重要途径，应在管理使用中根据不同类型门窗的特点注意养护，使之处于良好的工作状态。如木门窗易出现的问题有：门窗扇下垂、弯曲、翘曲、腐朽、缝隙过大等；钢门窗则有翘曲变形、锈蚀、配件残缺、露缝透风、断裂损坏等常见病；而铝合金门窗易受到酸雨及建材中氢氧化钙的侵蚀。在门窗工程养护中，应重点注意以下几个方面。

1. 严格遵守使用常识与操作规程

门窗是房屋中使用频率较高的部分，要注意保护。在使用时，应轻开轻关；遇风雨天，要及时关闭并固定；开启后，旋启式门窗扇应固定；严禁撞击或悬挂物品。避免长期处于开启或关闭状态，以防门窗扇变形，关闭不严或启闭困难。

2. 经常清洁检查，发现问题及时处理

门窗构造比较复杂，应经常清扫，防止积垢而影响正常使用，如关闭不严等。发现门窗变形或构件短缺失效等现象，应及时修理或申请处理，防止对其他部分造成破坏或发生意外事件。

3. 定期更换易损部件，保持整体状况良好

对于使用中损耗较大的部件应定期检查更换，需要润滑的轴心或摩擦部位，要经常采取相应润滑措施，如有残垢，还要定期清除，以减少直接损耗，避免间接损失。

4. 北方地区外门窗冬季使用管理

北方地区冬季气温低，风力大，沙尘多，外门窗易受侵害。所以，应做好养护工作。如采用外封式封窗，可有效控制冷风渗透与缝隙积灰。长期不用的外门，也要加以封闭，卸下的纱窗要清洁干燥，妥善保存，防止变形或损坏。

5. 加强窗台与暖气的使用管理

禁止在窗台上放置易对窗户产生腐蚀作用的物体，包括固态、液态以及会产生有害于

门窗的气体的一切物品,北方冬季还应注意室内采暖设施与湿度的控制,使门窗处于良好的温湿度环境中,避免出现凝结水或局部过冷过热现象。

复 习 思 考 题

1. 什么是房屋装饰装修?
2. 装饰装修的目的是什么?
3. 装饰装修包括哪两大部分?
4. 墙面装饰的类型有哪些?
5. 墙面装饰构造有哪几种类型?
6. 抹灰工程有什么质量要求?
7. 贴面工程有什么质量要求?
8. 涂料工程有什么质量要求?
9. 裱糊工程有什么质量要求?
10. 墙面工程有哪些损坏现象?
11. 墙面工程应如何维修?
12. 楼地面的构造组成是什么?
13. 楼地面如何分类?
14. 楼地面的常见问题有哪些?如何维修?
15. 有水房间一般有哪些问题?如何维修?
16. 顶棚按其构造方式如何划分?
17. 悬吊式顶棚的构造组成是什么?有哪些类型?
18. 顶棚的装修质量要求是什么?
19. 顶棚的常见问题有哪些?如何预防?
20. 吊顶工程如何进行日常养护?
21. 门窗如何分类?
22. 门的构造是什么?
23. 窗的构造是什么?
24. 木门窗如何维修?
25. 钢门窗如何维修?
26. 铝合金、塑钢门窗如何维修?
27. 门窗如何进行日常养护?

第八章 房屋维修管理

第一节 房屋维修管理概述

一、房屋维修管理的概念

房屋维修管理指物业管理公司为做好房屋维修工作而开展的计划、组织、控制、协调等过程的集合。也就是指物业管理公司根据国家和地方相应的标准和规定，对其经营管理的房屋进行维护、修缮等的统筹性工作。

房屋维修管理的主体是物业管理公司，物业管理公司受业主（如住宅区的业主委员会、作为国有房产代表的政府有关部门、企事业单位等）的委托开展相应的物业管理工作。房屋维修管理是物业管理的重要组成部分，同时也是物业管理的重要环节和基础工作（最经常、最持久、最基本）。在房屋维修过程中，实施房屋维修的主体一般是专业房屋维修公司（或物业管理公司内部的专业房屋维修部门）。而房屋维修管理的职能则是对房屋维修过程实施管理，做到在确保质量和实现合理工期的基础上，使整个房屋维修过程处于受控状态，合理使用人力、物力、财力，最大限度地节约维修成本，实现更大的经济效益、社会效益和环境效益。

从管理过程讲，所谓房屋维修管理，主要是指围绕房屋维修的管理目标而进行的计划、组织、控制和协调工作。

从管理层次讲，房屋维修管理一般可分成企业管理层次的维修管理和施工项目层次的维修管理。所谓企业管理层次的维修管理是指物业管理公司的企业管理层为实现整个企业的房屋维修管理目标而开展的管理工作，包括组织开展对企业所管房屋的查勘鉴定工作、围绕整个企业的房屋维修工作所做的计划管理、质量管理、编制维修工程预算、组织施工项目招标投标以及开展对技术、劳动、材料、机器等生产要素的管理。所谓施工项目层次的维修管理又分两种情况，一种是物业管理公司拥有自己的维修施工队伍，为组织好维修项目的施工而以项目施工过程为对象开展的管理工作，包括编制项目施工计划并确定施工项目的控制目标，做好施工准备工作，对施工过程实施组织和控制并做好项目竣工验收。另一种是物业管理公司自己没有施工队伍，施工项目是委托其他专业维修单位来从事施工活动的，在这种情况下，所谓施工项目层次的维修管理主要是指物业管理公司的项目负责人对维修项目施工过程实施监督管理，以确保施工过程处于受控状态，从而实现企业预定的项目成本、质量、工期目标。我们把这种情况下的施工项目管理称作房屋维修施工项目的内部监理。

二、房屋维修管理的意义

在物业管理过程中，搞好房屋的维修管理具有重要的意义。

（1）有利于延长房屋的使用寿命，增强房屋使用的安全性能，改善住用条件与质量。

（2）有利于美化环境，美化生活，促进城市经济发展。

(3) 有利于保证房屋的质量和房屋价值的追加，使房屋保值、增值，为房屋使用人、物业企业、国家带来直接的经济效益。

(4) 有利于物业管理公司建立良好的企业形象和信誉，促进物业管理行业的发展。

三、房屋维修管理的内容

为了做好房屋维修工作，物业管理公司要开展不同层次的维修管理工作，具体内容如下：

1. 做好对所管房屋的查勘鉴定工作

为了掌握房屋的使用情况和完损状况，根据房屋的用途和完好情况进行管理，在确保用户居住安全的基础上，尽可能地提高房屋的使用价值并合理延长房屋的使用寿命，物业管理公司必须做好房屋的查勘鉴定工作。查勘鉴定是掌握所管房屋完损程度的一项经常性的管理基础工作，为维护和修理房屋提供依据。查勘鉴定一般可分为定期查勘鉴定、季节性查勘鉴定及工程查勘鉴定等。

2. 房屋维修计划管理

计划是企业管理的重要职能之一，它是在经营决策的基础上，对企业生产经营活动的事先安排。计划管理是企业管理的重要组成部分，是为了使企业的生产经营活动能够达到预期的目标所开展的综合性管理。其目的是按计划对企业的各项生产经营活动进行合理安排和有效协调，充分利用企业人力、财力、物力，调节好生产、供应和销售的关系，使企业生产有秩序、有步骤地进行。房屋维修计划管理是物业管理公司计划管理的重要内容，它是指为做好房屋维修工作而进行的计划管理，是整个企业计划管理的重要组成部分。维修计划管理的内容一般包括企业房屋维修计划的编制、检查、调整及总结等一系列环节，其中积极做好计划工作的综合平衡是房屋计划管理的基本工作方法。

3. 房屋维修安全与质量管理

保证安全及质量是房屋维修管理的重要目标之一。房屋的安全检查是房屋使用、管理、维护和维修的重要依据，定期和不定期的对房屋进行检查，随时掌握情况，不仅可以及时发现和防止危险情况的发生，而且还为房屋维修管理提供依据，以延长房屋寿命。为保证和提高产品质量而开展的企业管理工作即质量管理。房屋维修质量管理是指为保证维修工程质量而进行的管理工作，它是物业管理公司质量管理的重要组成部分。房屋维修质量管理的内容一般包括对房屋维修质量的理解（管理理念）、建立企业维修工程质量保证体系以及开展质量管理基础工作等。

4. 维修工程预算

维修工程预算是物业管理公司开展企业管理的一项十分重要的基础工作，它同时也是维修施工项目管理中核算工程成本、确定和控制维修工程造价的主要手段。通过工程预算工作可以在工程开工前事先确定维修工程预算造价，依据预算工程造价我们可以组织维修工程招投标并签订施工承包合同，在此基础上，一方面物业管理公司可据此编制有关资金、成本、材料供应及用工计划，另一方面维修工程施工队伍可据此编制施工计划并以此为标准进行成本控制。从造价管理的过程看，维修工程最终造价的形成是在其预算造价的基础上，依据施工承包合同及施工过程中发生的变更因素，通过增减调整后决定的。

5. 维修工程招标投标

招标投标是物业管理公司对内分配维修施工任务、对外选择专业维修施工单位，确保实现维修工程造价、质量及进度目标的有效管理模式。实行招投标制是我国建筑业管理体制和经营方式的一项重大改革，它通过竞争机制来分配施工任务，要求各个施工单位通过市场与其他施工单位进行竞争，接受任务委托方对工程质量、安全、工期及造价等方面的评判，从而确保施工任务能分配给具有最优表现的施工单位，同时也有利于施工单位自觉地加快技术进步、改善经营管理和服务作风，促进建筑业的发展。组织招投标是物业管理公司的一项重要管理业务，一方面，通过组织招投标构建企业内部建筑市场，通过市场竞争来实现施工任务在企业内部各施工班组之间的分配；另一方面，通过邀请企业外部专业施工单位参加公平竞争，充分发挥市场竞争的作用，实现生产任务分配的最优化，从而为提高整个企业维修工程的经济效益、社会效益和环境效益打下基础。

6. 房屋维修成本管理

成本管理是物业管理公司为降低企业成本而进行的各项管理工作的总称。房屋维修成本管理是物业管理公司成本管理的重要组成部分。房屋维修成本是指耗用在各个维修工程上的人工、材料、机具等要素的货币表现形式，即构成维修工程的生产费用，把生产费用归集到各个成本项目和核算对象中，就构成维修工程成本。房屋维修成本管理是指为降低维修工程成本而进行的成本决策、成本计划、成本控制、成本核算、成本分析和成本检查等工作的总称。维修成本管理工作的好坏直接影响到物业管理公司的经济效益及业务质量。

7. 房屋维修要素管理

在房屋维修施工活动中，离不开技术、材料、机具、人员和资金，这些构成房屋维修施工生产的要素。所谓房屋维修要素管理是指物业管理公司为确保维修工作的正常开展，而对房屋维修过程中所需技术、材料、机具、人员和资金等所进行的计划、组织、控制和协调工作。所以房屋维修要素管理包括技术管理、材料管理、机具管理、劳动管理和财务管理。

8. 房屋维修施工项目管理

房屋维修施工项目管理属于物业管理公司的基层管理工作。它主要是指物业管理公司所属基层维修施工单位（或班组）对维修工程施工的全过程所进行的组织和管理工作。房屋维修施工项目管理主要包括组织管理班子、进行施工的组织与准备、在施工过程中进行有关成本、质量与工期的控制、合同管理及施工现场的协调工作。

9. 房屋维修施工监理

房屋维修施工监理是指物业管理公司将所管房屋的维修施工任务委托给有关专业维修单位，为确保实现原定的质量、造价及工期目标，以施工承包合同及有关政策法规为依据，对承包施工单位的施工过程所实施的监督和管理。房屋维修施工监理一般由物业管理公司的工程部门指派项目经理负责，也可委托社会化专业化监理公司负责，其主要管理任务是在项目的施工中实行全过程的造价、质量、安全、工期四项目标的控制，进行合同管理并协调项目施工各有关方面的关系，帮助并督促施工单位加强管理工作并对施工过程中所产生的信息进行处理。

在物业管理公司开展各项房屋维修工作时，还应进行房屋维修的行政管理。所谓房屋维修行政管理主要是指由国家制订出的房屋维修政策、规范、标准，要求各维修单位遵照执行。如建设部制定出的《民用建筑修缮工程查勘与设计规程》、《房屋修缮技术管理规定》、《房屋修缮工程施工管理规定》、《建筑工程施工质量验收统一标准》、《房屋完损等级评定标准》、《危险房屋鉴定标准》等，在房屋维修中出现的一些问题，一般按规定由主管部门实施行政管理。

第二节 房屋维修的技术管理

一、房屋维修技术管理的重要性、任务和要求

（一）房屋维修技术管理的重要性

房屋维修技术管理是修缮企业对维修过程中各项技术活动进行科学管理的总称，是修缮企业管理的一个重要组成部分。房屋维修工作是技术性很强的一项工作，维修工程完成的好与坏，除了企业必须具备的技术、工艺、装备水平外，更主要的取决于技术管理工作的水平。其作用主要表现在以下几个方面：

（1）房屋维修过程符合技术规范要求和按正常秩序进行。

（2）通过技术管理，使房屋维修建立在先进的技术基础上，从而保证工程质量的不断提高。

（3）通过技术管理，充分发挥设备潜力和材料性能，完善劳动组织，从而不断提高劳动生产率，完成计划任务，降低工程成本，提高经营效果。

（4）通过技术管理，不断更新和开发新技术，提高技术能力。

（二）房屋维修技术管理的主要任务和要求

1. 房屋维修技术管理的主要任务

（1）监督房屋的合理使用，防止房屋结构、设备的过早损耗或损坏，维护房屋和设施的完整，提高完好率。

（2）对房屋查勘后，根据《房屋修缮范围和标准》的规定，进行维修设计或制定维修方案，确定修缮项目。

（3）建立房屋技术档案，掌握房屋完损状况。

（4）贯彻技术责任制，明确技术职责。

2. 技术管理工作的基本要求

（1）贯彻执行国家对房屋维修和管理的各项技术政策、技术标准和规范、规程等。

（2）严格按照科学规律办事，尊重修缮科学技术管理，这是技术管理工作所必须遵循的基本原则。

（3）坚持技术可行、经济合理的方针，并积极采用新技术、新工艺，以期获得最佳经济效果。

二、查勘鉴定

房屋查勘鉴定是经营管理单位掌握所管房屋的完损状况的基础工作，是拟定房屋修缮设计或修缮方案，编制房屋修缮计划的依据。单体修缮工程必须先对工程对象进行现场查勘，在查明各部位现状，取得确切的技术资料后，才能据以制定修缮方案，确定修缮项目，编制施工设计预算。经批准的设计预算，是修缮工程施工的依据。因此，查勘鉴定是修缮技术管理的一项重要基础工作。各类房屋的查勘鉴定均按《房屋完损等级评定标准》、《民用建筑修缮工程查勘与设计规程》（JGJ 117—98）、《危险房屋鉴定标准》（JGJ 125—99）

的规定进行。

（一）房屋完损等级

房屋完损等级是指按照一定标准对现有的房屋的完好或损坏程度划分的等级，也就是现有房屋的质量等级。房屋完损等级评定与划分点必须同时满足国家现行相关的各项强制性标准和条文。房屋完损等级按建设部《房屋完损等级评定标准》进行评定。对于危险房屋的等级，按建设部《危险房屋鉴定标准》评定。

1. 房屋完损等级的分类及评定方法

房屋完损等级标准按照《房屋完损等级评定标准》划分为完好房标准、基本完好房标准、一般损坏房标准和严重损坏房标准，危险房屋等级按照《危险房屋查勘与鉴定》划分。其等级标准及评定方法详见第一章第三节、第四节有关内容。

2. 评定房屋完损等级的注意事项

（1）评定房屋完损等级应根据房屋的结构、装修、设备等组成部门的各项完损程度，对整栋房屋进行综合评定。

（2）评定房屋完损等级要以房屋实际完损程度为依据，严格按《房屋完损等级评定标准》中规定的方法进行，不能以建造年代或原始设计标准的高低来代替评定房屋完损等级。

（3）评定房屋完损等级时，特别要认真评定结构部分的完损等级，因为其中地基基础、承重构件、屋面等项的完损程度是决定该房屋的完损等级的主要条件。如这三项不符合同一个完损等级标准，则应以三项中损坏最严重的一项的完损程度来评定房屋的完损等级。

（4）评定房屋完损等级时，完好房屋的结构部分中各项一定都要达到完好标准。

（5）若超过规定允许的下降分项的范围时，则整幢房屋完损等级可下降一级，但不能下降到危险房屋的等级。

（6）评定严重损坏房屋时，结构、装修、设备各分项的完损程度，不能下降到危险房屋的标准。

（7）在对重要房屋评定完损等级时，必要时应对地基基础、承重构件进行复核测试后才能确定其完损程度。

（8）正在施工中的大中修工程房屋按照大修前房屋评定。

（二）房屋查勘鉴定

按照《房屋修缮技术管理规定》，房屋查勘鉴定可分为三类：

（1）定期查勘鉴定，即每隔1～3年对所管房屋进行一次逐幢普查，全面掌握完损状况。

（2）季节性查勘鉴定，即根据当地气候特征（雨季、台汛、大雪、山洪等）着重对危险房、严重损坏房进行检查，及时抢险解危。

（3）房屋修缮查勘鉴定，即房屋工程的查勘鉴定，是指在房屋定期查勘鉴定和房屋季节性查勘鉴定的基础上对需修项目，提出具体意见，确定单位工程修缮方案。房屋查勘鉴定的负责人，必须是取得相关职称的或有专业知识的技术人员。定期或季节性查勘鉴定，均由基层房屋经营管理单位组织实施，上级管理部门抽查或复查。凡需进行工程查勘鉴定，应由经营管理人员填写报告表，若因未填报而发生事故的，经营管理人员要承担责任。查勘鉴定负责人，若因工作失职而造成事故的，要承担责任。

进行查勘鉴定时发生下述情况，必须先作技术鉴定：

（1）需改变房屋使用功能时；

（2）房屋可能发生局部或整体坍塌时；

（3）房屋需改建、扩建或加层时；

（4）毗邻房屋出现破损，产权双方对破损原因有异议时。

在房屋查勘鉴定后，按照完损情况，分轻重缓急，有计划进行房屋维护或修缮。

三、房屋修缮设计或修缮方案

工程查勘必须按照《房屋修缮范围和标准》进行修缮设计或制定修缮方案，并应充分听取用户意见，使修缮设计或修缮方案渐趋合理、可行。

根据修缮工程的特点，房屋经营管理单位可组织一定的技术力量，承担制定修缮方案（含部件更换设计）的任务，但较大的翻修工程的设计，必须由经审查批准领有设计证书的单位承担。

1. 修缮方案的内容

（1）房屋平面示意图（含部件更换设计），并要注明坐落及周围建筑物的关系；

（2）应修项目（含改善要求），数量，主要用料及旧料利用要求；

（3）工程预（概）算。

2. 修缮设计

修缮设计的要求按有关规定办理。

凡翻修工程的设计必须具备以下资料：

（1）批准的计划文件；

（2）技术鉴定书；

（3）城市规划部门批准的红线（定点）图；

（4）城市水、暖、气、电的管线等资料。

四、维修工程监督管理

修缮企业一定要把维修工程监督作为技术管理的一项重要工作来抓，主要是监督施工质量。监督要坚持"预防为主"的方针，从认真做好技术交底抓起，加强施工过程中的质量检查，隐蔽工程检验，工程变更审定等主要环节，使维修工程质量达到国家规定的验收标准。

1. 维修工程的组织与监督

小修工程一般由房管部门组织施工和技术监督，主要是全面了解和掌握施工情况，进行技术指导、技术监督和工程质量评定等。中修以上维修工程，工作量大，一般由专业的修缮单位承担施工。为了加强对维修工程监督，经营管理单位应指派专人（甲方代表）与修缮施工单位建立固定联系，监督维修设计或维修方案的实施。

2. 按照《房屋修缮技术管理规定》，做好承发包合同的签订、工程技术交底、处理工程变更的工作：

（1）签订承发包合同。经营管理单位和修缮施工单位要签订承发包合同，鼓励实行招标、投标制。

（2）工程技术交底。工程开工前，经营管理单位必须邀集有关单位和人员，向修缮施工单位进行技术交底，做出交底记录或纪要。经技术交底后，经营管理单位应指派专人

（甲方代表）与修缮施工单位建立固定联系，监督修缮设计或修缮方案的实施。

（3）处理工程变更。若维修设计或维修方案与现场实际有出入，或因施工技术条件、材料规格及质量等不能满足要求时，修缮施工单位应及早提出，经制定维修方案或进行维修设计的单位同意签证并发给变更通知书后，方可变更施工。从维修工程特点出发，凡不改变原维修设计或维修方案（结构不降低）和不提高使用功能及用料标准的条件下，在征得甲方代表同意签证后，可酌情增减变更项目，其允许幅度为：大中修和综合维修工程在预（概）算造价10％以内；翻修工程在预（概）算造价5％以内。

五、维修工程质量管理

修缮企业要认真贯彻"百年大计、质量第一"和预防为主的方针，做到精心查勘、精心设计、精心施工，贯彻"谁施工谁负责质量"的原则，把维修施工纳入质量第一的轨道上来。保证为用户提供安全、舒适的使用环境是维修技术管理的重要组成部分。

（一）建立健全技术责任制

房屋经营管理单位应建立和健全技术责任制。根据《房屋修缮技术管理规定》，大城市的经营管理单位应设置总工程师、主任工程师、技术所（队）长、地段技术负责人或单位工程技术负责人等技术岗位。中小城市的房屋经营管理单位的技术岗位层次，可适当减少，但必须实现技术工作的统一领导和分级管理。各级技术岗位的技术负责人，要有职、有权、有责，形成有效的技术决策体系。各级技术岗位负责人在充分发挥自己的积极性和创造性的同时，分别接受上级技术负责人的领导，全面管理本级范围内的技术工作。在《房屋修缮技术管理规定》中，对各级技术负责人的具体职责有明确的规定。

（二）建立工程技术档案

房屋的技术档案是房屋维修管理的重要资料，要做好技术管理工作必须建立和健全技术档案。

房屋的技术档案，是指房屋生产和使用过程中形成的具有参考利用价值，集中保存起来的文件、资料、图纸等。

房屋的技术档案应包括：

（1）基建及房屋历次维修工程项目的批准文件；

（2）工程合同；

（3）维修设计图纸或维修方案说明；

（4）技术交底记录、工程变更通知书及各类技术核定批准文件；

（5）隐蔽工程验收记录；

（6）各分部分项工程检查验收记录；

（7）材料、构件检验及设备调试资料。

属于中修及其以上的工程，一般还应提供工程质量等级检查评定和事故处理资料，工程决算资料，竣工验收签证资料，旧房淘汰或改建前的照片等送技术档案管理部门存入档案。

此外，各种标准和技术规程、有关的技术资料等技术文件是房屋修缮进行技术活动的依据，是积累和总结经验、传达技术思想的重要工具，必须完整、系统地建档并严加管理。

房屋经营管理单位应配备专业人员搞好技术档案的管理工作，建立和健全技术档案管理制度。有条件的应采用电脑进行技术档案管理，以提高管理工作效率和水平。

（三）工程质量验收

质量验收的依据是国家现行《建筑工程施工质量统一验收标准》（GB 50030—2001）及涉及到的相关专业工程验收标准，房屋修缮设计（修缮方案）及有关图纸或技术说明，图纸会审交底记录，设计变更签证，材料、构件试验报告，隐蔽工程验收记录，房屋设备安装记录等技术资料。

质量验收的程序是先检验批，然后分项工程，再分部工程，最后是单位工程。

1. 检验批的质量验收

检验批合格质量规定：

(1) 主控项目和一般项目的质量经抽样检验合格；

(2) 具有完整的施工操作依据、质量检查记录。

为确保工程质量，使检验批的质量符合安全和使用功能的基本要求，各专业质量验收规范对各检验批的主控项目和一般项目的子项合格质量都给予了明确规定，具体规定参见各专业质量验收规范。

检验批的合格质量主要取决于对主控项目和一般项目的检验结果。主控项目是对检验批的基本质量起决定性影响的检验项目，因此必须全部符合有关专业工程验收规范的规定，即主控项目的检查具有否决权，而一般项目则可按专业规范的要求处理。

合理的抽样方案的制定对检验批的质量验收有着十分重要的影响。在制定检验批的抽样方案时，应考虑合理分配生产方风险（或错判概率 α）和使用方风险（或漏判概率 β）。主控项目，对应于合格质量水平的 α 和 β 均不宜超过 5%；对于一般项目，对应于合格质量水平的 α 不宜超过 5%，β 不宜超过 10%。

2. 分项工程的质量验收

分项工程的质量验收在检验批的基础上进行。一般情况下，两者具有相同或相近的性质，只是批量的大小不同而已。

分项工程的质量验收合格应符合的规定：

(1) 分项工程所含的检验批均应符合合格质量规定；

(2) 分项工程所含的检验批的质量验收记录应完整。

3. 分部（子分部）工程质量验收

分部（子分部）工程质量验收合格应符合的规定：

(1) 分部（子分部）工程所含分项工程的质量均应验收合格；

(2) 质量控制资料应完整；

(3) 地基与基础、主体结构和设备安装等分部工程有关安全及功能的检验和抽样检测结果应符合有关规定；

(4) 观感质量验收应符合规定。

4. 单位（子单位）工程质量验收

单位（子单位）工程质量合格应符合下列规定：

(1) 单位（子单位）工程所含分部（子分部）工程的质量应验收合格；

(2) 质量控制资料应完整；

(3) 单位（子单位）工程所含分部（子分部）工程有关安全和功能的检验资料应

完整；

(4) 主要功能项目的抽查结果应符合相关专业质量验收规范的规定；

(5) 观感质量验收应符合规定。

从以上检验批、分项工程、分部工程和单位工程质量验收程序中，可以看出检验批是质量验收的基础。检验批质量有了保证，分项工程、分部工程和单位工程质量也就有了保证。因此，做好检验批的质量验收是质量验收工作的重要一环。若工程施工质量不符合要求时，一般情况下在检验批的验收时就应发现并及时处理，所有质量隐患必须尽快消灭在萌芽状态，否则将影响后续检验批和相关的分项工程、分部工程的验收。但在非正常情况可按下述规定进行处理：

(1) 经返工重做或更换器具、设备检验批，应重新进行验收；

(2) 经有资质的检测单位鉴定达到设计要求的检验批，应予以验收；

(3) 经有资质的检测单位鉴定达不到设计要求但经原设计单位核算认可的，能满足结构安全和使用功能的检验批，可予以验收；

(4) 经返修或加固的分项、分部工程，虽然改变外形尺寸但仍能满足安全使用要求，可按技术处理方案和协商文件进行验收；

(5) 通过返修或加固仍不能满足安全使用要求的分部工程、单位（子单位）工程，严禁验收。

（四）隐蔽工程的质量检验

隐蔽工程的质量检验签证是工程监督的一个重要部分，施工单位在隐蔽前要通知监督管理单位，经监理工程师或甲方代表检验签证后，方可隐蔽掩埋。若施工单位不通知并未经监督管理单位验签而自行掩埋隐蔽工程，造成损失时，由施工单位直接负责；如监督管理单位在接到施工单位通知后，不按规定定期验签而造成损失时，由监督管理单位负直接责任。

（五）工程质量事故报告制度

严格执行质量事故报告制度，修缮工程发生重大质量事故后，甲方代表或监理方应向行政主管部门和本单位负责人及时报告，并联系设计或方案制定人员，配合修缮施工单位认真分析事故原因，制定处理方案和补救措施，以确保工程质量。隐瞒不报者，应追究责任。

六、维修工程验收管理

房管部门应根据设计文件和国家规定的有关验收标准、规范，负责对所经营的房屋修缮质量进行全面严格验收。工程验收贯穿房屋修缮施工全过程，是检查修缮工程质量的继续，应对竣工项目分项检验，尤其注意对隐蔽工程、结构工程、专用设备和地下管道等配套设施的验收，并做出鉴定和验收记录。

1. 工程验收的一般依据

(1) 修缮项目批准文件。

(2) 工程合同。

(3) 修缮设计图纸代号，修缮方案说明。

(4) 工程变更通知书。

(5) 技术交底记录或纪要。

（6）隐蔽工程验签记录。
（7）材料、构件检验及设备调试等资料。

2. 工程验收标准

（1）符合修缮设计或修缮方案的要求，满足合同的规定。
（2）符合《建筑工程施工质量验收统一标准》及相关专业工程质量验收标准；凡不符合的，应进行返修，直到符合规定的标准。
（3）技术资料和原始记录齐全、完整准确。
（4）窗明、地净、路通、场地清，具备使用条件。
（5）水、暖、卫、气、电等设备调试运行正常，烟道、沟、管畅通。

3. 工程验收的组织

（1）经营管理单位在接到验收通知后，应及时组织设计或方案制定人员、甲方代表或监理方、地段房屋技术负责人、施工单位进行工程验收。
（2）工程验收合格，由经营管理单位签证。
（3）不符合质量标准的，应返工，返工合格后，给予签证。

第三节 房屋维修的施工管理

一、施工管理的概念及主要内容

房屋维修施工管理，是指按照一定施工程序、施工质量标准和技术经济要求，对房屋维修过程中所需的人力、资金、材料、机具和施工方法进行有效的科学的管理，尽量采用先进科学的管理方式，争取获得耗工少、成本低、工期短、质量好、效益高的最佳修缮效果。

（一）维修工程施工管理的基本原则

维修工程施工管理的基本原则是：经济性、适应性、科学性和均衡性。

1. 讲究经济效益

提高经济效益是施工管理工作的出发点，贯彻讲究经济效益原则具体体现在实现施工管理的目标上，讲究的是综合经济效益，即：

（1）工程质量和工作质量好；
（2）按工期完成施工任务，竣工及时；
（3）维修工程成本低。

根据房屋的不同维修要求，综合考虑质量、工期、成本、安全四项目标的统一协调，制定正确施工方案，实现综合经济效益。

2. 加强服务质量

修缮房屋的根本任务是恢复和增加房屋的使用价值，为满足用户的使用要求。服务质量的好坏是衡量施工管理水平高低的重要指标，也是修缮工程的根本目的。

3. 实行科学管理

修缮工程在较大程度上仍是手工操作，但不能只靠人的体力，而是要靠自然力和科学。

（1）必须建立统一的施工指挥系统，进行组织、计划和控制。

(2) 做好各项基础工作,即建立和贯彻各项规章制度,如工艺规程、操作规程、安全技术规程及岗位责任制;建立和实行各种标准,如各项定额、工期标准;加强信息管理,做好原始记录的整理、加工和分析工作。

(3) 加强职工培训,树立科学管理要求的工作作风,克服手工操作的管理习惯。

4. 组织均衡施工

均衡施工是指在相等的时间间隔(月、旬、日或小时)内,施工计划完成数量基本相等或数量递增,即施工进度要均匀。

要做到均衡施工,必须做好以下几点:

(1) 搞好施工计划管理、特别是施工作业计划工作,科学地安排施工进度;

(2) 充分做好施工前的准备工作;

(3) 建立强有力的施工指挥系统,加强施工中各工种的调度和平衡,及时解决施工中发现的问题;

(4) 搞好施工外部的协作关系,保证物资材料供应的渠道畅通;

(5) 加强材料库存管理,健全原始记录和统计量的验收工作,检查各工种施工环节均衡率的情况。

(二) 维修工程施工管理规定

为加强修缮施工单位的管理,提高社会经济效益,建设部于1985年颁发了《房屋修缮工程施工管理规定》(试行)。它适用于房地产管理部门维修施工单位从承接房屋维修任务到竣工交验全过程的施工管理。

房屋修缮工程施工管理规定的主要内容有:

1. 承接任务与施工计划

承接维修工程任务,目前已逐步实行招投标制,工程合同承包方式使经营管理单位与维修施工单位之间有相互选择自主权。施工计划安排,是根据工程实际情况及合同要求编制维修工程施工综合进度计划。

2. 施工组织与准备

按照经营管理单位提出的修缮方案要求,选定施工方案,编制施工组织设计。

3. 施工调度与现场管理

施工调度是以工程施工综合进度计划为基础的综合性管理,其主要任务是检查、监督计划和合同的执行情况,进行人力、物力的综合平衡,促进生产活动;及时解决施工现场出现的矛盾,搞好协作配合;组织好运输、劳动保护、天气预报、防寒降温等工作。现场管理是以施工组织设计为依据的施工现场进行的经常性管理,其主要任务是修理或利用各项临时设施,组织安排施工衔接及料具进出场,节约施工用地;按计划拆除旧建筑,排除障碍物,清运渣土等;注意生产与住用安全,在拆除旧建筑时,处理好毗邻建筑物或构筑物的关系,做好施工防护标志。现场管理要指派专人负责,文明施工,自始至终负责到底。

4. 技术交底和材料、构件检试

在工程开工前,维修施工单位应熟悉修缮设计或修缮方案,并参与经营管理单位组织的技术交底和图纸会审,并将在审查中提出问题和措施等,做好会议记录或纪要。对材料、成品、半成品须经过检验,凡现浇混凝土结构、砌筑砂浆必须按规定作试块检验。各种试验、检验用的测量仪器和量具等，必须做好定期和使用前的检修、校验工作。房屋的各种附属设备在安装前必须进行检查、测试，做出记录，妥善保管。

5. 质量管理和安全生产

维修施工单位均应分别设立质量和安全监督、检查机构。分别配备质量及安全检查人员，确保工程质量的技术措施并监督实施，指导执行操作规程。实行自检、互检和交接检的三检制度。对地下工程和隐蔽工程，特别是基础和结构的关键部位，一定要经过检查合格，做好原始记录，办理签证手续，才能进入下一道工序。发生质量事故要按有关规定及时上报。对已交验的工程实行质量回访，按合同规定负责保修。安全检查机构或人员必须认真执行安全生产的方针、政策、法令、条例，经常对现场作业进行安全检查，组织职工学习安全生产操作规程。新工人未经安全操作的培训，不得上岗。

6. 基层管理

基层管理的任务是建立岗位经济责任制，加强质量和安全的具体管理，加强思想和职业道德教育，搞好文明施工，提高工程质量和服务质量，组织职工的技术业务学习，关心职工生活，全面完成上级下达的各项技术经济指标。

7. 竣工验收

维修工程完工后，要根据质量验收标准及设计文件、工程合同等，进行竣工交验。维修施工单位在工程正式交验前，均应预检，对整个工程项目、设备试运转情况及有关技术资料全面进行检查，凡存在的问题，应做好记录定期解决，然后才邀请发包、设计查勘单位正式验收。

8. 技术责任制

维修施工单位应建立技术责任制，按《房屋修缮工程施工管理规定》执行。

（三）维修工程施工管理内容

维修工程施工管理包括修缮施工单位从承接任务到竣工交验全过程的施工管理，不同阶段的工作内容各不相同。一般可从施工准备和组织、正式施工和交工验收三个阶段来阐述施工管理的工作内容。

1. 施工准备和组织阶段的管理

施工准备和组织指在施工前为施工创造各种条件的物质技术准备和组织，其内容有施工方案和方法制定、工地现场布置、施工组织设计编制、施工过程组织、劳动组织、料具管理、设备管理、安全施工和文明生产。

2. 正式施工阶段的管理

正式施工阶段的管理是指围绕着完成计划任务的各项管理工作，如进度控制、质量控制、成本控制、安全控制、现场管理与施工调度等。

3. 交工验收阶段的管理

交工验收又称竣工验收。交工验收是工程施工的最后一个环节，也是工程施工管理的最后一个环节。验收是一个法定手续，相关内容按照《建筑工程施工质量验收统一标准》及相关专业工程质量验收标准、《房屋修缮工程施工管理规定》执行。主要包括交工验收的依据、交工验收的程序、交工验收的组织及工程的交接等。有关内容本章第二节已阐述，不再叙述。

二、施工准备与组织工作

施工准备工作是修缮工程施工的一个重要阶段。它的基本任务是针对修缮工程的特点及进度要求，了解施工的客观条件，做好施工规划，并积极从技术、物资、人力和组织等方面为修缮工程的施工创造一切必要的条件，保证开工后的连续施工。

修缮施工准备工作的内容，可按施工阶段来划分，如大型修缮工程项目的组织规划准备、开工前现场条件准备、全面施工准备等。

（一）开工前现场条件准备

（1）清除现场施工障碍，平整场地。
（2）布置现场平面。
（3）接通水源、电源、排水渠道。
（4）搭设临时工棚和简易材料库。
（5）组织材料、施工机械设备、工具进场，材料进场应根据进度及修缮施工现场的情况，分批组织进场。
（6）调集施工力量，充实健全现场施工指挥组织机构，对职工进行安全技术教育。
（7）报批开工。

（二）全面施工准备

是指直接为修缮工程正式施工进行的准备工作。

1. 准备的内容

（1）组织有关人员熟悉、会审图纸。
（2）大修工程编制施工组织设计，一般修缮工程编写施工方案，小修工程编写施工说明，编制修缮工程预算。
（3）对施工人员进行技术交底、下达任务书。
（4）落实三大材料配套和加工计划，委托加工单位，注意特殊材料的落实。
（5）工具添置和配备。
（6）原材料的检查，混凝土、砂浆、玛琋脂等配合比的试验与测定。

2. 对修缮施工准备工作的要求

施工准备工作贯穿于修缮工程的全过程，是一项十分复杂而细致的工作。因此，必须根据施工准备工作固有的规律性，尽量使工作程序化，有计划、有步骤、分阶段地进行，并注意以下几个方面的配合。

（1）设计与施工的配合。施工技术人员与设计人员两者如能很好地配合，互相提供资料，可加快施工准备工作的进度。查勘设计单位在设计出图方面，要照顾到施工准备工作的要求，首先要提供正式区域平面图、房屋平面图、预制构件图和基础图等，以利早规划、准备现场和制定预制构件的生产方案。在出图过程中，修缮施工单位应该参以查勘和研究，并提供修复或加固的意见（或方案）以及修复、装饰方面的工艺做法，供设计单位参考。

（2）室内准备与室外准备相配合。在准备工作中，要做到室内准备与室外准备同时并举，密切配合，互相创造条件。如图纸到达后经过会审，室内准备即可着手计算修缮工程量、提出构件加工计划、编制施工组织设计或施工方案，编制修缮工程预算等。室外准备则可进行场地抄平、放线、定桩、清除现场障碍物、布置现场等工作。

(3) 土建工程与专业工种相配合。在修缮施工准备工作的过程中，修缮施工单位要综合研究施工中各工种之间的相互配合问题，提出施工方案和具体施工措施，然后分头进行施工准备工作。

（三）维修工程施工组织设计的编制

施工组织设计是指导施工有计划、有节奏进行的综合性文件，是施工准备和组织的重要工作。修缮工程中主要以单位（或段）施工组织设计为主。

1. 编制施工组织设计的意义

编制施工组织设计的目的主要是把施工过程中各个环节预先进行研究，研究工作地现场布置；施工过程的组织；劳动组织；料具、机具、设备的管理；安全施工等，以确定施工的最佳方案，事先发现问题，采取预防措施和解决办法，保证修缮工程按期按量地完成。

编制施工组织设计的意义是：

(1) 是施工段作业计划、班组作业计划的依据；

(2) 经济合理地利用劳动力，以最优方案组织施工；

(3) 保证修缮施工自始至终在预先的计划下顺利进行；

(4) 有利于施工阶段、施工重要环节、施工项目及工序的衔接，各工种的协调，工期的缩短和工效的提高，以提高修缮工程的经济效益；

(5) 更好地开展文明施工，提高服务质量，实现安全生产；

(6) 有利于根据修缮工程的各自特点，抓住施工中最关键环节，在优先解决主要项目或主要分部的同时，其他项目和分部并举进行；

(7) 对各季节，自然气候的影响能作好必要的预防措施，提高施工的应变能力。

2. 编制施工组织设计的准备工作

施工组织设计的编制应因地制宜，保证施工组织设计对施工起指导作用。首先要做好编制前的准备工作。

(1) 编制前的准备工作

1) 加强编制人员与查勘人员的联系，了解修缮的总体方案和查勘设计意图，以及有关的原始资料，以便掌握工程概况、特点及结构、材料等方面的特殊要求和使用单位的使用要求。

2) 调查研究、搜集必要的资料。如了解修缮工程周围环境和用水、用电方面的情况，调查修缮工程主要项目的技术特点和劳动力、机具、材料等施工生产条件。

3) 抓好小段工期的计划工作。

(2) 小段工期

小段工期是指从第一个工种进入施工段施工算起，到各个工种的全部项目施工完毕为止的施工工期。组织生产以施工段为单位，在抓完成计划人工的同时抓住施工段的进度，合理组织各工种配合施工。要开一段、清一段、验一段，便利住用户，加速设备周转，要及时总结经验，提高施工质量。

小段工期的主要环节有下列四个：

1) 按段复核任务单

房屋维修的特点是零星分散，变化多，查勘设计的准确度受到一定的限制。要使施工段计划尽可能做到符合实际情况，使工地班组对房屋损坏项目事先做到心中有数，有利于技术交底。因此，在安排作业计划前必须认真做好复核任务单工作，复查任务单的时间最好是在月前15天左右，将下一个月准备开工的施工段全面地复核。

复核工作必须做到下列几点要求：

① 核对查勘有无遗漏项目，定额套用是否合理，数量是否基本上正确，如有出入，应更正任务单；按段进行调整维修数量、项目和计划工时，最好是一次汇总，分列项目，把原计划和复核后计划列出明细表。

② 明确和统一维修方法和用料标准。

③ 摸清住用户意见和要求，统一处理口径，做好事先解释工作。

④ 把可能存在问题暴露在施工之前，如特殊材料、预制构件和设备等，以便施工前做好五落实，即：劳动力落实、任务落实、材料落实、设备落实和质量安全措施落实。

⑤ 在复核任务单的同时，要摸清危险点的情况，研究施工安全措施，以确保施工和住用户安全。

2）组织计划施工，编制月度计划

通过复核任务单，调整了每段各个工种的总工时之后，就必须着手组织计划施工，编制下月度的工地作业计划，要做好这一项工作必须注意下列几点：

① 工种交叉。

② 指标下达。因为班组的技术力量有强弱，采取平均做法或相差过大都不利于提高班组的积极性。因此要根据班组具体情况下达指标。

③ 工程平衡。安排月度计划时应该协调工种进度，保证它们能够相互搭接配合。当工种发生不平衡的时候，短少工种事先安排，工种之间相互支援，多余工种有计划的安排多面手，以达到尽一切可能使工种基本上得到平衡。

④ 注意关键性施工项目。所谓关键性项目是指由于工序时间关系而会影响施工进度的项目，如钢筋混凝土梁、柱、板等的浇筑，必须事先安排好木模，扎钢筋等项目。对关键性项目可将任务单抽出，另行安排，并且在上报计划时给予说明，否则会影响整个计划的实现。

⑤ 核实跨月度的施工段进度。安排下月计划时必须摸清当月在修的施工段月底进度，核实跨转到下个月的工作量，了解尚未完成的工程项目，以及班组的劳动力安排等情况，才能正确安排下个月新开的施工段。

3）合理划分施工段

施工段的规模不宜过大，也不宜过小。施工段过大，工期长，施工组织不紧凑；过小工期太短，调度频繁，都是不利的。理想的施工段，如以泥工8人左右为一个班组，每个段的泥工工作量最好在100～150个工之间。独立式和半独立式住宅，一般以幢为单位，大楼内部以层为单位，如工作量过大可划成2～3个小段。

月度计划的段数规模，最理想的是经常保持在泥工进场班组数的1.5～2倍。这样做的优点是安排紧凑，施工集中，施工面也有了控制。一个段将近收尾，另一个段又在施工，对脚手设备周转也有利。

4）作好雨天和冻天的安排

雨天、冻天的安排是维修工作的重要环节，如安排得当，就能保证施工不受天气影响，保证施工计划的实现。要把雨、冻天的施工安排好，在编制月度、旬度计划时就必须把这个因素考虑进去，多雨、台风和寒冷季节应作重点考虑。在考虑施工安排时，应将屋面、外墙等外部工程列在前面，内部工程放在后面；即第一个施工段结束了外墙和屋面后才进入内部项目，同时第二个施工段的外墙和屋面又开始了，这样循环地进行安排。

3. 编制施工组织设计的要求

修缮工程的本身特点和修缮的工程对象情况的不同，要求在编制施工组织设计时做到以下几点：

（1）掌握修缮的工程对象所要求的施工特点，施工中工程量最大并影响整个工程进度和质量的关键环节。以质和量两个方面来抓住施工的主要矛盾。为此，必须熟悉施工项目和全部内容。

（2）吃透查勘设计的意图和熟悉施工任务单、改进的施工图纸（特别是结构图纸），分析工程预算中的工程量情况，对整个施工步骤有基本设想。

（3）掌握施工现场和周围环境情况，实地踏勘，与有关方面取得联系（如地区、部门、单位、街道、村委等），确定临时设施的平面布置。

（4）了解住户特别是使用单位的特殊要求，加强施工的服务质量。

（5）在保证修缮工程质量的前提下，合理地充分利用旧构件、废旧料。

（6）做到冬季、雨季施工有措施、有安排。

（7）充分利用原有建筑物，以减少临时设施面积。

（8）了解材料（特别是主要材料）的供应能力，掌握施工所必需的机具设备和材料的需要量，进行对照平衡。

（9）合理安排好施工顺序，组织好平行作业和立体交叉作业，研究施工的工期、施工力量综合性的组织管理，初步确定施工的技术力量和技术工种的配备，各工种进场日期、各工序的衔接，施工中需动迁的日期和范围，为落实作业进度计划提供可靠的依据。

（10）修缮工程施工中的特殊项目的施工方法和工程质量的保证措施。

（11）保证安全生产和文明施工。

在以上基础上，对照本身施工队伍的素质、技术条件、劳动生产率水平、机具材料和物质供应情况。按施工工序的规律，做出几种不同的施工方案，运用科学的方法来选择其中最优方法。

4. 编制施工组织设计的内容

修缮工程根据建筑物的不同规模、技术要求的繁简程度、工期要求、结构复杂程度、采用机械化设备的可能、施工地点的环境、施工单位的技术力量及对修缮该类工程施工的熟悉程度，施工组织设计编制的内容和深度应有所不同，应分别编制施工组织设计、一般工程施工方案或小型工程施工说明，但内容必须简明扼要。施工组织设计、一般工程施工方案或小型工程施工说明等一经确定，生产、计划、技术、物资供应、劳动工资和附属加工等部门必须围绕上述设计、方案或说明做出相应安排。

（1）修缮工程施工组织设计的内容

1）工程概况

包括工程地点、面积、投资、修缮工程内容、工期、主要工种工程量、材料设备及用户（或住户）搬迁时间（指需动迁方能施工的）等。

编制要点：

对以上各点综合分析，找出修缮工程中的主要修缮项目和关键的施工环节，并加以说明。

2）施工现场总平面

内容包括：材料、垃圾的堆放地点；办公室、食堂、休息室的合理安排（应尽量利用空房）；机具安装位置；消防设备位置；接电、接水的位置及图例说明。

编制要点：施工现场平面布置应遵循合理、经济、安全、方便的原则，可采用定量分析方法为合理的施工现场平面布置提供科学依据。包括保证质量措施、安全生产措施、加强服务措施，节约措施和其他（提高现场管理水平等）措施；包括任务交底计划，技术复核计划，特殊工程施工计划的施工方法等。

编制时应视修缮工程的实际情况，因地制宜地制定出确实可行的措施，切忌生搬硬套。

3）施工进度和劳动力安排计划

包括计划进度的安排和进度计划的修改两方面内容。其依据是施工班组的人数、实际劳动力和所需修缮工程面积和定额工日进行对照，计算计划工期。

编制要点：计划进度的安排不能简单按查勘劳动定额工日和投入人工数来计算工期，而要考虑修缮施工的自身特殊性及具有的优越条件和困难条件，安排前必须参照本地区的不同气候、不同房屋类型、不同修理项目、不同工种、不同技术水平和不同施工条件来权衡增减。

房屋修缮工程工期定额在施工过程中应定期检查进度执行情况，及时修改。

4）主要材料进场计划（包括预制构件）

包括主要材料名称、规格和总计划数；分段材料需用量及进场日期（以分批安排）。

编制要点：材料进场时间与施工计划进度的具体作业时间必须有提前量，材料也需有一个经常储备量。

5）各项措施计划

针对本工地特点制定必要的措施，如保护工程质量及安全生产的技术措施、节约代用措施、加强服务措施等。

并应熟悉和会审有关施工图纸，对施工任务单的复核，检查工程预算表，发现问题及时联系。

6）各项技术经济指标

（2）一般工程施工方案的内容

工程概况；主要施工办法及保证工程质量、安全、消防、节约、冬季雨季施工等方面的技术措施；单位工程进度计划；主要材料、劳动力、施工机具需要量和进场计划；施工平面图等。

（3）小型工程施工说明的内容

工程概况、结构安全检查、房屋破损鉴定情况、修缮内容、工程量、质量安全技术措施、材料配置等。

三、正式施工阶段的管理

施工阶段的管理即修缮计划及修缮工程施工组织设计、修缮施工方案等付诸实施阶段的管理，是围绕着完成计划任务的各项管理工作，如进度控制、质量控制、成本控制、安全控制、现场管理与施工调度等。所以施工阶段的管理要针对修缮特点，采取相应的管理办法。

（一）大型修缮工程施工阶段的管理

大型修缮工程是指工程规模较大，技术较复杂的大修以上工程，其施工阶段的管理必须有一个强有力的指挥管理机构，以尽快解决施工现场出现的各种矛盾和问题。

现场组织管理的内容有：

（1）检查计划和合同的执行情况，进行人力、物力的综合平衡，合理调动人力、材料和施工机具，确保修缮工程计划的完成；

（2）及时发现解决施工现场上出现的矛盾，协调好各施工单位之间的关系；

（3）认真检查和及时调整施工现场管理；

（4）对于修缮工程中的主要项目，从人力、物力上予以保证；

（5）正确处理施工生产与住用安全的关系，在拆除旧房屋时，按合同规定处理好同相邻建筑用户的关系；

（6）认真抓好竣工收尾工作，确保工程按期完成。

（二）一般修缮工程施工阶段的管理

一般修缮工程是指规模较小，技术比较简单的中修工程，其施工阶段的管理内容如下：

（1）根据修缮施工方案中所确定的主要施工方法及工艺操作要求，在保证质量的前提下，按计划施工。

（2）实行科学管理，坚持文明施工。施工现场要有明确的标志；加强现场管理，做到"三清六好"，即：手上完脚下清，活完场地清，日产日清，开工准备好，工程质量好，安全好，挂牌施工好，管、修、住结合好，服务便民好。

（3）妥善安排施工顺序，解决在用户住用中修房的矛盾。

（4）建立管、修、住三结合现场管理组织，及时听取用户的反映。

（5）抓好施工进度计划的落实及工程收尾的管理。

（6）做好修后回访工作，听取用户的意见，凡属施工质量问题，应及时予以回修或返工重做。

（三）小型修缮工程施工阶段的管理

小型修缮工程主要是指零星项目的小修工程，工作量小，工种全。其施工管理的内容有：

（1）根据查勘资料，确定小修工程要采取的安全技术措施，防止安全事故发生；

（2）要按修缮施工说明或维修任务单中的规定，落实修缮内容中的工程数量，做到不漏项；

（3）根据小而全的特点，抓好一工多能的工艺操作及质量标准的检查。

四、房屋维修工程的料具管理

房屋维修工程中的料具管理，主要是指施工过程中所消耗的建筑材料、建筑制品和使用的工具、机具设备等的管理。

由于房屋维修施工的技术经济特点，使房屋修建企业的材料供应管理工作，具有一定的特殊性和复杂性。其具体表现为：房屋维修材料的品种、规格多，既有大宗材料，又有零星材料，甚至还有特殊要求的定加工材料；维修房屋的类型、结构不同，所用材料的品种、规格及数量的构成比例也不同；施工各阶段用料的品种数量都不相同决定了材料消耗和供应中的不均衡性；部分维修材料的生产和供应，还受到季节的影响，要考虑季节性的储备和供应问题；房屋维修工地一般施工场地较狭小，施工作业区和住用户活动区交叉分布，这就要求尽量减少现场材料储备量，材料堆场仓库能频繁使用；房屋维修主要材料耗用量多，重量大，施工现场一般通道狭窄，因此还必须考虑运输问题。

随着房屋维修水平的不断提高，装备了许多比较先进的维修施工机具设备。管好、用好、养好、修好施工机具设备，使其充分发挥效能，对加快施工进度、保证房屋修缮质量、提高效率有很大的作用。因此，施工机具设备管理是房屋修建企业管理工作中的一个重要方面。要做好施工机具设备的全面管理，必须根据企业的实际情况，明确机具管理工作的任务和目的，建立完善的管理制度；培养精通管理业务和有较高技术水平的机具设备管理及维修人员；加强机械化施工管理，不断提高机械化施工水平。

（一）编制主要材料要料计划

按工程预算编制主要材料要料计划是房屋维修工程中材料管理的重要环节。材料预算计划是申请要料的依据，也是工程完工后进行结算的原始资料。在编制整个工程的要料计划时，由于所需的材料品种规格繁多，用量不一，因此常按水料、木料、电料、化燃、五金、金属等分类汇总。维修工程在施工中根据实际情况可能要对原编制的要料计划进行补充修订和采取追加计划。由于房屋维修工程的施工进度常按分段计划执行，因此对各段要料计划要求准确。根据施工进度计划要求，在材料堆场允许的前提下，把分工分段要料计划分解成材料进场计划。在工作实践中，砂、石、砖、瓦、水泥等大宗材料，一般按周（旬）计划编制实施。五金、电料、卫生设备、钢材等一般按月（半月）计划编制实施。

（二）维修材料的仓储管理

1. 材料的验收

材料验收是指按合同规定的品种、数量、质量要求验收材料。在一般情况下要对材料全数检查；对于数量较大、协作关系稳定、凭证齐全、包装完整、运输良好者可采用抽查。

材料的质量检验分三种情况：从外观可判断其质量合格者，可由工地料具员、仓库管理员执行验收；需要进行技术检验才能确定其质量者，由专门技术检验部门或专职人员进行抽检；凡需进行物理化学试验才能确定其质量者，由专门技术检验部门抽检或取样委托专业单位检验。

2. 仓储的管理

材料进库场的管理，包括按合同规定核对凭证，现场查验材料数量、质量，做好验收记录，建立账、卡和明细表。材料保管应按不同规格、性能等技术要求，合理存放，妥善保管，加强维护。材料出库场的管理要按供应计划和领料手续，核对实物，按时、按质、按量发放材料。堆放在施工现场的大宗材料，按实际使用及时进行记录和累积统计工作。材料仓储管理要求收、发、送料准确、及时，账、卡、物相符，废旧料回收利用率高。

（三）维修工地料具管理

维修工地料具管理的好坏是衡量施工现场管理水平和实现文明施工的重要标志，要求管好、用好材料、工具、机具设备。具体可分三个阶段进行管理。

1. 施工准备阶段的料具现场管理

根据维修工程施工的要求，编制材料、机具的计划和供应。认真做好施工前的现场布置计划，根据施工平面图并考虑方便住用户生活为前提，搞好材料堆放、仓库、机具设施的平面布置；做到材料进场合理堆放、堆近、堆集中、堆整齐，实现规格系列化，方便施工，避免和减少堆场内的二次搬运；并为施工班组领料和进行班组核算创造条件。机具设备、加工间设施应严格遵守有关的安全要求。

2. 施工阶段的料具现场管理工作

要做好材料进场和验收工作，材料、工具和机具的领退工作。现场料具管理人员必须熟悉生产情况和业务，及时记好料具台账，做到材料进场有据，消耗有数，余料退库，为单位工程核算提供正确依据。妥善保管和及时修理工具，延长使用期限，充分发挥工具的效能，注意对磨损工具的更新利用。加强对工具的领退管理，简化手续，及时准确地掌握工具的领退数量，以减少混用、损坏和丢失。

3. 竣工阶段的料具现场管理工作

主要是清理现场、回收、整理余料，做到工完场清。做好施工段的材料工具消耗统计资料，并分析原因，总结经验教训；搞好按施工段的料具账卡转移手续，为下一个施工段做好料具准备。做好机具设备的保养维修，使其能正常运转使用。

（四）废旧料的利用

在维修施工过程中，不仅有局部构件的拆除，还有较大范围的拆除改善，拆下了大量废旧料和旧构件。废旧料和旧构件的拆卸、整理和合理利用是维修工程中应该充分重视的一项工作。在不影响工程质量的前提下，合理地利用旧料和旧构件，变无用为有用，做到物尽其用，这是节约物资、减少运输工作量的一个重要途径，同时也提高了维修工程的经济效益。

第四节 房屋维修的安全管理

安全是指没有危险，不出事故，未造成人身伤亡和资产损失。因此，安全不但包括人身安全，还包括资产安全。安全也是指不发生不可接受的风险的一种状态。当风险的严重程度是合理的，在经济、身体、心理上是可承受的，即可认为处在安全状态。安全生产管理是指经营管理者对安全生产工作进行的策划、组织、指挥、协调、控制和改进的一系列活动，目的是保证在生产经营活动中的人身安全、资产安全，促进生产的发展，保持社会的稳定。安全生产管理坚持安全第一、预防为主的方针。在进行房屋维修过程中必须遵守安全生产法律、法规的规定，严格遵照2004年国务院第393号令《建设工程安全生产管理条例》有关规定确保生产安全、依法承担安全生产责任。

房屋维修工程的文明施工是施工管理的一项重要内容，文明施工不能仅仅理解为施工工地环境保持整洁，搞好现场的整洁；更重要的是维修工程施工要讲科学，要根据维修工程的特点合理安排生产，建立和执行一整套科学管理的规章制度；还要讲服务，特别要讲安全，使全体职工从思想上、行动上重视安全生产。

一、文明施工

文明施工一般说有三个基本点：一是有文明礼貌的生产者和管理者；二是有文明的管理；三是有文明的施工现场，这三点相互联系不可分割。只有文明的生产者和管理者，实行文明的管理，具备文明的施工现场，才能实现文明的生产。

建设部为城市房屋维修颁布了五条纪律、八项注意，供修缮单位职工遵守试行。

五条纪律的内容：

（1）执行修缮原则，不准任意增减项目数量。

（2）精心查勘施工，不准发生事故、拖延工期。

（3）爱护居民财物，不准刁难住户、增添麻烦。

（4）管好用好料具，不准丢失浪费、私拿送人。

（5）严格遵守纪律，不准吃拿卡要、优亲厚友。

八项注意的内容：

（1）保证全面完成年度计划规定的房屋维修任务；严格履行单位工程施工合同，按合同规定的维修范围、项目，积极组织施工。

（2）单位工程开工前，积极配合甲方（房屋经营管理部门）创造必要的施工条件，做好开工准备。施工负责人会同甲方向用户交底，公布施工计划、方案、工期、职工纪律以及对用户的要求。

（3）施工部署紧凑合理，贯彻"集中兵力，打歼灭战"的原则，大力缩短工期。

（4）文明施工，现场整洁，施工中保持道路通畅，料具整齐，建筑垃圾及时清运。竣工收尾干净利落，工完、料尽、场地清。

（5）尽力减少对用户的干扰。施工中保持管线、设备正常使用，即做到五通：水、电、下水、垃圾和供暖等管道通畅。必须临时断水、断电时，事先通知用户，并尽量缩短切断时间。

（6）遵守操作规程，保证工程质量。对隐蔽工程验收和竣工验收提出的质量问题，保证及时回修处理。

（7）采取必要措施防风、防雨、防火、防盗，防止发生安全事故，保证用户和生产安全。

（8）对待用户热情和气，文明礼貌。主动帮助用户搬挪家具，随手解决零星维修问题，及时向甲方转达用户的要求和意见。

二、安全生产

施工单位主要负责人依法对本单位的安全生产工作全面负责。施工单位应当设立安全生产管理机构，配备专职安全生产管理人员。施工单位应当建立健全安全生产责任制度和安全生产教育培训制度，制定安全生产规章制度和操作规程，保证本单位安全生产条件所需资金的投入，对所承担的建设工程进行定期和专项安全检查，并做好安全检查记录。

1. 建立安全生产岗位责任制

安全生产岗位责任制是按照安全方针和"管生产必须管安全"的原则，将各级管理负责人、各职能部门和各岗位员工在安全方面所应做的工作及应负的责任加以明确规定的一种制度。安全生产岗位责任制是最基本的安全管理制度，也是各项安全生产规章制度的核心。认真贯彻执行安全生产岗位责任制，是搞好房屋维修生产的一项重要措施。为此，必须加强对安全生产的领导，不断提高对安全施工重要性的认识，建立和健全安全生产管理制度和严格执行安全操作规程，确保安全施工。分管生产的领导必须对安全全面负责。

2. 加强安全生产宣传教育

安全生产宣传教育是贯彻安全生产方针，实现安全生产、文明施工，提高全体员工安全意识和素质，防止产生不安全行为和减少人为失误的重要途径。因此，要对广大职工进行安全生产教育，认真组织学习安全生产有关规定。

3. 健全施工现场的管理制度

维修施工方案应有详细的施工平面图，运输道路和临时设施的安排要符合施工、交通、住户安全要求。靠近高压线修房和施工现场的用电设施应与供电部门联系，采取安全可靠的措施。施工单位应当在施工现场入口处、施工起重机械、临时用电设施、脚手架、出入通道口、楼梯口、电梯井口、孔洞口、桥梁口、隧道口、基坑边沿、爆破物及有害危险气体和液体存放处等危险部位，设置明显的安全警示标志。安全警示标志必须符合国家标准。现场机具设备要定机定人负责管理和使用，防护装置要经常检查维修保养。在编制生产计划和施工方案时，必须编制安全措施。在工程施工交底时，应交代安全措施。在施工现场管理中，对工作不负责任，违反安全制度，以致造成重大事故的，必须追究责任，严肃处理。

4. 定期召开安全生产会议和进行安全生产检查

安全生产检查的内容主要有：查思想，主要是检查领导和全体员工对安全生产工作重要性的认识；查管理，主要是检查安全生产管理是否有效；查隐患，主要是检查生产作业现场是否符合安全生产、文明施工的要求；查整改，主要是检查对过去提出问题的整改情况；查事故处理，主要是检查对伤亡事故是否及时报告、认真调查、严肃处理。

施工单位应当设立安全生产管理机构，配备专职安全生产管理人员。专职安全生产管理人员负责对安全生产进行现场监督检查。发现安全事故隐患，应当及时向项目负责人和安全生产管理机构报告；对违章指挥、违章操作的，应当立即制止。除了对每个施工工地进行经常性的安全检查外，还要定期召开安全生产会议，定期组织安全生产大检查。

5. 伤亡事故的调查和处理

发生伤亡事故后，必须组织调查和认真处理。通过分析伤亡事故，吸取教训，采取必要的防范措施，防止事故重复发生。通过分析，查明原因和责任，指定专人，限期落实改进措施。

三、环境保护

在维修施工过程中产生的噪声、垃圾、污水、挥发性化工原料的有毒气体等，对环境有一定的污染，影响文明施工的实现，因此，在维修施工中应从以下几方面注意对环境保护。

1. 噪声的控制

如维修工地上的机具间，应考虑选择适当位置；建筑垃圾综合利用所使用的粉碎机，发出的噪音特别大，同时振动大、灰尘多，对操作工人健康和环境卫生有一定的影响。应配合使用箱盖、消声罩和风管吸尘设施，既可防止噪声，又可减少灰尘和飞物。

2. 建筑灰尘的控制

在翻做屋面、内外墙局部或全部修补、斩粉以及拆除旧墙的操作时，有大量的建筑灰尘产生。对此，要采取有效措施，防止灰尘泄漏，并在操作后及时清理干净。如在沿街的高层建筑外墙斩粉时，在侧笆外还必须遮草垫或油布，防止灰尘飞扬；上层建筑垃圾采取箩筐等容器装放后，从建筑垃圾垂直通道（垃圾筒）倒放时，必须在下部出口包上草包等物，周围用大油布围上，以免灰尘泄漏。

3．各类建筑材料的管理

砂石应以一定数量分堆放置，周围应有围护；砖瓦以一定规格整齐堆放，有条件可分小段堆放，方便领用，并做有标记及围护措施；水泥应放在水泥间，水泥间周围必须遮盖严密，防止水泥外溢和雨水侵入；纸筋及石灰可放在用砖砌或用木板围成的一定规格的水泥地上，如施工场地限制，可用铁皮箱装，箱有盖，并加锁，进料不宜太多，以免外溢。

4．建筑垃圾的管理

建筑垃圾要集中堆放，严禁与生活垃圾混杂，超过一定容积、数量应及时消除（可利用的进行加工处理）。垃圾堆放处应有人负责堆高，严禁平铺和随便乱倒。施工中对垃圾必须做到当天清、及时清。

5．房屋的设备管道和下水道防塞措施

在施工中往往有管道和下水道堵塞现象，施工时必须做到：

（1）卫生间、浴室的平顶、墙面修理前，必须给瓷面盆、浴缸加塞，给瓷马桶、水盘等加盖，避免管道堵塞。

（2）泥工工具，如铁板、泥桶等严禁在面盆、浴缸或水盘内洗刷，应在规定的大水桶内洗刷，让其灰浆沉淀，然后作建筑垃圾清除。

（3）翻修屋面后应由白铁工对落水管、水斗等进行一次检查，清除内部的垃圾、碎瓦块。

（4）混凝土搅拌机使用后清除机内剩余物，洗刷水应倒入大水桶，不能直接倒入下水道。少量混凝土搅拌后，必须先扫除路面剩余水泥，再允许用水冲洗。

（5）凡下水道盖必须遮盖牢后，方能在其上方进行外墙粉刷施工。

（6）沟路工定期检查各下水道疏通情况，包括正在施工的和施工完毕的场地，避免时间过长，难以治理，堵塞下水道。

（7）注意腐蚀性强的废液，如油漆工用过的碱水，白铁工的废盐酸液等需集中处理，以免对金属管道的损坏。

6．注意做好施工场地周围的绿化保护

（1）搭施工脚手架应注意房屋周围的绿化树木，必要时可采取底排挑出或"过街"方法，以免损坏树木。

（2）凡脚手架下有绿化树木，严禁在此安装垃圾垂直通道，并应在脚手架底笆上铺草包等遮盖物，防止灰尘、垃圾泄漏在绿化地上。

（3）绿化树木附近翻做路面、挖排各种管道时，应注意不损伤树木根须，严禁任意斩断树木根部。

（4）建筑材料的临时堆放和建筑水料（包括熟料）的堆放要注意场地周围的绿化树木。一般水料，如纸筋、水泥等都具有较强的碱性，容易损坏绿化环境。

（5）用过的油漆桶，如清除黏附在桶壁的废漆时需用火烧，应注意选择空旷或下风的场所，严禁在绿化地带随意焚烧。

(6) 在搭建施工临时设施时不能依附在树木上,更不能用树干作为搭建的立柱,如不能避免个别树木搭建在临时设施内,上部树叶应保证能伸出屋顶。

复习思考题

1. 什么是房屋维修管理?简述其工作内容。
2. 简述房屋技术管理的概念和作用。
3. 房屋修缮技术管理有哪些主要任务?
4. 房屋的技术档案包括哪些资料?
5. 如何进行工程质量验收?
6. 简述房屋修缮工程施工管理的基本原则。
7. 房屋维修工程施工管理规定的内容是什么?
8. 简述房屋修缮工程施工管理的主要内容。
9. 如何做好施工组织设计编制前的准备工作?
10. 编制施工组织设计的意义是什么?
11. 编制施工组织设计有哪些要求?
12. 施工组织设计的内容有哪些?
13. 如何做好维修工地料具管理?
14. 怎样加强维修工地的安全生产工作?

参 考 文 献

1 董吉士. 房屋维修加固手册. 北京：中国建筑工业出版社，1988
2 叶葆生. 房屋维修管理. 北京：中国建筑工业出版社，1991
3 黄志洁、邢家干. 房屋维修技术与预算. 北京：中国建筑工业出版社，1999
4 沈家康. 房屋结构与维修. 北京：中国电力出版社，2003
5 吴培明. 混凝土结构. 武汉：武汉工业大学出版社，2001
6 吴新璇. 混凝土无损检测技术手册. 北京：人民交通出版社，2003
7 唐岱新. 砌体结构设计规范理解与应用. 北京：中国建筑工业出版社，2002
8 中国建筑业联合会质量委员会. 建筑工程倒塌实例分析. 北京：中国建筑工业出版社，1987
9 王赫. 建筑工程质量事故分析与防治. 南京：江苏科学技术出版社，1992
10 江见鲸. 建筑工程事故处理与预防. 北京：中国建筑工业出版社，1998
11 杨天佑. 建筑装饰工程施工. 北京：中国建筑工业出版社，1994
12 丁聪. 物业工程师手册. 贵州：贵州科技出版社，2000
13 吴涛、丛培经. 建设工程项目管理规范实施手册. 北京：中国建筑工业出版社，2002